优学库·普通高等学校对口招生考试

电工电子类知识点复习指导(下册)

主　编　唐　赞　刘思磊
副主编　阳煦慧　段其刚　廖丽香
　　　　王兰桂　李明明

北京理工大学出版社
BEIJING INSTITUTE OF TECHNOLOGY PRESS

图书在版编目（CIP）数据

电工电子类知识点复习指导. 下册 / 唐赞, 刘思磊主编. —北京:北京理工大学出版社,2020. 12

ISBN 978 – 7 – 5682 – 9429 – 4

Ⅰ. ①电…　Ⅱ. ①唐…　②刘…　Ⅲ. ①电工技术 – 中等专业学校 – 升学参考资料②电子技术 – 中等专业学校 – 升学参考资料　Ⅳ. ①TM②TN

中国版本图书馆 CIP 数据核字（2020）第 269960 号

出版发行 / 北京理工大学出版社有限责任公司

社　　　址 / 北京市海淀区中关村南大街 5 号

邮　　　编 / 100081

电　　　话 / (010)68914775(总编室)

　　　　　　(010)82562903(教材售后服务热线)

　　　　　　(010)68948351(其他图书服务热线)

网　　　址 / http://www. bitpress. com. cn

经　　　销 / 全国各地新华书店

印　　　刷 / 定州市新华印刷有限公司

开　　　本 / 787 毫米 × 1092 毫米　1/16

印　　　张 / 18. 75　　　　　　　　　　　　　　　责任编辑 / 张鑫星

字　　　数 / 437 千字　　　　　　　　　　　　　　文案编辑 / 张鑫星

版　　　次 / 2020 年 12 月第 1 版　2020 年 12 月第 1 次印刷　　责任校对 / 周瑞红

定　　　价 / 60. 00 元　　　　　　　　　　　　　　责任印制 / 边心超

前　　言

　　《电工电子类知识点复习指导》分为上下册，上册为电工基础知识点复习指导，共九章；下册为电子基础知识点复习指导，共十四章。本书的章节按照考纲要求、本章知识、例题解析和知识精练几个部分来编写。考纲要求简单明了地指出本章节的知识点在考纲中的要求；本章知识通过对考纲要求掌握知识点以及近年对口高考真题的分析进行梳理指出本章节在考试中的重、难点和考试方向，便于考生在复习时建立系统的知识体系；例题解析对近年对口高考真题或者重、难点典型例题进行解析得出规律，通过链接知识点进行讲解、总结方法；知识精练精选题目进行训练加以强化，按照高考真题的难度和题型出题，达到进一步巩固强化知识点的目的。涵盖整个电子技术应用专业对口高考科目，能够帮助学生快速梳理知识，起到巩固考点内容整合所学知识点的作用。

　　本书由中职电子技术应用专业教学经验丰富的一线教师唐赞、刘思磊主编，阳煦慧、段其刚、廖丽香、王兰桂、李明明参与编写，全书由刘思磊统稿。该书为《电子电工类学生专业技能素养提升研究》课题研究成果。

　　本书可作为中职电子电工类专业学生的复习用书及专业教师教学的参考用书。

　　由于编者水平有限，书中错误和不妥之处在所难免，欢迎广大读者批评指正，以便以后修正。

编　者

目　　录

第一章　半导体二极管及其应用电路

（1）认识二极管的基本图形、符号；

（2）能使用万用表判别二极管的极性。

本章知识

一、本征半导体、P 型半导体、N 型半导体的概念

（1）本征半导体：又叫纯净半导体，其内部空穴和自由电子数量相等。

（2）P 型半导体：又叫空穴型半导体，是在本征半导体中掺入三价硼元素而形成，内部空穴数量多于电子数量。

（3）N 型半导体：又叫电子型半导体，是在本征半导体中掺入五价磷元素而形成，内部电子数量多于空穴数量。

二、PN 结的形成及其单向导电性

（1）PN 结：通过一定的制作工艺，在 P 型区和 N 型区的交界处形成一个特殊的薄层，称为 PN 结，又叫空间电荷区（耗尽层、阻挡层）。

（2）PN 结的单向导电性：加正向电压导通，加反向电压截止。

三、半导体二极管

1. 结构特点

在 PN 结的 P 区和 N 区各接出一条引线，然后再封装在管壳内，就制成了二极管，P 区引出端叫正极，N 区引出端叫负极。根据制造工艺不同，按二极管内部结构可分为点接触型、面接触型、平面型三种。

2. 伏安特性

（1）正向特性：正向电压小于死区电压（硅二极管约为 0.5 V，锗二极管为 0.1 ~ 0.2 V）时二极管截止，电流几乎为零；正向电压大于死区电压时二极管导通，电流较大。二极管导通后管压降基本不变，硅管为 0.7 V，锗管为 0.2 ~ 0.3 V。

（2）反向特性：反向电压小于击穿电压时二极管截止，电流几乎为零，这个区域称为反向截止区；反向电压达到或超过击穿电压时反向电流急剧增大，二极管击穿，失去单向导电性，这一区域称为反向击穿区。

3. 主要参数

（1）最大整流电流 I_F：指二极管长期使用时允许通过的最大正向平均电流。

（2）最高反向工作电压 V_{RM}：指二极管使用时允许加的最大反向电压。通常 V_{RM} 为击穿电压 V_{BR} 的一半。

（3）反向电流 I_{RM}：指二极管加上最高反向工作电压时的反向电流值。

4. 二极管在直流电路中的应用分析

（1）先判断二极管是导通还是截止。

假设将二极管开路，求出开路两端的电压。当将二极管视为理想元件时，若 $V_A > V_K$，则接上二极管必然会导通，其两端电压为零。若 $V_A < V_K$，则接上二极管必然会截止，反向电流为零，与二极管相串联的支路相当于开路，支路电流等于零。

如果要考虑二极管的正向压降 V_D 时，当 $V_A - V_K > V_D$ 时，则接上二极管必然会导通，其两端电压通常硅管取 $0.7\ \mathrm{V}$，锗管取 $0.3\ \mathrm{V}$。当 $V_A - V_K < V_D$ 时，则接上二极管必然会截止，反向电流为零。

（2）由二极管的工作状态画出等效电路。

二极管导通时，用开关闭合来等效替换；二极管截止时，用开关断开来等效替换，由于在等效电路中不含二极管，故可根据直流电路的分析方法进行分析和计算。

5. 二极管的极性判别与测试方法

用万用表 $R \times 100\ \Omega$ 或 $R \times 1\ \mathrm{k}\Omega$ 挡测量二极管的正反向电阻，当测得其电阻很小约为几 $\mathrm{k}\Omega$ 时为正向电阻，此时黑表笔接的电极为正极，红表笔接的电极为负极；当测得其电阻为∞时为反向电阻，此时黑表笔接的电极为负极，红表笔接的电极为正极。

6. 其他二极管

（1）稳压二极管。

特性：管子两端需加上一个大于其击穿电压的反向电压；采取适当措施限制击穿后工作的反向电流值。

主要参数：稳定电压 V_Z、稳定电流 I_Z、耗散功率 P_{ZM}。

（2）光电二极管。

特性：是一种将光信号转变成电信号的半导体器件，工作在反向偏置状态。

主要参数：最高工作电压 V_{DM}、暗电流 I_D、光电流 I_L。

（3）发光二极管。

特性：正向工作电压比普通二极管高，反向击穿电压一般比普通二极管低。

例题解析

【例 1-1】 （2014 年高考题）当稳压管在正常稳压工作时，其两端施加的外部电压的特点是（　　　）。

A. 反向偏置且被击穿　　　　　　　　B. 正向偏置但不击穿

C. 反向偏置但不击穿　　　　　　　　D. 正向偏置且被击穿

答案：A

【例1-2】 （2015 年高考题）在图 1.1 中，二极管的作用是_____。

答案：输入保护

【例1-3】 （2016 年高考题）当发光二极管正常发光时，其两端施加的外部电压的特点是（ ）。

A. 反向偏置且被击穿

B. 正向偏置电压约 0.6 V

C. 反向偏置但不击穿

D. 正向偏置电压约 1.8 V

答案：D

【例1-4】 （2016 年高考题）如图 1.2 所示，二极管均为理想二极管，A 点的电位为_____V。

答案：11

【例1-5】 （2018 年高考题）如图 1.3 所示，VD_1、VD_2 为理想二极管，$U_{AO} =$ _____V。

图 1.1

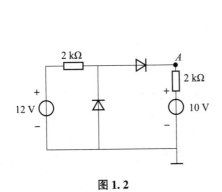

图 1.2

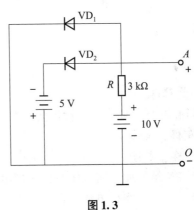

图 1.3

答案：-5

【例1-6】 （2018 年高考题）如图 1.4（a）所示，电路中 VD 为理想的二极管，设 $0 \leqslant t \leqslant 5$ ms 的时间段内输入电压为 $u_i(t)$，其波形如图 1.4（b）所示，试画出此时段内输出电压 $u_o(t)$ 的波形。

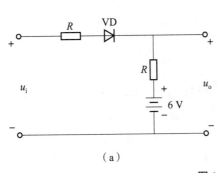

（a）

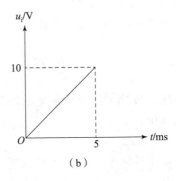

（b）

图 1.4

答案：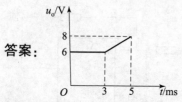

【例1-7】（2019年高考题）如图1.5所示，编号为1、2、3、4分别代表对应的四种类型的二极管，其中正常工作时在反向偏置的二极管的编号为（　　　）。

A. 2　　　　　　　　B. 2、3　　　　　　　　C. 1、2、4　　　　　　　　D. 2、3、4

答案：C

【例1-8】（2019年高考题）理想二极管如图1.6所示，A点的电位为_____V。

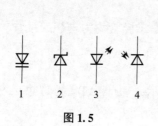

图1.5

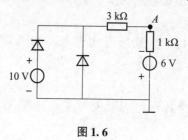

图1.6

答案：-2

知识精练

一、选择题

1. 当温度升高时，二极管正向特性和反向特性曲线分别（　　　）。

A. 左移、下移　　　　　　　　　　　　B. 右移、上移

C. 左移、上移　　　　　　　　　　　　D. 右移、下移

2. 当PN结外加正向电压时，扩散电流_____漂移电流；当PN结外加反向电压时，扩散电流_____漂移电流。（　　　）

A. 小于、大于　　　　　　　　　　　　B. 大于、小于

C. 大于、大于　　　　　　　　　　　　D. 小于、小于

3. 设二极管的端电压为U，则二极管的电流方程为（　　　）。

A. $I_S e^U$　　　　　　　　　　　　　　B. $I_S e^{U/U_T}$

C. $I_S(e^{U/U_T}-1)$　　　　　　　　　D. $I_S e^{U/U_T}-1$

4. 下列符号中表示发光二极管的为（　　　）。

A.　　　　　　　B.　　　　　　　C.　　　　　　　D.

5. 稳压二极管工作于正常稳压状态时，其反向电流应满足（　　　）。

A. $I_D = 0$　　　　　　　　　　　　　B. $I_D < I_Z$ 且 $I_D > I_{ZM}$

C. $I_Z > I_D > I_{ZM}$　　　　　　　　D. $I_Z < I_D < I_{ZM}$

6. 杂质半导体中（　　　）的浓度对温度敏感。

A. 少子　　　　　　　B. 多子　　　　　　　C. 杂质离子　　　　　　　D. 空穴

7. 从二极管伏安特性曲线可以看出，二极管两端压降大于（　　　）时处于正偏导通状态。

A. 0　　　　　　　　　　　　　　　　　B. 死区电压

C. 反向击穿电压　　　　　　　　　　　　D. 正向压降

8. 杂质半导体中多数载流子的浓度主要取决于（　　　）。

A. 温度　　　　　　B. 掺杂工艺　　　　　C. 掺杂浓度　　　　　D. 晶体缺陷

9. PN 结形成后，空间电荷区由（　　　）构成。

A. 电子和空穴　　　　　　　　　　　　B. 施主离子和受主离子

C. 施主离子和电子　　　　　　　　　　D. 受主离子和空穴

10. 硅管正偏导通时，其管压降约为（　　　）。

A. 0.1 V　　　　　　　　　　　　　　　B. 0.2 V

C. 0.5 V　　　　　　　　　　　　　　　D. 0.7 V

11. 用模拟指针式万用表的电阻挡测量二极管正向电阻，所测电阻是二极管的＿＿＿＿电阻，由于不同量程时通过二极管的电流＿＿＿＿，所测得正向电阻阻值＿＿＿＿。（　　　）

A. 直流、相同、相同　　　　　　　　　B. 交流、相同、相同

C. 直流、不同、不同　　　　　　　　　D. 交流、不同、不同

12. 在 25℃时，某二极管的死区电压 $U_{th} \approx 0.5$ V，反向饱和电流 $I_S \approx 0.1$ pA，则在 35℃时，下列哪组数据可能正确？（　　　）

A. $U_{th} \approx 0.525$ V，$I_S \approx 0.05$ pA　　　　B. $U_{th} \approx 0.525$ V，$I_S \approx 0.2$ pA

C. $U_{th} \approx 0.475$ V，$I_S \approx 0.05$ pA　　　　D. $U_{th} \approx 0.475$ V，$I_S \approx 0.2$ pA

13. 如图 1.7 所示，电路中稳压管 VZ_1 的稳定电压为 8 V，VZ_2 的稳定电压为 10 V，正向压降均为 0.7V，输出电压 U_o 为（　　　）。

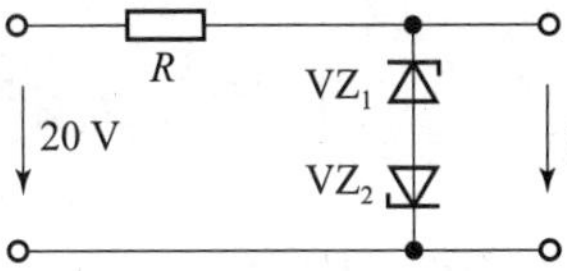

图 1.7

A. 18 V　　　　　　B. 10.7 V　　　　　C. 8.7 V　　　　　D. 2 V

14. 如果二极管的正反电阻都很大，则该二极管（　　　）。

A. 正常　　　　　B. 已被击穿　　　　　C. 内部断路　　　　　D. 无法判断

15. 如果二极管的正反电阻都很小或为零，则该二极管（　　　）。

A. 正常　　　　　B. 已被击穿　　　　　C. 内部断路　　　　　D. 无法判断

16. 用万用表电阻挡测量小功率二极管的特性好坏时，应把电阻挡拨到（　　　）。

A. $R \times 1\ \Omega$ 挡　　　　　　　　　B. $R \times 100\ \Omega$ 挡或 $R \times 1\ k\Omega$ 挡

C. $R \times 10\ k\Omega$ 挡　　　　　　　　D. 以上都可以

二、判断题

1. PN 结在无光照、无外加电压时，结电流为零。　　　　　　　　　　　（　　　）

2. 二极管在工作电流大于最大整流电流 I_F 时会损坏。　　　　　　　　（　　　）

3. 二极管在工作频率大于最高工作频率 f_M 时会损坏。（　　）

4. 二极管在反向电压超过最高反向工作电压 U_{RM} 时会损坏。（　　）

5. 在 N 型半导体中如果掺入足够量的三价元素，可将其改型为 P 型半导体。（　　）

6. 因为 N 型半导体的多子是自由电子，所以它带负电。（　　）

7. 稳压管正常稳压时应工作在正向导通区域。（　　）

三、填空题

1. 当温度升高时，由于二极管内部少数载流子浓度_____，因而少子漂移而形成的反向电流_____，二极管反向伏安特性曲线_____移。

2. 半导体稳压管的稳压功能是利用 PN 结的_____特性来实现的。

3. 二极管 P 区接电位_____端，N 区接电位_____端，称正向偏置，二极管导通；反之，称反向偏置，二极管截止，所以二极管具有_____性。

4. 在本征半导体中掺入_____价元素得 N 型半导体，掺入_____价元素则得 P 型半导体。

5. PN 结在_____时导通，_____时截止，这种特性称为_____。

6. 光电二极管能将_____信号转换为_____信号，它工作时需加_____偏置电压。

7. 发光二极管能将_____信号转换为_____信号，它工作时需加_____偏置电压。

8. 二极管按 PN 结面积大小的不同分为点接触型和面接触型，_____型二极管适用于高频、小电流的场合，_____型二极管适用于低频、大电流的场合。

9. 二极管反向击穿分电击穿和热击穿两种情况，其中_____是可逆的，而_____会损坏二极管。

10. 半导体中有_____和_____两种载流子参与导电，其中_____带正电，而_____带负电。

11. 本征半导体掺入微量的五价元素，则形成_____型半导体，其多子为_____，少子为_____。

12. PN 结正偏是指 P 区电位_____N 区电位。

13. 温度升高时，二极管的导通电压_____，反向饱和电流_____。

14. 普通二极管工作时通常要避免工作于_____，而稳压管通常工作于_____。

15. 构成稳压管稳压电路时，与稳压管串接适当数值的_____方能实现稳压。

16. 纯净的具有晶体结构的半导体称为_____，采用一定的工艺掺杂后的半导体称为_____。

17. 在 PN 结形成过程中，载流子扩散运动是_____作用下产生的，漂移运动是_____作用下产生的。

18. PN 结的内电场对载流子的扩散运动起_____作用，对漂移运动起_____作用。

19. 发光二极管通以_____就会发光。光电二极管的_____随光照强度的增加而上升。

20. 硅管的导通电压比锗管的_____，反向饱和电流比锗管的_____。

21. 半导体二极管的理想特性是：外加_____电压时导通，外加_____电压时截止。

22. 晶体管工作在_____状态下相当于短路，在_____状态下相当于开路。

23. 二极管限幅电路如图 1.8 所示，已知：$u_i = 10\sin\omega t$ V，$E = 5$ V，二极管的正向压降可忽略不计，试填空并画输出电压 u_o 的波形图。

当 $u_i < E$ 时，VD _____，$u_o =$ _____。

当 $u_i > E$ 时，VD _____，$u_o =$ _____。

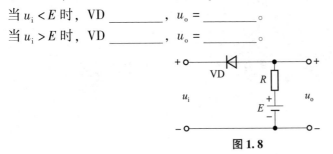

图 1.8

四、计算分析题

1. 电路如图 1.9 （a）、（b） 所示，稳压管的稳定电压 $U_Z = 4$ V，R 的取值合适，u_i 的波形如图 1.9 （c） 所示。试分别画出 u_{o1} 和 u_{o2} 的波形。

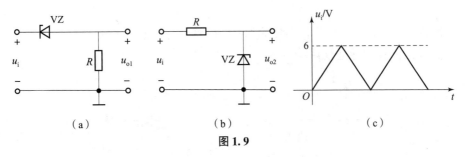

（a）　　　　　　　（b）　　　　　　　（c）

图 1.9

2. 已知稳压管的稳压值 $U_Z = 6$ V，稳定电流的最小值 $I_{Zmin} = 3$ mA，最大值 $I_{ZM} = 20$ mA，试问图 1.10 电路中的稳压管能否正常稳压工作，U_{o1} 和 U_{o2} 各为多少伏？

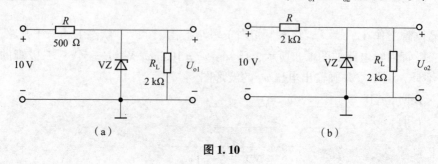

图 1.10

3. 二极管电路如图 1.11 所示，判断图中二极管是导通还是截止，并确定各电路的输出电压 U_o。设二极管的导通压降为 0.7 V。

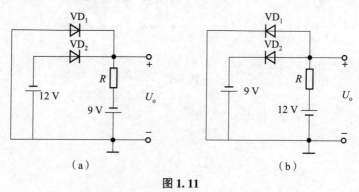

图 1.11

4. 已知稳压管（图 1.12）的稳定电压 $U_Z = 6$ V，稳定电流的最小值 $I_{Zmin} = 5$ mA，最大功耗 $P_{ZM} = 150$ mW。试求稳压管正常工作时电阻 R 的取值范围。

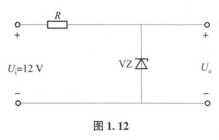

图 1.12

5. 如图 1.13 所示，电路中发光二极管导通电压 $U_D = 1$ V，正常工作时要求正向电流为 5~15 mA。试问：

（1）开关 S 在什么位置时发光二极管才能发光？

（2）R 的取值范围是多少？

图 1.13

6. 二极管双向限幅电路如图 1.14 所示，设 $u_i = 10\sin\omega t$ V，二极管为理想器件，试画出输出 u_i 和 u_o 的波形。

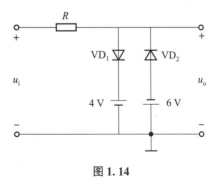

图 1.14

7. 电路如图 1.15 所示，二极管导通电压 $U_D = 0.7$ V，常温下 $U_D \approx 26$ mV，电容 C 对交流信号可视为短路；u_i 为正弦波，有效值为 10 mV，试问二极管中流过的交流电流有效值是多少？

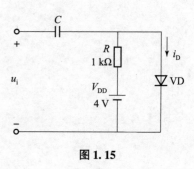

图 1.15

8. 二极管电路如图 1.16 所示，判断图中二极管是导通还是截止，并确定各电路的输出电压 U_o。设二极管的导通压降为 0.7 V。

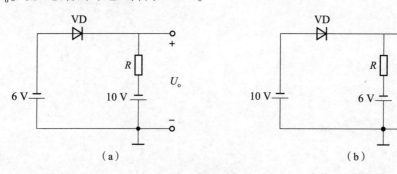

（a）　　　　　　　　　　　　　　（b）

图 1.16

9. 电路如图 1.17 (a) 所示, 其输入电压 u_{i1} 和 u_{i2} 的波形如图 1.17 (b) 所示, 设二极管导通电压可忽略。试画出输出电压 u_o 的波形并标出幅值。

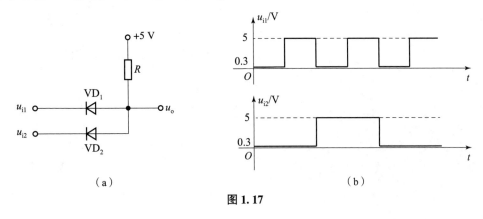

图 1.17

10. 如图 1.18 所示, 电路中稳压管的稳定电压 $U_Z = 12$ V, 电压表流过的电流忽略不计, 试求:

(1) 当开关 S 闭合时, 电压表 V 和电流表 A_1、A_2 的读数分别为多少?

(2) 当开关 S 断开时, 电压表 V 和电流表 A_1、A_2 的读数分别为多少?

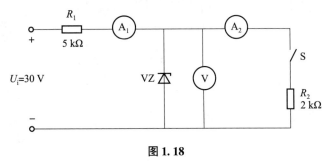

图 1.18

11. 电路如图 1.19 所示，试估算流过二极管的电流和 A 点的电位，设二极管的正向压降为 0.7 V。

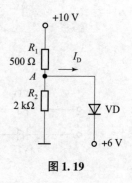

图 1.19

12. 电路如图 1.20 所示，试估算流过二极管的电流和 A 点的电位。设二极管的正向压降为 0.7 V。

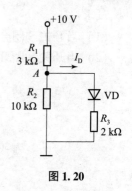

图 1.20

13. 如图 1.21 所示，电路中 $E = 5$ V，$u_i = 10\sin\omega t$ V，二极管的正向压降忽略不计，试分别画出输出电压 u_o 的波形。

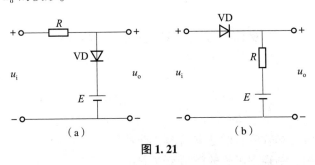

图 1.21

14. 如图 1.22 所示，VZ_1、VZ_2 是两只稳压管，其稳定电压分别为 5 V 和 10 V，其正向压降均为 0.5 V，试求三种连接情况下的输出电压。

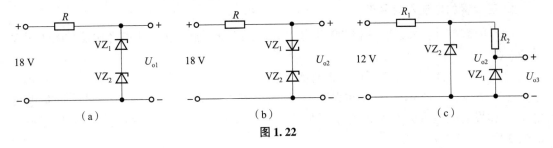

图 1.22

第二章　半导体三极管

（1）认识三极管、场效应管的基本图形、符号；
（2）能使用万用表判别三极管的类型及管脚；
（3）会根据三极管的特性曲线来选择三极管。

本章知识

一、半导体三极管

1. 三极管的结构特点

晶体三极管又称为双极型三极管（有两种载流子参与导电），由两个 PN 结即发射结、集电结组成，它有三个区：发射区、基区、集电区。其中发射区掺杂浓度较大，以利于发射区向基区发射载流子；基区很薄，掺杂少，使载流子易于通过；集电区比发射区体积大且掺杂少，利于收集载流子。有 NPN 型和 PNP 型两种。

2. 三极管的电流放大原理

（1）内部条件：发射区的掺杂浓度较大，基区很薄、掺杂少，集电区比发射区体积大且掺杂少。

（2）外部条件：发射结正偏，集电结反偏。

（3）电流放大原理："以小控大"。当基极电流 I_B 有微小的变化时，就能引起集电极电流 I_C 和发射极电流 I_E 较大的变化，即用较小的基极电流的变化去引起较大的集电极电流的变化。

3. 三极管的特性曲线

1）输入特性曲线

输入特性：在 V_{CE} 一定的条件下，加在三极管基极与发射极之间的电压 V_{BE} 和它产生的基极电流 I_B 之间的关系。

三极管的输入特性曲线与二极管的伏安特性曲线十分相似，当 V_{BE} 大于导通电压时，三极管才出现明显的基极电流。导通电压：硅管 0.7 V，锗管 0.2 V。

2）输出特性曲线

输出特性：在 I_B 一定的条件下，集电极与发射极之间的电压 V_{CE} 与集电极电流 I_C 之间的关系。

输出特性曲线可以分为三个区：截止区、放大区、饱和区。

（1）截止区：$I_B = 0$ 以下的区域。

①发射结和集电结均反向偏置，三极管截止。

②$I_B = 0$，$I_C \neq 0$，即为 I_{CEO}，穿透电流。

③三极管发射结反偏或两端电压为零时截止。

（2）放大区：指输出特性曲线之间间距接近相等且互相平行的区域。

①I_C 与 I_B 成正比增长关系，具有电流放大作用。

②恒流特性：V_{CE} 大于 1 V 左右以后，I_B 一定，I_C 不随 V_{CE} 变化，I_C 恒定。

③发射结正偏，集电结反偏，三极管处于放大状态。

④电流放大系数

$$\beta = \frac{\Delta I_C}{\Delta I_B}$$

（3）饱和区：指输出特性曲线靠近左边陡直且互相重合的曲线与纵轴之间的区域。

①I_C 不随 I_B 的增大而变化，这就是所谓的饱和。

②饱和时的 V_{CE} 值为饱和压降 V_{CES}，硅管为 0.3 V，锗管为 0.1 V。

③发射结、集电结都正偏，三极管处于饱和状态。

4. 三极管的主要参数

1）共射极电流放大系数

（1）直流电流放大系数：

$$\bar{\beta} = \frac{I_C}{I_B}$$

（2）交流电流放大系数：

$$\beta = \frac{\Delta I_C}{\Delta I_B}$$

一般 $\beta = \bar{\beta}$，统称为电流放大系数。选用管子时，β 值应恰当，一般来说，β 值太大的管子工作稳定性差。

2）极间反向饱和电流

（1）集电极 – 基极反向饱和电流 I_{CBO}。

（2）集电极 – 发射极反向饱和电流（穿透电流）I_{CEO}。

两者关系：

$$I_{CEO} = (1 + \beta) I_{CBO}$$

3）极限参数

（1）集电极最大允许电流 I_{CM}。

当 I_C 过大时，电流放大系数 β 将下降。在技术上规定，β 下降到正常值的 $\frac{2}{3}$ 时的集电极电流称为集电极最大允许电流。

（2）反向击穿电压。

反向击穿电压主要有 $V_{(BR)CEO}$、$V_{(BR)CBO}$、$V_{(BR)EBO}$。

（3）集电极最大允许耗散功率 P_{CM}。

集电极所消耗的最大功率称为集电极最大允许耗散功率。

5. 三极管工作状态、类型与管脚的判别方法

（1）工作状态的判断：对于 PNP 型三极管，当 $V_{BE} \leq 0$ 时，则发射结反偏，三极管截止；当 $V_{BE} > 0$，集电结反偏时，三极管处于放大状态；当 $V_{BE} > 0$，集电结正偏时，三极管处于饱和状态。

（2）类型和管脚的判断：可根据三极管工作在放大区的各极电位来判断，如 NPN 型各电极的电位关系是 $V_C > V_B > V_E$；PNP 型各电极的电位关系是 $V_C < V_B < V_E$。硅管基极电位与发射极的电位相差 0.7 V 左右，锗管基极电位与发射极的电位相差 0.2 V 或 0.3 V。另外还可根据三极管的电流分配关系、各电极的电流流向来判断，即由关系式 $I_E = I_B + I_C$ 和 $I_C = \beta I_B$ 来判断。

6. 三极管的测试

（1）找基极和确定管型：将万用表置于 $R \times 100\ \Omega$ 或 $R \times 1\ k\Omega$ 挡，用黑表笔与三极管任一管脚相连，红表笔分别和另外两个管脚相连测其电阻，若阻值一大一小，则将黑表笔所接的管脚调换重新测量，直至两个阻值接近。如果阻值都很小，则黑表笔所接的为 NPN 型三极管的基极。若测得的阻值都很大，则黑表笔所接的是 PNP 型三极管的基极。

（2）确定集电极和发射极：若为 NPN 型三极管，将黑红表笔分别接另两个引脚，用手指捏住基极和假设的集电极，观察表针摆动。再将假设的集电极与发射极互换，按上述方法重测。比较两次表针的摆幅，摆幅较大的一次黑表笔所接的管脚为集电极，红表笔所接的管脚为发射极。若为 PNP 型三极管，只要将红表笔和黑表笔对换再按上述方法测试即可。

7. 三极管的三种基本连接方式

（1）共发射极电路：把三极管的发射极作为公共端子。

（2）共基极电路：把三极管的基极作为公共端子。

（3）共集电极电路：把三极管的集电极作为公共端子。

二、场效应管

场效应管又称单极型晶体管（只有一种载流子参与导电），是一种电压控制器件。其特点是输入阻抗高、噪声小、功耗低，可分为结型和绝缘栅型两种类型，每类都有 P 沟道和 N 沟道两种。

1. 结型场效应管

三个电极：漏极（D）、源极（S）、栅极（G），D 和 S 可交换使用。

2. 绝缘栅型场效应管

N 沟道场效应管又称为 NMOS 管，P 沟道场效应管又称为 PMOS 管。

例题解析

【例 2-1】　（2014 年高考题）用指针式万用表对三极管的引脚进行判别时，把万用表置于 $R \times 100\ \Omega$ 或 $R \times 1\ k\Omega$ 挡，把黑表笔与假定的基极相连，红表笔分别与另外的两个极相连，测得其电阻值均很大，说明该管的类型是_____。

答案：PNP

【例2-2】　（2015 年高考题）三极管工作在深度饱和状态时它的 i_C 将（　　　）。

A. 随 i_B 增加而线性增加

B. 随 i_B 增加而减小

C. 基本与 i_B 无关，只决定于 R_C 和 V_{CC}

D. $i_C \geqslant \beta i_B$

答案：C

【例2-3】　（2015 年高考题）如图 2.1 所示，三极管处于放大状态的有几个（其中 NPN 型为硅管，PNP 型为锗管）？（　　　）

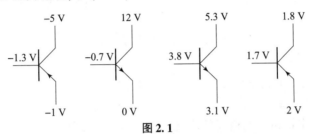

图 2.1

A. 1　　　　　　　B. 2　　　　　　　C. 3　　　　　　　D. 4

答案：B

【例2-4】　（2016 年高考题）在图 2.2 中，三极管处于放大状态的是（　　　）。

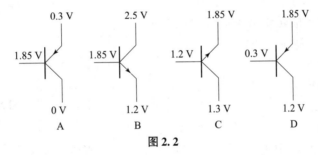

图 2.2

答案：B

【例2-5】　（2017 年高考题）某放大电路如图 2.3 所示，若输入电压 3.7 V，电源电压 6.3 V，基极电阻 30 kΩ，集电极电阻 2 kΩ，晶体管为硅管，测得集电极电压为 0.3 V。晶体管所处的状态是（　　　）。

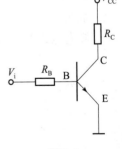

图 2.3

A. 饱和状态

B. 截止状态

C. 放大状态

D. 不能确定状态

答案：A

【例2-6】　（2018 年高考题）图 2.4 所示为场效应管放大性能检测电路，当电位器 R_P 向下滑动时，AB 两段电压将（　　　）。

A. 增大　　　　　　B. 减小　　　　　　C. 不变　　　　　　D. 无法确定

答案：B

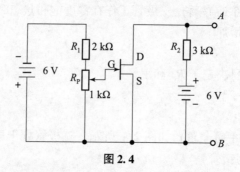

图 2.4

知识精练

一、选择题

1. （　　　）具有不同的低频小信号电路模型。

A. NPN 管和 PNP 管　　　　　　　　　　B. 增强型场效应管和耗尽型场效应管

C. N 沟道场效应管和 P 沟道场效应管　　　D. 三极管和二极管

2. 放大电路如图 2.5 所示，已知三极管的 $\beta = 50$，则该电路中三极管的工作状态为（　　　）。

A. 截止　　　　　　　B. 饱和

C. 放大　　　　　　　D. 无法确定

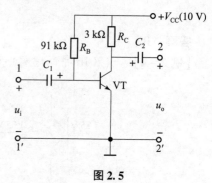

图 2.5

3. 已知场效应管的转移特性曲线如图 2.6 所示，则此场效应管的类型是（　　　）。

A. 增强型 PMOS

B. 增强型 NMOS

C. 耗尽型 PMOS

D. 耗尽型 NMOS

4. 硅三极管放大电路中，静态时测得集 – 射极之间直流电压 $U_{CE} = 0.3$ V，则此时三极管工作于（　　　）状态。

A. 饱和　　　　　　　　　　　　B. 截止

C. 放大　　　　　　　　　　　　D. 无法确定

5. 放大电路如图 2.7 所示，已知硅三极管的 $\beta = 50$，则该电路中三极管的工作状态为（　　　）。

A. 截止　　　　　　　B. 饱和　　　　　　　C. 放大　　　　　　　D. 无法确定

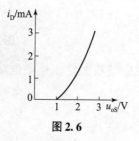

图 2.6

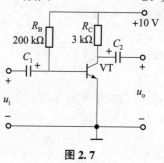

图 2.7

6. 三极管当发射结和集电结都正偏时工作于（　　）状态。

A. 放大　　　　　　　B. 截止　　　　　　　C. 饱和　　　　　　　D. 无法确定

7. 某三极管的 $P_{CM} = 100$ mW，$I_{CM} = 20$ mA，$U_{(BR)CEO} = 15$ V，则下列状态下三极管能正常工作的是（　　）。

A. $U_{CE} = 3$ V，$I_C = 10$ mA　　　　　　B. $U_{CE} = 2$ V，$I_C = 40$ mA

C. $U_{CE} = 6$ V，$I_C = 20$ mA　　　　　　D. $U_{CE} = 20$ V，$I_C = 2$ mA

8. 如图 2.8 所示，电路符号代表（　　）管。

A. 耗尽型 PMOS

B. 耗尽型 NMOS

C. 增强型 PMOS

D. 增强型 NMOS

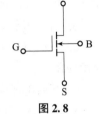

图 2.8

9. 关于三极管反向击穿电压的关系，下列正确的是（　　）。

A. $U_{(BR)CEO} > U_{(BR)CBO} > U_{(BR)EBO}$　　　　　　B. $U_{(BR)CBO} > U_{(BR)CEO} > U_{(BR)EBO}$

C. $U_{(BR)CBO} > U_{(BR)EBO} > U_{(BR)CEO}$　　　　　　D. $U_{(BR)EBO} > U_{(BR)CEO} > U_{(BR)CBO}$

10. 在三极管放大电路中，下列等式不正确的是（　　）。

A. $I_E = I_B + I_C$　　　　　　B. $I_C \approx \bar{\beta} I_B$

C. $I_{CEO} = (1 + \bar{\beta}) I_{CBO}$　　　　　　D. $\alpha\beta + \alpha = \beta$

11. （　　）情况下，可以用 H 参数小信号模型分析放大电路。

A. 正弦小信号　　　　　　B. 低频大信号

C. 低频小信号　　　　　　D. 高频小信号

12. 场效应管本质上是一个（　　）。

A. 电流控制电流源器件　　　　　　B. 电流控制电压源器件

C. 电压控制电流源器件　　　　　　D. 电压控制电压源器件

13. 一个 NPN 型晶体三极管，三个极的电位分别为 $V_C = 8$ V，$V_E = 3$ V，$V_B = 3.7$ V，则该晶体三极管工作在（　　）。

A. 截止区　　　　　　B. 饱和区　　　　　　C. 放大区　　　　　　D. 击穿区

14. 如图 2.9 所示，电路不能正常工作，此时测得晶体三极管的三个电极对地电压分别为 $U_B = 0$ V，$U_E = 0$ V，$U_C = 12$ V，则故障原因可能是（　　）。

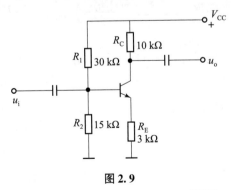

图 2.9

A. R_1 断开　　　　　B. R_2 断开　　　　　C. R_C 断开　　　　　D. R_E 断开

二、判断题

1. 三极管的输出特性曲线随温度升高而上移，且间距随温度升高而减小。　　（　）

2. I_{DSS} 表示工作于饱和区的增强型场效应管在 $u_{GS}=0$ 时的漏极电流。　　（　）

3. 结型场效应管外加的栅源电压应使栅源之间的 PN 结反偏，以保证场效应管的输入电阻很大。　　（　）

4. 三极管工作在放大区时，若 i_B 为常数，则 u_{CE} 增大时，i_C 几乎不变，故当三极管工作在放大区时可视为一电流源。　　（　）

5. 对三极管电路进行直流分析时，可将三极管用 H 参数小信号模型替代。　　（　）

6. 三极管的 C、E 两个区所用半导体材料相同，因此，可将三极管的 C、E 两个电极互换使用。　　（　）

7. 开启电压是耗尽型场效应管的参数；夹断电压是增强型场效应管的参数。　　（　）

8. 双极型三极管由两个 PN 结构成，因此可以用两个二极管背靠背相连构成一个三极管。　　（　）

9. 双极型三极管和场效应管都利用输入电流的变化控制输出电流的变化而起到放大作用。　　（　）

10. 分析三极管低频小信号放大电路时，可采用微变等效电路分析法把非线性器件等效为线性器件，从而简化计算。　　（　）

11. 三极管放大电路中的耦合电容在直流分析时可视为短路，交流分析时可视为开路。　　（　）

12. 场效应管放大电路和双极型三极管放大电路的小信号等效模型相同。　　（　）

三、填空题

1. 双极型半导体三极管按结构可分为_____型和_____型两种，它们的符号分别为_____和_____。

2. $\bar{\beta}$ 反映_____态时集电极电流与基极电流之比；β 反映_____态时的电流放大特性。

3. 当温度升高时，三极管的参数 β 会_____，I_{CBO} 会_____，导通电压会_____。

4. 某放大电路中，三极管三个电极的电流如图 2.10 所示，测得 $I_A=2$ mA，$I_B=0.04$ mA，$I_C=2.04$ mA，则电极_____为基极，_____为集电极，_____为发射极；为_____型管；$\bar{\beta}=$_____。

5. 硅三极管三个电极的电压如图 2.11 所示，则此三极管工作于_____状态。

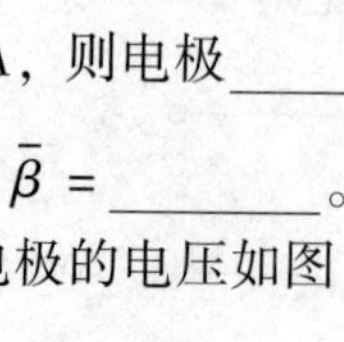

图 2.10 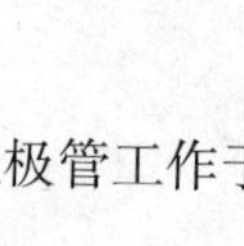　　　　　　　　　　　图 2.11

6. 场效应管是利用_____效应来控制漏极电流大小的半导体器件。

7. 某三极管的极限参数 $I_{CM} = 20$ mA、$P_{CM} = 100$ mW、$U_{(BR)CEO} = 20$ V。当工作电压 $U_{CE} = 10$ V 时，工作电流 I_C 不得超过 _____ mA；当工作电压 $U_{CE} = 1$ V 时，I_C 不得超过 _____ mA；当工作电流 $I_C = 2$ mA 时，U_{CE} 不得超过 _____ V。

8. 三极管工作在放大区时，发射结为 _____ 偏置，集电结为 _____ 偏置。

9. 对三极管放大电路进行直流分析时，工程上常采用 _____ 法或 _____ 法。

10. 工作在放大区的一个三极管，如果基极电流从 10 μA 变化到 22 μA 时，集电极电流从 1 mA 变为 2.1 mA，则该三极管的 β 约为 _____。

11. _____ 通路常用以确定静态工作点；_____ 通路提供了信号传输的途径。

12. 场效应管是利用 _____ 电压来控制 _____ 电流大小的半导体器件。

13. 用于构成放大电路时，双极型三极管工作于 _____ 区；场效应管工作于 _____ 区。

14. 当 $u_{GS} = 0$ V 时，漏源间存在导电沟道的称为 _____ 型场效应管；漏源间不存在导电沟道的称为 _____ 型场效应管。

15. 某处于放大状态的三极管，测得三个电极的对地电位为 $V_1 = -9$ V，$V_2 = -6$ V，$V_3 = -6.2$ V，则电极 _____ 为基极，_____ 为集电极，_____ 为发射极，为 _____ 型管。

16. 三极管电流放大系数 β 反映了放大电路中 _____ 极电流对 _____ 极电流的控制能力。

17. 场效应管具有输入电阻很 _____ 、抗干扰能力 _____ 等特点。

18. 已知三极管工作在线性放大区，各极对地电位如图 2.12 所示，

(1) 三极管的材料为 _____ （硅管还是锗管）。

(2) 三极管的管型为 _____ （NPN 还是 PNP）。

(3) 对地电位为 0 V 的是三极管的 _____ 极（B/C/E）。

19. 在本征半导体中加入三价元素可形成 _____ 型半导体，加入五价元素可形成 _____ 型半导体。（P/N）

20. 如图 2.13 所示，已知某处于放大状态的晶体三极管的 a、b、c 三极之间的电压如图 2.13 所示，则 a 极为三极管的 _____ 极，b 极为三极管的 _____ 极，c 极为三极管的 _____ 极，该管子的管型为 _____ 型。

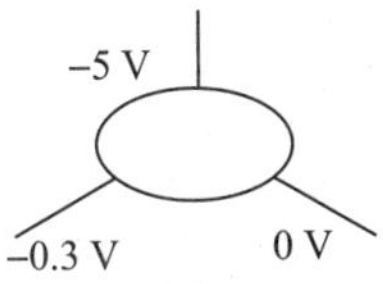

图 2.12 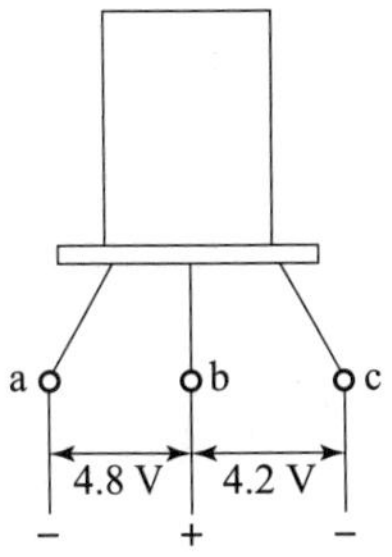　　　　　　　　　　图 2.13

四、计算题

1. 三极管电路如图 2.14 所示，已知三极管的 $\beta = 80$，$U_{BE(on)} = 0.7$ V，$r_{bb'} = 200$ Ω，输

入信号 $u_S = 20\sin\omega t$ mV，电容 C 对交流的容抗近似为零。（1）计算电路的静态工作点参数 I_{BQ}、I_{CQ}、U_{CEQ}；（2）画出电路的微变等效电路，求 u_{BE}、i_B、i_C 和 u_{CE}。

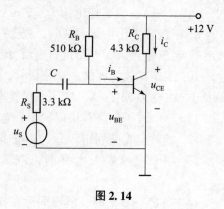

图 2.14

2. 场效应管的转移特性曲线如图 2.15 所示，试指出各场效应管的类型并画出电路符号；对于耗尽型管求出 $U_{GS(off)}$、I_{DSS}；对于增强型管求出 $U_{GS(th)}$。

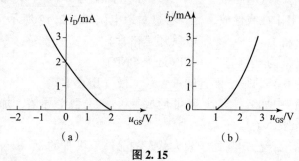

图 2.15

3. 三极管电路如图 2.16 所示，已知 $\beta = 100$，$U_{BE(on)} = 0.7$ V，试求电路中 I_C、U_{CE} 的值。

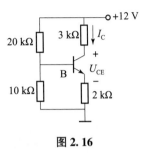

图 2.16

4. 如图 2.17 所示，三极管为硅管，$\beta = 100$，试求电路中 I_B、I_C、U_{CE} 的值，并判断三极管的工作状态。

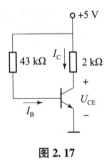

图 2.17

5. 场效应管的转移特性曲线如图 2.18 所示，试指出各场效应管的类型并画出电路符号；对于耗尽型管求出 $U_{GS(off)}$、I_{DSS}；对于增强型管求出 $U_{GS(th)}$。

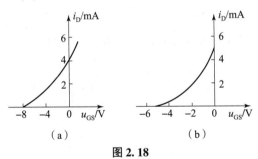

（a）　　　　　（b）

图 2.18

6. 如图 2.19 所示，三极管为硅管，$\beta = 100$，试求电路中 I_B、I_C、U_{CE} 的值，并判断三极管的工作状态。

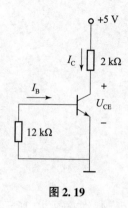

图 2.19

7. 场效应管电路如图 2.20 所示，已知 $u_i = 20\sin\omega t$ mV，场效应管的 $g_m = 0.58$ ms，试求该电路的交流输出电压 u_o 的大小。

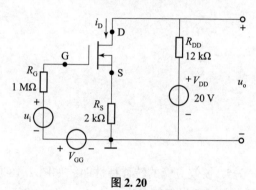

图 2.20

8. 如图 2.21 所示，三极管均为硅管，试求各电路中的 I_C、U_{CE} 及集电极对地电压 U_o。

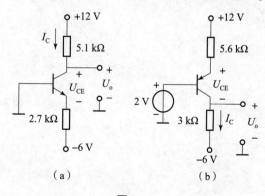

（a）　　　　　　　（b）

图 2.21

9. 如图 2.22 所示，三极管为硅管，$\beta = 100$，试求电路中 I_B、I_C、U_{CE}的值，并判断三极管的工作状态。

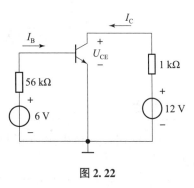

图 2.22

10. 场效应管的输出特性曲线如图 2.23 所示，试指出各场效应管的类型并画出电路符号；对于耗尽型管求出 $U_{GS(off)}$、I_{DSS}；对于增强型管求出 $U_{GS(th)}$。

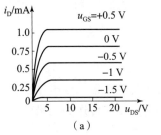
（a）

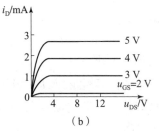
（b）

图 2.23

第三章　三极管基本放大电路

（1）能用仪器仪表组装和调试基本放大电路，并能结合实际案例分析和排除典型故障；

（2）会分析基本放大电路、具有稳定静态工作点的放大电路并能进行直流、交流参数计算；

（3）会利用多级放大电路、共集电极放大电路的特点分析其他典型电路，并对多级放大电路、共集电极放大电路进行相关交流参数计算。

本章知识

一、放大电路的组成

1. 放大电路的组成原则

（1）外加直流电源的极性必须使三极管的发射结正偏，集电结反偏；

（2）输入回路的接法，要使输入电压的变化量能够传送到三极管的基极回路，并使基极电流产生相应的变化量；

（3）输出回路的接法，要使集电极电流的变化量能够转化为集电极电压的变化量，并传送到电路的输出端；

（4）给电路设置合适的静态工作点。

2. 常用指标

（1）放大倍数：电压放大倍数 $A_v = \dfrac{v_o}{v_i}$，电流放大倍数 $A_i = \dfrac{i_o}{i_i}$，功率放大倍数 $A_P = \dfrac{P_o}{P_i}$。

（2）增益 G：用分贝表示放大倍数，单位为分贝（dB）。

电压增益 $G_v = 20 \lg A_v$ dB，电流增益 $G_i = 20 \lg A_i$ dB，功率增益 $G_P = 10 \lg A_P$ dB。

（3）输入电阻和输出电阻

①输入电阻 r_i：输入交流电压 v_i 与输入回路产生的输入电流 i_i 之比。输入电阻也可视为从放大器输入端看进去的等效电阻，在电压放大器中，希望放大器输入电阻大一些。

②输出电阻 r_o：从放大器输出端看进去的交流等效电阻，r_o 表示放大器带负载的能力。输出信号时，自身损耗越小，带负载能力越强，所以输出电阻越小越好。

（4）通频带：

通频带 f_L 与 f_H 之间的频率范围称为通频带，记作 BW。

$$BW = f_H - f_L$$

二、放大电路的分析方法

1. 静态分析

（1）静态：放大电路未加交流信号时的工作状态。

（2）静态工作点：指静态时的 I_B、I_C、V_{CE}，用 I_{BQ}、I_{CQ}、V_{CEQ} 表示。可由放大电路的直流通路来分析和计算，也可用图解法来分析计算。

（3）直流通路及其画法：直流通路是指放大器的直流电流流通的回路，包括输入直流通路和输出直流通路两部分。画法是将放大器中的电容视为开路，电感视为短路，其他元件不变。

（4）分析方法：估算法、图解法。

2. 动态分析

（1）动态：放大电路加额定交流信号时的工作状态。

（2）交流通路及其画法：交流通路是指交流信号电流的流通回路，包括输入交流通路和输出交流通路两部分。画法是将容量较大的电容视为短路，直流电源视为短路，其他元件不变。

（3）分析方法：估算法、图解法、微变等效电路法。

三、固定偏置放大电路

特点：电路结构简单，但静态工作点随温度的变化而变得不稳定，放大信号时容易产生失真。

1. 静态工作点的计算

$$I_{BQ} = \frac{V_{CC} - V_{BEQ}}{R_B}$$

$$I_{CQ} = \beta I_{BQ}$$

$$V_{CEQ} = V_{CC} - I_{CQ} R_C$$

2. 电压放大倍数

$$A_v = \frac{v_o}{v_i} = \frac{-\beta i_B \cdot R'_L}{i_B \cdot r_{be}} = -\frac{\beta R'_L}{r_{be}}$$

3. 输入电阻

$$r_i = R_B /\!/ r_{be}$$

式中，$r_{be} = 300\ \Omega + (1 + \beta)\dfrac{26\ \text{mV}}{I_{EQ}}$。

4. 输出电阻

$$r_o \approx R_C$$

四、分压式偏置放大电路

特点：通过固定三极管基极电位和发射极电阻的反馈作用稳定静态工作点，使工作点不会随温度的变化而造成偏移。

1. 静态工作点的计算

$$V_{BQ} = \frac{V_{CC}}{R_{B1} + R_{B2}} \cdot R_{B2}$$

$$I_{CQ} \approx I_{EQ} \approx \frac{V_{EQ}}{R_E} = \frac{V_{BQ} - V_{BEQ}}{R_E} \approx \frac{V_{BQ}}{R_E}$$

$$I_{BQ} = \frac{I_{CQ}}{\beta}$$

$$V_{CEQ} = V_{CC} - I_C(R_C + R_E)$$

2. 电压放大倍数

$$A_v = \frac{v_o}{v_i} = \frac{-\beta i_B \cdot R'_L}{i_B \cdot r_{be}} = -\frac{\beta R'_L}{r_{be}}$$

3. 输入电阻

$$r_i = R_{B1} /\!/ R_{B2} /\!/ r_{be}$$

4. 输出电阻

$$r_o \approx R_C$$

五、共集电极电路

共集电极电路又称射极输出器、射极跟随器。

电路特点：输出电压与输入电压同相且略小于输入电压；输入电阻大，输出电阻小。

1. 静态工作点的计算

$$I_{BQ} = \frac{V_{CC} - V_{BEQ}}{R_B + (1+\beta)R_E}$$

$$I_{EQ} = (1+\beta)I_{BQ}$$

$$V_{CEQ} = V_{CC} - I_{EQ}R_E$$

2. 输入电阻

$$r_i = R_B /\!/ [r_{be} + (1+\beta)R'_L]$$

3. 输出电阻

$$r_o = \frac{r_{be}}{1+\beta}$$

六、多级放大器

多级放大器由若干个单级放大电路组成，把输入的微弱信号放大足以带动负载。

1. 组成

输入级：小信号放大，要求能从信号源取得较大的信号。

中间级：放大电压，多级放大器的电压放大倍数主要取决于中间级。

输出级：要求能输出足够大的信号功率。

2. 电压放大倍数

电压放大倍数等于每级有载电压放大倍数的乘积，即 $A_v = A_{v1} \cdot A_{v2} \cdots \cdot A_{vn}$。

3. 输入电阻

输入电阻等于输入级的输入电阻，即 $r_i = r_{i1}$。

4. 输出电阻

输出电阻等于输出级的输出电阻，即 $r_o = r_{on}$。

例题解析

【**例 3 – 1**】 （2014 年高考题）电路如图 3.1 所示，已知三极管的 $\beta = 40$，$V_{CC} = 12$ V，$R_L = 4$ kΩ，$R_C = 2$ kΩ，$R_E = 2$ kΩ，$R_{B1} = 20$ kΩ，$R_{B2} = 10$ kΩ，C_E 足够大。试求：

（1）静态工作值 I_{CQ} 和 U_{CEQ}。

（2）电压放大倍数、输入电阻。

（3）如果去掉 C_E，对电压放大倍数、输入电阻有何影响？

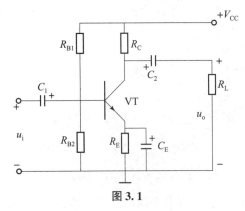

图 3.1

解：（1）估算静态工作值 I_{CQ} 和 U_{CEQ}：

$$U_{BQ} \approx \frac{R_{B2}}{R_{B1} + R_{B2}} V_{CC} = 4 \text{ V}$$

$$I_{CQ} \approx I_{BQ} = \frac{U_B - U_{BEQ}}{R_E} = 1.65 \text{ mA}$$

$$U_{CEQ} \approx V_{CC} - I_{CQ}(R_C + R_E) = 12 - 1.65 \times (2 + 2) = 5.4 (\text{V})$$

（2）$r_{be} = 300 + (1 + \beta)\dfrac{26}{I_{EQ}} = 300 + 41 \times \dfrac{26}{1.65} \approx 946 (\Omega) \approx 0.95 \text{ kΩ}$

$$R'_L = 1.33 \text{ kΩ}$$

$$A_v = -40 \times \frac{1.33}{0.95} = -56$$

$$r_i = r_{be} /\!/ R_{B1} /\!/ R_{B2} = 0.83 \text{ kΩ}$$

（3）如果不接旁路电容 C_E，则

$$A_v = -40 \times \frac{1.33}{0.95 + 41 \times 2} \approx -0.64$$

可见电压放大倍数下降很多。

输入电阻　　　　　　　　　　$r_i = R_{B1} /\!/ R_{B2} /\!/ [r_{be} + (1 + \beta)R_E]$

可见输入电阻增大了。

【例 3 - 2】　（2015 年高考题）对于一个三极管放大器来说一般要求其 r_i 要大些，以减小信号源的负担，而 r_o 要求要小些以_____带负载能力。

答案： 提高

【例 3 - 3】　（2015 年高考题）如图 3.2 所示，电路输入 u_i 为 10 kHz 正弦交流信号，有效值为 10 mV，两个三极管 $\beta = 100$，$r_{be} = 1$ kΩ，当开关分别接于 A、B 两端时，求 C 点正弦交流信号电压的有效值。

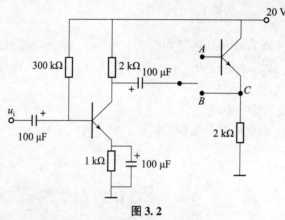

图 3.2

解析： 当开关接于 A 点时：

$$R'_L = [r_{be2} + (1 + \beta) \times 2] /\!/ 2 \approx 2 \, (\text{k}\Omega)$$

$$A_v = -\beta \frac{R'_L}{r_{be}} - 100 \times \frac{2}{1} = -200$$

$$u_{o1} = |A_v| u_i = 200 \times 10 = 2\,000 \, (\text{mV})$$

因为后面的三极管没有加偏置，只有半个周期导通，所以 $U_C = 0.5 U_{o1M} = \sqrt{2}$ V。

当开关接于 B 时：

$$A_v = -\beta \frac{R'_L}{r_{be}} = -100 \times \frac{1}{1} = -100$$

$$U_C = |A_v| u_i = 100 \times 10 = 1\,000 \, (\text{mV})$$

【例 3 - 4】　（2016 年高考题）某光电检测电路如图 3.3 所示，图中 R_1 是一个光敏电阻，当无人通过，发光管使光敏电阻受到光照时，其电阻值为 100 kΩ；当有人通过，发光管被遮盖时，光敏电阻未受到光照射，其电阻值为 500 kΩ。电路其他参数：$R_2 = 100$ kΩ，$R_E = 1$ kΩ，$R_C = 5$ kΩ，$+V_{CC} = 12$ V，$U_{BE} = 0.7$ V，且知道一个人通过光电检测器的时间为 20 ms。

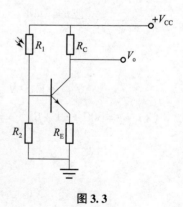

图 3.3

（1）分析计算有人或无人的情况下电路 V_o 的输出。

（2）准确画出正好一个人通过光电检测器的输出波形。

解：（1）当 $R_1 = 100\ \text{k}\Omega$ 时：

$$V_B = \frac{100}{100 + 100} \times 12 = 6\ (\text{V})$$

$$V_E = V_B - V_{BE} = 5.3\ \text{V}$$

$$I_E = \frac{V_E}{R_E} = 5.3\ \text{mA}$$

$$V_{CE} \approx 0.1\ \text{V}$$

$$V_o = \frac{1}{1 + 5} \times 12 = 2\ (\text{V})$$

当 $R_1 = 500\ \text{k}\Omega$ 时：

$$V_B = \frac{100}{100 + 500} \times 12 = 2\ (\text{V})$$

$$V_E = V_B - V_{BE} = 1.3\ \text{V}$$

$$I_E = \frac{V_E}{R_E} = 1.3\ \text{mA}$$

$$V_o = V_{CC} - I_C R_C = 5.5\ \text{V}$$

（2）说明：波形图如果没画电压或者没画到准确位置不给分，20 ms 的正半周可以在图 3.4 中的任意位置，保证宽度是 20 ms 即可。

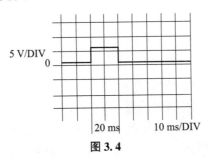

图 3.4

【例 3 - 5】　（2017 年高考题）已知电路如图 3.5（a）所示，电路参数：$U_S = 10\ \text{mV}$，$R_S = 100\ \Omega$，$R_{B1} = 60\ \text{k}\Omega$，$R_{B2} = 20\ \text{k}\Omega$，$R_C = 3\ \text{k}\Omega$，$R_E = 2\ \text{k}\Omega$，$r_{be} = 1.2\ \text{k}\Omega$，用示波器测得 V_o 的波形，如图 3.5（b）所示。试求电路中三极管的 β 值。

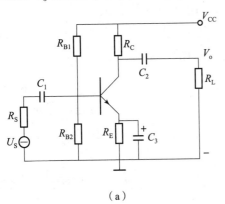

（a）

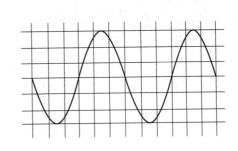

（b）

图 3.5

解：根据示波器输出图形可以知道 $V_{P-P} = 6$ V，而输入信号的有效值幅度是 10 mV，因此要换成相同的单位。

$$V_o = \frac{V_{P-P}}{2.828} = \frac{6}{2.828} \approx 2.12（V）$$

$$A_{vS} = \frac{V_o}{V_S} = \frac{2.12}{0.01} = 212$$

$$r_i = R_{B1} /\!/ R_{B2} /\!/ r_{be} = 60 /\!/ 20 /\!/ 1.2 = 1.1（k\Omega）$$

$$R'_L = R_L /\!/ R_C = 3 /\!/ 3 = 1.5（k\Omega）$$

$$212 = -\beta \frac{1.5}{1.2} \times \frac{1.1}{1.2}$$

所以 $\beta = 185$。

【例 3-6】　（2018 年高考题）单管共射放大电路中，当输入正弦波时，输出波形的上半周出现了平顶，这种失真是（　　　）。

A. 截止失真　　　　　　B. 饱和失真　　　　　　C. 交越失真　　　　　　D. 以上都不是

答案：A

知识精练

一、选择题

1. 如图 3.6 所示，电路（　　　）。

A. 等效为 PNP 管

B. 等效为 NPN 管

C. 为复合管，其等效类型不能确定

D. 三极管连接错误，不能构成复合管

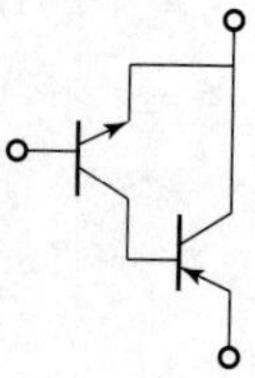

图 3.6

2. 关于 BJT 放大电路中的静态工作点（简称 Q 点），下列说法中不正确的是（　　　）。

A. Q 点过高会产生饱和失真　　　　　　B. Q 点过低会产生截止失真

C. 导致 Q 点不稳定的主要原因是温度变化　　　　D. Q 点可采用微变等效电路法求得

3. 对恒流源而言，下列说法不正确的为（　　　）。

A. 可以用作偏置电路　　　　　　B. 可以用作有源负载

C. 交流电阻很大　　　　　　D. 直流电阻很大

4. 如图 3.7 所示，为共发射极放大电路的是（　　　）。

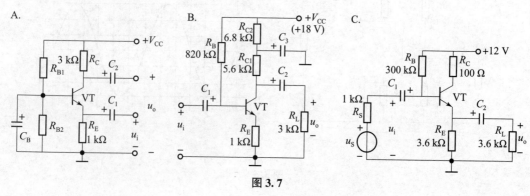

图 3.7

5. 如图 3.8 所示，电路（　　）。

A. 等效为 PNP 管，电流放大倍数约为 β_1

B. 等效为 NPN 管，电流放大倍数约为 β_2

C. 连接错误，不能构成复合管

D. 等效为 PNP 管，电流放大倍数约为 $\beta_1\beta_2$

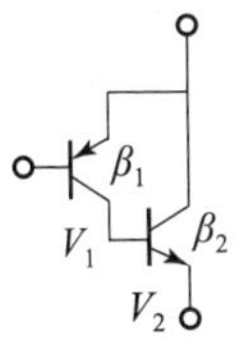

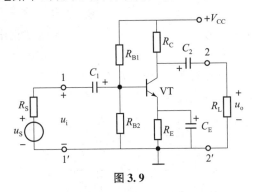

图 3.8

6. 直接耦合电路中存在零点漂移，主要是因为（　　）。

A. 晶体管的非线性　　　　　　　　　　B. 电阻阻值有误差

C. 晶体管参数受温度影响　　　　　　　D. 静态工作点设计不当

7. 关于复合管，下述正确的是（　　）。

A. 复合管的管型取决于第一只三极管

B. 复合管的输入电阻比单管的输入电阻大

C. 只要将任意两个三极管相连，就可构成复合管

D. 复合管的管型取决于最后一只三极管

8. 如图 3.9 所示，电路中出现下列哪种故障必使三极管截止？（　　）

图 3.9

A. R_{B1} 开路　　　　　　　　　　　　B. R_{B2} 开路

C. R_C 短路　　　　　　　　　　　　　D. C_E 短路

9. 放大电路 A、B 的放大倍数相同，但输入电阻、输出电阻不同，用它们对同一个具有内阻的信号源电压进行放大，在负载开路条件下测得 A 的输出电压小，这说明 A 的（　　）。

A. 输入电阻大　　　　　　　　　　　　B. 输入电阻小

C. 输出电阻大　　　　　　　　　　　　D. 输出电阻小

10. 交越失真是（　　）。

A. 饱和失真　　　　　　　　　　　　　B. 频率失真

C. 线性失真　　　　　　　　　　　　　D. 非线性失真

11. 复合管的优点之一是（　　）。

A. 电流放大倍数大　　　　　　　　　　B. 电压放大倍数大

C. 输出电阻增大　　　　　　　　　　　D. 输入电阻减小

12. 已知两共射极放大电路空载时电压放大倍数绝对值分别为 A_{v1} 和 A_{v2}，若将它们接成两级放大电路，则其放大倍数绝对值为（　　）。

A. $A_{v1}A_{v2}$　　　　B. $A_{v1}+A_{v2}$　　　　C. 大于 $A_{v1}A_{v2}$　　　　D. 小于 $A_{v1}A_{v2}$

13. 如图 3.10 所示，电路工作于放大状态，当温度降低时，（　　）。

A. 三极管的 β 增大

B. 三极管的 I_{CBO} 增大

C. I_{CQ} 增大

D. U_{CQ} 增大

14. 某放大器的中频电压增益为 40 dB，则在上限频率 f_H 处的电压放大倍数约为（　　）倍。

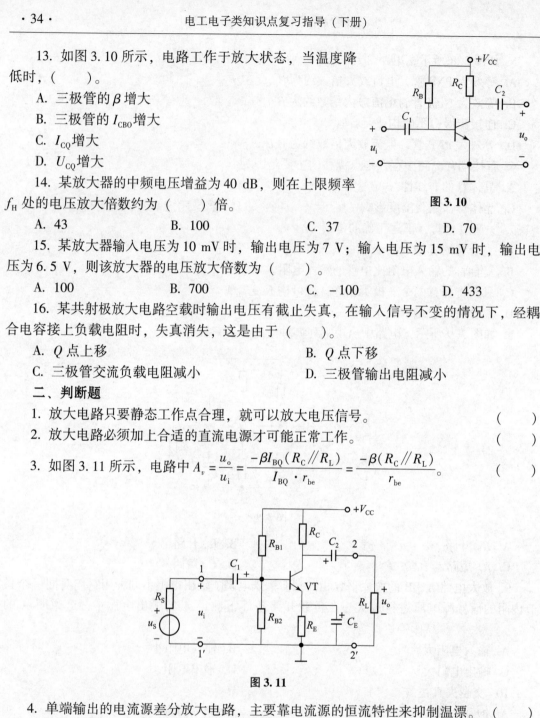

图 3.10

A. 43　　　　　　B. 100　　　　　　C. 37　　　　　　D. 70

15. 某放大器输入电压为 10 mV 时，输出电压为 7 V；输入电压为 15 mV 时，输出电压为 6.5 V，则该放大器的电压放大倍数为（　　）。

A. 100　　　　　　B. 700　　　　　　C. −100　　　　　　D. 433

16. 某共射极放大电路空载时输出电压有截止失真，在输入信号不变的情况下，经耦合电容接上负载电阻时，失真消失，这是由于（　　）。

A. Q 点上移　　　　　　　　　　　　B. Q 点下移

C. 三极管交流负载电阻减小　　　　　　D. 三极管输出电阻减小

二、判断题

1. 放大电路只要静态工作点合理，就可以放大电压信号。（　　）

2. 放大电路必须加上合适的直流电源才可能正常工作。（　　）

3. 如图 3.11 所示，电路中 $A_v = \dfrac{u_o}{u_i} = \dfrac{-\beta I_{BQ}(R_C /\!/ R_L)}{I_{BQ} \cdot r_{be}} = \dfrac{-\beta(R_C /\!/ R_L)}{r_{be}}$。（　　）

图 3.11

4. 单端输出的电流源差分放大电路，主要靠电流源的恒流特性来抑制温漂。（　　）

5. 频率失真是由于线性的电抗元件引起的，它不会产生新的频率分量，因此是一种线性失真。（　　）

6. 负载电阻所获得的能量取自于直流电源，而不是信号源或有源器件。（　　）

7. 放大电路的输出电阻等于负载电阻 R_L。（　　）

8. 恒流源电路具有输出电流稳定、交流内阻非常大的特点，因此常用作偏置电路和有源负载。（　　）

9. 输入电阻反映了放大电路带负载的能力。（　　）

10. 三极管放大电路中，设 V_B、V_E 分别表示基极和发射极的信号电位，则 $V_B = U_{BEQ} + V_E$。 （ ）

11. 双极型三极管的小信号模型中，受控电流源流向不能任意假定，它由基极电流 i_B 的流向确定。 （ ）

12. 产生交越失真的原因是因为输入正弦波信号的有效值太小。 （ ）

13. 与三极管放大电路相比，场效应管放大电路具有输入电阻很高、噪声低、温度稳定性好等优点。 （ ）

14. 单端输出的长尾式差分放大电路，主要靠公共发射极电阻引入负反馈来抑制温漂。 （ ）

15. 场效应管放大电路的偏置电路可以采用自给偏压电路。 （ ）

三、填空题

1. 放大器的静态工作点过高可能引起_____失真，过低则可能引起_____失真。分压式偏置电路具有自动稳定_____的优点。

2. 放大电路中采用有源负载可以_____电压放大倍数。

3. 场效应管放大电路中，共_____极电路具有电压放大能力，输出电压与输入电压反相；共_____极电路输出电阻较小，输出电压与输入电压同相。

4. 三种基本组态双极型三极管放大电路中，若希望源电压放大倍数大，宜选用共_____极电路；若希望带负载能力强，宜选用共_____极电路；若希望从信号源索取的电流小，宜选用共_____极电路；若希望用作高频电压放大器，宜选用共_____极电路。

5. 若信号带宽大于放大电路的通频带，则会产生_____失真。

6. _____电阻反映了放大电路对信号源或前级电路的影响；_____电阻反映了放大电路带负载的能力。

7. 单级双极型三极管放大电路中，输出电压与输入电压反相的为共_____极电路，输出电压与输入电压同相的有共_____极电路、共_____极电路。

8. 已知某放大电路的 $|A_v| = 100$，$|A_i| = 100$，则电压增益为_____dB，电流增益为_____dB，功率增益为_____dB。

9. 测量三级晶体管放大电路，得其第一级电路放大倍数为 -30，第二级电路放大倍数为 30，第三级电路放大倍数为 0.99，输出电阻为 60 Ω，则可判断三级电路的组态分别是_____、_____、_____。

10. 某两级三极管放大电路，测得输入电压有效值为 2 mV，第一级和第二级的输出电压有效值均为 0.1 V，输出电压和输入电压反相，输出电阻为 30 Ω，则可判断第一级和第二级放大电路的组态分别是_____和_____。

11. 单级双极型三极管放大电路中，既能放大电压又能放大电流的是共_____极电路，只能放大电压不能放大电流的是共_____极电路，只能放大电流不能放大电压的是共_____极电路。

12. NPN 管和 PNP 管构成放大电路时，所需的工作电压极性相_____，但这两种管子的微变等效电路_____。

13. 射极输出器的主要特点是：电压放大倍数_____、输入电阻_____、输出电阻_____。

14. 放大电路中，当放大倍数下降到中频放大倍数的0.7倍时，所对应的低端频率和高端频率分别称为放大电路的_____频率和_____频率，这两个频率之间的频率范围称为放大电路的_____。

15. 当放大电路要求恒压输入时，其输入电阻应远_____于信号源内阻；要求恒流输入时，输入电阻应远_____于信号源内阻。

16. 三种基本组态双极型三极管放大电路中，输入电阻最大的是共_____极电路，输入电阻最小的是共_____极电路，输出电阻最小的是共_____极电路。

四、计算题

1. 放大电路如图3.12所示，已知电容量足够大，$V_{CC} = 12$ V，$R_{B1} = 15$ kΩ，$R_{B2} = 5$ kΩ，$R_E = 2.3$ kΩ，$R_C = 5.1$ kΩ，$R_L = 5.1$ kΩ，三极管的$\beta = 100$，$r'_{bb} = 200$ Ω，$U_{BEQ} = 0.7$ V。试：

（1）计算静态工作点（I_{BQ}、I_{CQ}、U_{CEQ}）；

（2）画出放大电路的小信号等效电路；

（3）计算电压放大倍数A_v、输入电阻r_i和输出电阻r_o；

（4）若断开C_E，则对静态工作点、放大倍数、输入电阻的大小各有何影响？

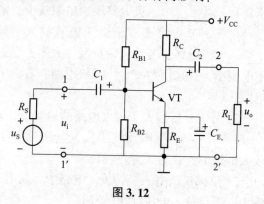

图 3.12

2. 场效应管放大电路如图3.13所示，已知$g_m = 2$ ms，$R_{G1} = 300$ kΩ，$R_{G2} = 100$ kΩ，$R_{G3} = 5.1$ MΩ，$R_D = 20$ kΩ，$R_L = 10$ kΩ，各电容对交流的容抗近似为零。试：（1）说明图中场效应管的类型；（2）画出放大电路的交流通路和小信号等效电路；（3）求A_v、r_i、r_o。

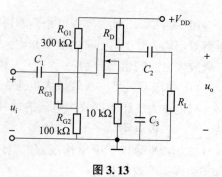

图 3.13

3. 放大电路如图 3.14 所示，已知电容量足够大，$V_{CC} = 12$ V，$R_B = 300$ kΩ，$R_{E2} = 1.8$ kΩ，$R_{E1} = 200$ Ω，$R_C = 2$ kΩ，$R_L = 2$ kΩ，$R_S = 1$ kΩ，三极管的 $\beta = 50$，$r'_{bb} = 200$ Ω，$U_{BEQ} = 0.7$ V。试：（1）计算静态工作点（I_{BQ}、I_{CQ}、U_{CEQ}）；（2）计算电压放大倍数 A_v、源电压放大倍数 A_{vS}、输入电阻 r_i 和输出电阻 r_o；（3）若 u_o 正半周出现图 3.14（b）中所示失真，问该非线性失真类型是什么？如何调整 R_B 值以改善失真？

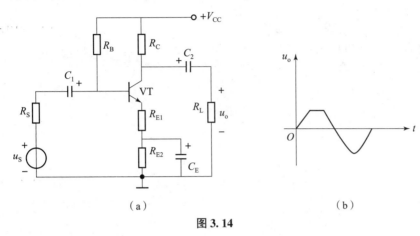

（a）　　　　　　　　　　　（b）

图 3.14

4. 放大电路如图 3.15 所示，已知电容量足够大，$V_{CC} = 18$ V，$R_{B1} = 75$ kΩ，$R_{B2} = 20$ kΩ，$R_{E2} = 1.8$ kΩ，$R_{E1} = 200$ Ω，$R_C = 8.2$ kΩ，$R_L = 6.2$ kΩ，$R_S = 600$ Ω，三极管的 $\beta = 100$，$r'_{bb} = 200$ Ω，$U_{BEQ} = 0.7$ V。试：（1）计算静态工作点（I_{BQ}、I_{CQ}、U_{CEQ}）；（2）画出放大电路的小信号等效电路；（3）计算电压放大倍数 A_v、输入电阻 r_i 和输出电阻 r_o；（4）若 $u_S = 15\sin\omega t$ mV，求 u_o 的表达式。

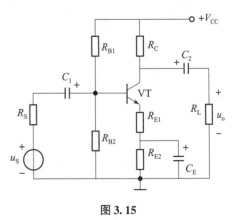

图 3.15

5. 指出如图 3.16 所示各放大电路的组态，并画出它们的交流电路（图中电容对交流呈短路）。

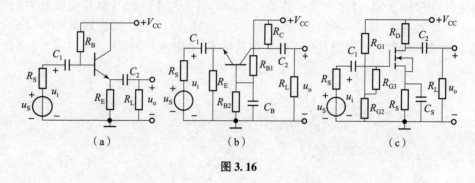

图 3.16

6. 放大电路如图 3.17 所示，已知三极管 $\beta = 120$，$U_{BEQ} = 0.7$ V，$r'_{bb} = 200$ Ω，各电容对交流的容抗近似为零，$V_{CC} = 20$ V，$R_{B1} = 33$ kΩ，$R_{B2} = 6.8$ kΩ，$R_E = 2$ kΩ，$R_{C1} = 5$ kΩ，$R_{C2} = 7.5$ kΩ，$R_L = 5$ kΩ，试：（1）求 I_{BQ}、I_{CQ}、U_{CEQ}；（2）画出放大电路的小信号等效电路；（3）求 A_v、r_i、r_o；（4）当 R_{B1} 足够小时，会出现何种非线性失真？定性画出典型失真波形。

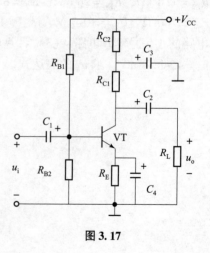

图 3.17

7. 试判断如图 3.18 所示各电路能否放大交流电压信号。

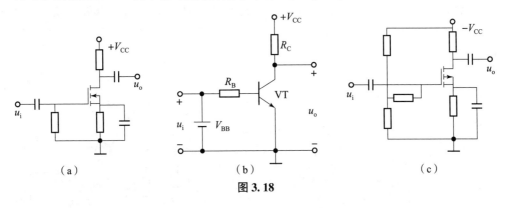

（a）　　　　　　　　（b）　　　　　　　　（c）

图 3.18

8. 如图 3.19 所示硅三极管放大电路中，$V_{CC} = 30\ V$，$R_C = 10\ k\Omega$，$R_E = 2.4\ k\Omega$，$R_B = 1\ M\Omega$，$\beta = 80$，$U_{BEQ} = 0.7\ V$，$r'_{bb} = 200\ \Omega$，各电容对交流的容抗近似为零，试：（1）求静态工作点参数 I_{BQ}、I_{CQ}、U_{CEQ}；（2）若输入幅度为 0.1 V 的正弦波，求输出电压 u_{o1}、u_{o2} 的幅值，并指出 u_{o1}、u_{o2} 与 u_i 的相位关系；（3）求输入电阻 r_i 和输出电阻 r_{o1}、r_{o2}。

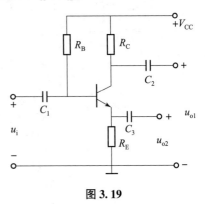

图 3.19

9. 放大电路如图 3.20 所示，已知 $\beta = 100$，$r'_{bb} = 200\ \Omega$，$I_{CQ} = 1.5\ \text{mA}$，各电容对交流的容抗近似为零。试：（1）画出该电路的交流通路及 H 参数小信号等效电路，并求 A_v、r_i、r_o；（2）分析当接上负载电阻 R_L 时，对静态工作点、电压放大倍数、输出电阻各有何影响。

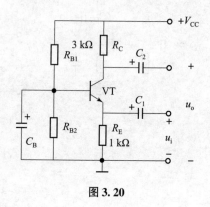

图 3.20

10. 试判断如图 3.21 所示各电路能否放大交流电压信号。

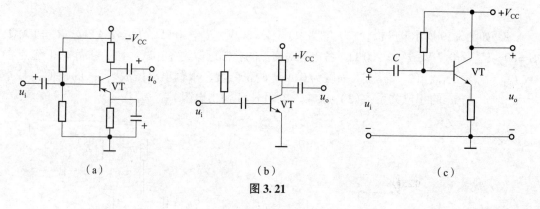

（a）　　　　　　　　　（b）　　　　　　　　　（c）

图 3.21

11. 如图 3.22 所示，判断各电路能否放大交流电压？为什么？

若能放大交流电压，设电容量足够大，三极管参数为 $\alpha = 98$，$|U_{BE(on)}| = 0.3$ V，$r'_{bb} = 200$ Ω，试：（1）求静态工作点参数 I_{BQ}、I_{CQ}、U_{CEQ}；（2）画出交流通路和小信号等效电路；（3）求电压放大倍数 A_v、输入电阻 r_i 和输出电阻 r_o。

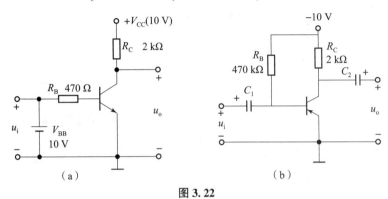

图 3.22

12. 放大电路如图 3.23 所示，已知三极管 $\beta = 80$，$U_{BEQ} = 0.7$ V，$r'_{bb} = 200$ Ω，各电容对交流的容抗近似为零，$R_{B1} = R_{B2} = 150$ kΩ，$R_C = 10$ kΩ，$R_L = 10$ kΩ，试：（1）画出该电路的直流通路，求 I_{BQ}、I_{CQ}、U_{CEQ}；（2）画出交流通路及 H 参数小信号等效电路；（3）求电压放大倍数 A_v、输入电阻 r_i 和输出电阻 r_o。

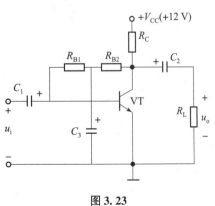

图 3.23

13. 单管电压放大电路如图 3.24 所示，已知：$V_{CC} = 12$ V，$R_B = 300$ kΩ，$R_C = 3$ kΩ，$R_L = 6$ kΩ，三极管的 $r_{be} = 1$ kΩ，$\beta = 50$（锗管）。试：

（1）画出直流通路，求静态工作点 I_{BQ}、U_{BEQ}；I_{CQ}、U_{CEQ}。

（2）画微变等效电路。

（3）求放大电路的输入电阻 r_i 和输出电阻 r_o。

（4）估算无载时的电压放大倍数 A_v 和有载时的电压放大倍数 A_v'。

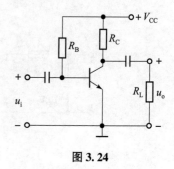

图 3.24

14. 放大电路如图 3.25 所示，已知 $U_{CC} = 24$ V，$R_C = 3.3$ kΩ，$R_E = 1.5$ kΩ，$R_{B1} = 33$ kΩ，$R_{B2} = 10$ kΩ，$R_L = 5.1$ kΩ，晶体管 $\beta = 44$，$U_{BE} = 0.7$ V。求：

（1）静态工作点 I_{BQ}、I_{CQ} 及 U_{CEQ}；

（2）画出微变等效电路；

（3）r_i、r_o 及 A_v $\left[\text{提示：} r_{be} = 300\ \Omega + (1 + \beta)\dfrac{26\ \text{mV}}{I_{EQ}}\right]$。

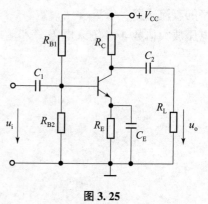

图 3.25

15. 如图 3.26 所示，如果测出的 $V_{BQ} = 4$ V，$V_{CQ} = 3.8$ V，这样的静态工作点是否合适？若电源电压 $V_{CC} = 12$ V，$R_C = 2$ kΩ，则 I_{CQ} 为多少？

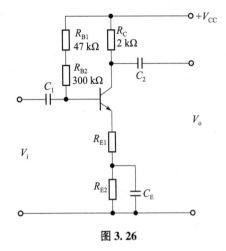

图 3.26

16. 如图 3.27 所示，已知 $R_{B1} = 20$ kΩ，$R_{B2} = 10$ kΩ，$R_C = 1$ kΩ，$R_E = 1.5$ kΩ，$V_{CC} = 12$ V，三极管 $\beta = 30$，$R_L = 1$ kΩ，求：

（1）计算静态工作点及电压放大倍数；

（2）为得到合适的静态工作点，实验中一般调 R_{B1}，为什么？

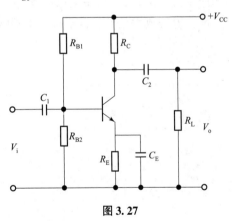

图 3.27

17. 单管放大电路如图 3.28 所示，已知晶体管 $\beta = 30$，输入电压 $V_i = 10$ mV，试求：

（1）估算晶体管的输入电阻 r_{be}；

（2）估算放大器的输入电阻 r_i、输出电阻 r_o；

（3）估算放大器的输出电压 V_o。

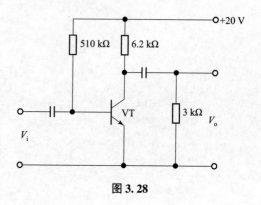

图 3.28

18. 如图 3.29 所示，已知 $R_{B1} = 20$ kΩ，$R_{B2} = 10$ kΩ，$R_C = 2$ kΩ，$R_E = 2$ kΩ，$V_{CC} = 12$ V，$\beta = 50$，$V_{BEQ} = 0.7$ V，$R_L = 4$ kΩ，求：（1）该电路的静态工作点；（2）画出交流通路；（3）计算电压放大倍数；（4）输入电阻 r_i 和输出电阻 r_o。

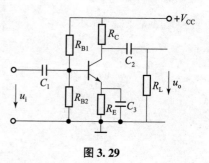

图 3.29

第四章 反馈放大电路

考纲要求

典型电路的连接与应用：利用负反馈对放大电路性能的影响，并根据实际要求连接典型负反馈电路。能判断反馈放大电路的工作类型，并进行简单的计算。

本章知识

一、反馈的基本概念

1. 什么是反馈

在放大电路中，从输出端把输出电压或电流的一部分或全部，通过反馈元件或者反馈网络回送到输入回路，对输入电压或电流产生影响的过程称为反馈。判断放大电路是否存在反馈，关键是看输入回路和输出回路之间是否存在联系作用的反馈元件或反馈回路。

2. 反馈放大器与基本放大器的区别

（1）输入信号是信号源和反馈信号叠加后的净输入信号。

（2）输出信号在输送到负载的同时，还要取出部分或全部再回送到原放大器的输入端。

（3）引入反馈后，使信号既有正向传输也有反向传输，电路形成闭合环路。

3. 反馈的基本类型及判断正反馈和负反馈

（1）正反馈：反馈信号起到增强输入信号的作用。

（2）负反馈：反馈信号起到削弱输入信号的作用。

判断方法：瞬时极性法，先在放大器输入端设定输入信号对地的极性为"＋"或"－"，再依次按相关点的相位变化情况推出各点信号对地的交流瞬时极性，根据反馈到输入端的反馈信号对地的瞬时极性判断，若使原输入信号减弱是负反馈，使原输入信号增强是正反馈。

4. 电压反馈与电流反馈

（1）电压反馈：反馈信号取自输出电压，并与输出电压成正比。

（2）电流反馈：反馈网络的输出信号与输出电流成正比。

判断方法，设想把输出端短路，如果反馈信号消失，则为电压反馈；如果反馈信号依然存在，则为电流反馈。

反馈放大器的四种基本类型：

（1）电压串联负反馈；

（2）电压并联负反馈；

（3）电流串联负反馈；

（4）电流并联负反馈。

二、负反馈对放大器性能的影响

（1）降低放大器的放大倍数，提高放大信号的稳定性。

负反馈放大电路的放大倍数

一般表达式：

$$A_{\mathrm{f}} = \frac{A_v}{1 + A_v F}$$

深度负反馈时：

$$1 + A_v F \gg 1$$

$$A_{\mathrm{f}} = \frac{1}{F}$$

（2）减小非线性失真。

（3）展宽频带。

（4）对输入电阻和输出电阻的影响。

①串联负反馈使放大器输入电阻增大，并联负反馈使放大器输入电阻减小。

②电压负反馈使放大器的输出电阻减小，电流负反馈使放大器的输出电阻增大。

例题解析

【例 4 - 1】 （2015 年高考题）如果想要改善电路的性能，使电路的输出电压稳定而且提高放大电路的输入电阻，应该在电路中引入的负反馈是（　　）。

A. 电压串联负反馈　　　　　　　　B. 电压并联负反馈

C. 电流串联负反馈　　　　　　　　D. 电流并联负反馈

答案：A

解析：要使电路的输出电压稳定必须选电压反馈，串联反馈增大输入电阻，并联反馈减小输入电阻。所以，根据题意应选电压串联负反馈。

【例 4 - 2】 （2020 年高考题）在设计负反馈放大器时，已知负载电阻值较小，而输入信号源的内阻较低，应选择合适的负反馈类型是（　　）。

A. 电压串联负反馈

B. 电压并联负反馈

C. 电流串联负反馈

D. 电流并联负反馈

答案：A

解析：已知负载电阻值较小，选用电压反馈使输出电阻小，提高带负载能力；由于输入信号源的内阻较小，选用串联反馈使输入电阻增大，所以根据题意应选电压串联负反馈。

【例 4 - 3】 （2016 年高考题）在深度负反馈条件下，闭环增益主要取决于（　　）。

A. 输入阻抗　　　　　　　　　　　B. 开环增益

C. 反馈系数　　　　　　　　　　　D. 输入电流

答案：C

解析：根据深度负反馈时 $AF \gg 1$，$A_f \approx 1/F$。

【例 4 - 4】 某仪表放大器，要求输入电阻 r_i 大，输出电流稳定，应选择（　　）放大器。

A. 电压并联负反馈
B. 电流串联负反馈
C. 电压串联负反馈
D. 电流并联负反馈

答案：B

解析：根据题意应选电流串联负反馈。

【例 4 - 5】 （2011 高考题）如图 4.1 所示，电路中 R_f 引入的反馈类型是_____。

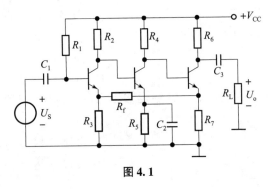

图 4.1

答案：电流串联负反馈

知识精练

一、选择题

1. 需要一个阻抗变换电路，要求输入电阻小、输出电流稳定，应选用（　　）负反馈。

A. 电压串联
B. 电压并联
C. 电流串联
D. 电流并联

2. 为了增大放大电路的输入电阻，应引入（　　）负反馈。

A. 直流
B. 交流串联
C. 交流电流
D. 交流并联

3. 深度电流串联负反馈放大器相当于一个（　　）。

A. 压控电压源
B. 压控电流源
C. 流控电压源
D. 流控电流源

4. 交流负反馈是指（　　）。

A. 只存在于阻容耦合电路的负反馈
B. 交流通路中的负反馈
C. 放大正弦波信号时才有的负反馈
D. 变压器耦合电路中的负反馈

5. 引入（　　）反馈，可稳定电路的增益。

A. 电压
B. 电流
C. 负
D. 正

6. 为了减小放大电路的输出电阻，应引入（　　）负反馈。

A. 直流
B. 交流电流
C. 交流电压
D. 交流并联

7. 深度负反馈的条件是指（　　）。

A. $1 + AF \ll 1$
B. $1 + AF \gg 1$
C. $1 + AF \ll 0$
D. $1 + AF \gg 0$

8. 对于放大电路，所谓开环是指（   ）。

    A. 无信号源　　　　　　　　　　　　　　　B. 无反馈电路

    C. 无电源　　　　　　　　　　　　　　　　D. 无负载

9. 为了稳定静态工作点，应引入（   ）负反馈。

    A. 直流　　　　　　　　　　　　　　　　　B. 交流

    C. 串联　　　　　　　　　　　　　　　　　D. 并联

10. 负反馈能抑制（   ）。

    A. 输入信号所包含的干扰和噪声　　　　　　B. 反馈环内的干扰和噪声

    C. 反馈环外的干扰和噪声　　　　　　　　　D. 输出信号中的干扰和噪声

11. 为了展宽频带，应引入（   ）负反馈。

    A. 直流　　　　　　　　　　　　　　　　　B. 交流

    C. 串联　　　　　　　　　　　　　　　　　D. 并联

12. 欲从信号源获得更大的电流，并稳定输出电流，应在放大电路中引入（   ）负反馈。

    A. 电压串联　　　　　　　　　　　　　　　B. 电压并联

    C. 电流串联　　　　　　　　　　　　　　　D. 电流并联

13. 构成反馈通路的元器件是（   ）。

    A. 只能是电阻元件

    B. 只能是三极管、集成运放等有源器件

    C. 只能是无源器件

    D. 可以是无源器件，也可以是有源器件

14. 为了将输入电流转换成与之成比例的输出电压，应引入深度（   ）负反馈。

    A. 电压串联　　　　　　　　　　　　　　　B. 电压并联

    C. 电流串联　　　　　　　　　　　　　　　D. 电流并联

15. 欲将电压信号转换成与之成比例的电流信号，应在放大电路中引入深度（   ）负反馈。

    A. 电压串联　　　　　　　　　　　　　　　B. 电压并联

    C. 电流串联　　　　　　　　　　　　　　　D. 电流并联

16. 为了稳定放大倍数，应引入（   ）负反馈。

    A. 直流　　　　　　　B. 交流　　　　　　　C. 串联　　　　　　　D. 并联

17. 在输入量不变的情况下，若引入反馈后（   ），则说明引入的是负反馈。

    A. 输入电阻增大　　　　　　　　　　　　　B. 输出量增大

    C. 净输入量增大　　　　　　　　　　　　　D. 净输入量减小

18. 为了抑制温漂，应引入（   ）负反馈。

    A. 直流　　　　　　　　　　　　　　　　　B. 交流

    C. 串联　　　　　　　　　　　　　　　　　D. 并联

19. 放大电路引入负反馈是为了（   ）。

    A. 提高放大倍数　　　　　　　　　　　　　B. 稳定输出电流

    C. 稳定输出电压　　　　　　　　　　　　　D. 改善放大电路的性能

20. 为了减小放大电路从信号源索取的电流并增强带负载能力，应引入（　　）负反馈。

A. 电压串联　　　　　　　　　　　　B. 电压并联

C. 电流串联　　　　　　　　　　　　D. 电流并联

21. 负反馈放大电路中，反馈信号（　　）。

A. 仅取自输出信号

B. 取自输入信号或输出信号

C. 仅取自输入信号

D. 取自输入信号和输出信号

22. 要求输入电阻大，输出电压稳定，应选用（　　）负反馈。

A. 电压串联　　　　　　　　　　　　B. 电压并联

C. 电流串联　　　　　　　　　　　　D. 电流并联

23. 要得到一个由电流控制的电流源应选用（　　）。

A. 电压串联负反馈　　　　　　　　　B. 电压并联负反馈

C. 电流串联负反馈　　　　　　　　　D. 电流并联负反馈

24. 要得到一个由电压控制的电流源应选用（　　）。

A. 电压串联负反馈　　　　　　　　　B. 电压并联负反馈

C. 电流串联负反馈　　　　　　　　　D. 电流并联负反馈

25. 在交流负反馈的四种组态中，要求互导增益 $A_i u_f = I_o / U_i$ 稳定应选（　　）。

A. 电压串联负反馈　　　　　　　　　B. 电压并联负反馈

C. 电流串联负反馈　　　　　　　　　D. 电流并联负反馈

26. 在交流负反馈的四种组态中，要求互阻增益 $A_v i_f = U_o / I_i$ 稳定应选（　　）。

A. 电压串联负反馈　　　　　　　　　B. 电压并联负反馈

C. 电流串联负反馈　　　　　　　　　D. 电流并联负反馈

27. 在交流负反馈的四种组态中，要求电流增益 $A_i i_f = I_o / I_i$ 稳定应选（　　）。

A. 电压串联负反馈　　　　　　　　　B. 电压并联负反馈

C. 电流串联负反馈　　　　　　　　　D. 电流并联负反馈

28. 放大电路引入交流负反馈后将（　　）。

A. 提高输入电阻　　　　　　　　　　B. 减小输出电阻

C. 提高放大倍数　　　　　　　　　　D. 提高放大倍数的稳定性

29. 放大电路引入直流负反馈后将（　　）。

A. 改变输入、输出电阻　　　　　　　B. 展宽频带

C. 减小放大倍数　　　　　　　　　　D. 稳定静态工作点

30. 若要提高多级放大电路的输入电阻，不可以采取的措施是（　　）。

A. 电压串联负反馈　　　　　　　　　B. 电压并联负反馈

C. 电流串联负反馈　　　　　　　　　D. 第一级采用射极跟随器

二、填空题

1. 电压负反馈能稳定输出＿＿＿＿＿，电流负反馈能稳定输出＿＿＿＿＿。

2. 将_____信号的一部分或全部通过某种电路_____端的过程称为反馈。

3. 为提高放大电路的输入电阻，应引入电流_____反馈；为提高放大电路的输出电阻，应引入交流_____反馈。

4. 负反馈对输入电阻的影响取决于_____端的反馈类型，串联负反馈能够_____输入电阻，并联反馈能够_____输入电阻。

5. 负反馈对输出电阻的影响取决于_____端的反馈类型，电压负反馈能够_____输出电阻，电流负反馈能够_____输出电阻。

6. 对于放大电路，若无反馈网络，称为_____放大电路；若存在反馈网络，则称为_____放大电路。

7. 引入_____反馈可提高电路的增益，引入_____反馈可提高电路增益的稳定性。

8. 某直流放大电路输入信号为 1 mV，输出电压为 1 V，加入负反馈后，为达到同样输出时需要的输入信号为 10 mV，则可知该电路的反馈深度为_____。

9. 在深度负反馈放大电路中，净输入信号约为_____，_____约等于输入信号。

10. _____反馈主要用于振荡等电路中，_____反馈主要用于改善放大电路的性能。

11. 反馈放大电路由_____电路和_____网络组成。

12. 负反馈虽然使放大器的增益下降，但能_____增益的稳定性，_____通频带，_____非线性失真，_____放大器的输入、输出电阻。

13. 负反馈放大电路中，若反馈信号取样于输出电压，则引入的是_____反馈；若反馈信号取样于输出电流，则引入的是_____反馈；若反馈信号与输出信号以电压方式进行比较，则引入的是_____反馈；若反馈信号与输出信号以电流方式进行比较，则引入的是_____反馈。

14. 串联负反馈在信号源内阻_____时反馈效果显著；并联负反馈在信号源内阻_____时反馈效果显著。

15. 根据反馈信号在输出端的取样方式不同，可分为_____反馈和_____反馈，根据反馈信号和输入信号在输入端的比较方式不同，可分为_____反馈和_____反馈。

16. 与未加反馈时相比，如反馈的结果使净输入信号变小，则为_____；如反馈的结果使净输入信号变大，则为_____。

17. 某负反馈放大电路的闭环增益为 40 dB，当基本放大器的增益变化 10% 时，反馈放大器的闭环增益相应变化 1%，则电路原来的开环增益为_____。

18. 深度负反馈放大电路中，基本放大电路的两输入端具有_____和_____的特点。

19. 某负反馈放大电路的开环放大倍数为 50，反馈系数为 0.02，问闭环放大倍数为_____。

20. 射极输出器属于_____负反馈。

三、综合题

1. 分析如图 4.2 所示各电路中是否引入了反馈，若引入反馈是直流反馈还是交流反馈，是正反馈还是负反馈。设图 4.2 中所有电容对交流信号均可视为短路。

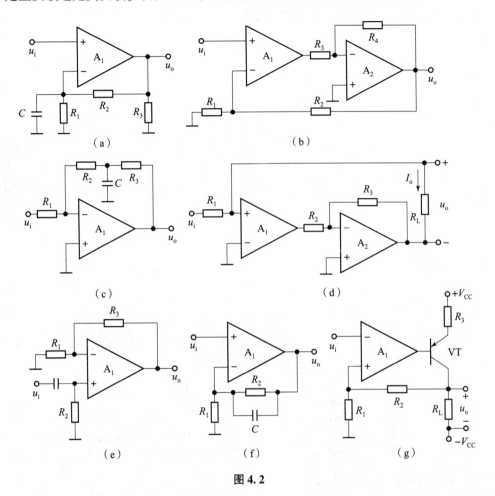

图 4.2

2. 判断图 4.3 所示电路中引入了哪些反馈；指出反馈元件，说明是正反馈还是负反馈？是直流反馈还是交流反馈？若为交流反馈请说明反馈类型。

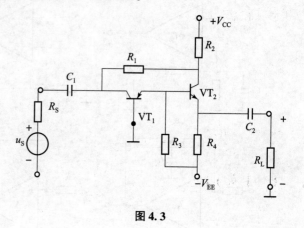

图 4.3

3. 判断图 4.4 中各电路是否引入了反馈；指出反馈元件，说明是正反馈还是负反馈？是直流反馈还是交流反馈？若为交流反馈请说明反馈类型。

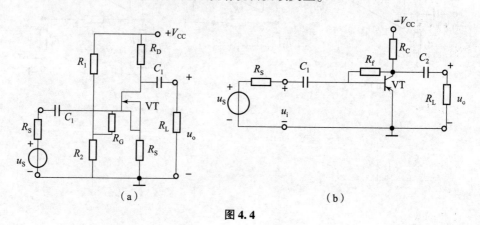

（a）　　　　　　　　　　　　　　（b）

图 4.4

4. 分别分析图4.5中各电路的反馈：

（1）在图4.5中找出反馈元件；（2）判断是正反馈还是负反馈；（3）对交流负反馈，判断其反馈组态。

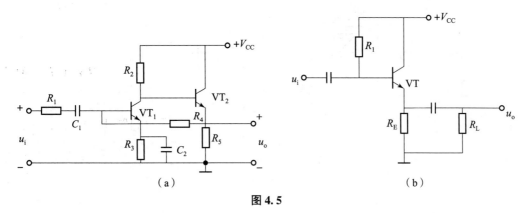

图4.5

5. 判断图4.6电路中引入了哪些反馈；指出反馈元件，说明是正反馈还是负反馈？是直流反馈还是交流反馈？若为交流反馈请说明反馈类型。

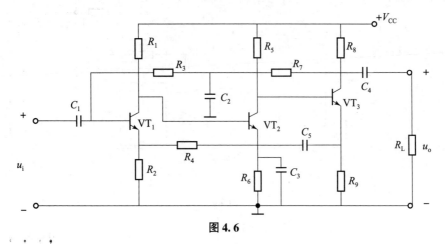

图4.6

6. 反馈放大电路如图 4.7 所示，试判断各反馈的极性、组态，并求出深度负反馈下的闭环电压放大倍数。

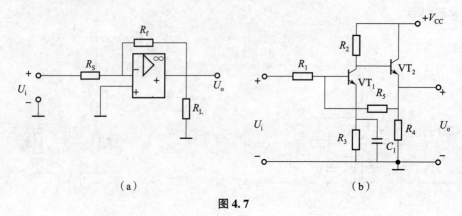

（a）　　　　　　　　　　　　　　　　（b）

图 4.7

7. 电路如图 4.8 所示：

（1）从输出端引回到输入端的级间反馈是什么极性和组态？

（2）电压放大倍数 $U_o/U_i = ?$（写出表达式即可）

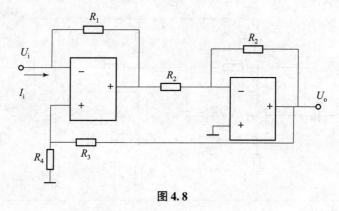

图 4.8

第五章　正弦波振荡电路

考纲要求

　　典型电路的连接与应用：会连接 *LC* 振荡电路、*RC* 振荡电路、石英晶体振荡电路，分析 *LC* 振荡电路是否起振。常用电子电气设备的维护与使用：能运用振荡电路的工作原理分析、排除实际电路故障。

本章知识

一、理解振荡的基本概念

自激状态：无须外加信号而靠振荡器内部反馈作用维持振荡的工作状态。
自激振荡器：依靠反馈维持振荡的振荡器称为反馈式自激振荡器。
自激振荡器的组成：放大器、选频网络、正反馈网络和稳幅电路。

二、自激振荡的平衡条件

1. 相位平衡条件

反馈信号的相位必须与输入信号同相位，即反馈极性必须是正反馈。

2. 振幅平衡条件

反馈信号 V_f 的振幅应等于输入信号的振幅 V_i，即 $A_v \cdot F = 1$。

起振条件：$A_v \cdot F > 1$。

三、*LC* 振荡器

LC 振荡器分类如表 5.1 所示。

表 5.1

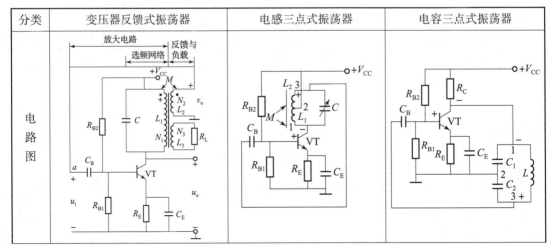

分类	变压器反馈式振荡器	电感三点式振荡器	电容三点式振荡器
电路图			

续表

分类	变压器反馈式振荡器	电感三点式振荡器	电容三点式振荡器
电路结构	反馈信号取自变压器的一个绕组	三极管的三个电极分别与 LC 回路中 L 的三个点相连	三极管的三个电极与电容支路的三个点相接
电路特点	振荡电路容易起振，振荡频率一般为几千赫到几百千赫	易起振且振幅大，振荡频率可达几十兆赫；其缺点是振荡波形失真较大	输出波形好，振荡频率可高达 100 MHz 以上；其缺点是频率范围较小
振荡频率	$f_{o}=\dfrac{1}{2\pi\ \sqrt{LC}}$	$f_{o}=\dfrac{1}{2\pi\ \sqrt{(L_1+L_2+2M)\ C}}$	$f_{o}=\dfrac{1}{2\pi\ \sqrt{L\dfrac{C_1 C_2}{C_1+C_2}}}$

四、RC 振荡器

RC 串并联振荡电路和文式电桥振荡电路的比较如表 5.2 所示。

表 5.2

分类	RC 串并联振荡电路	文式电桥振荡电路
电路原理图	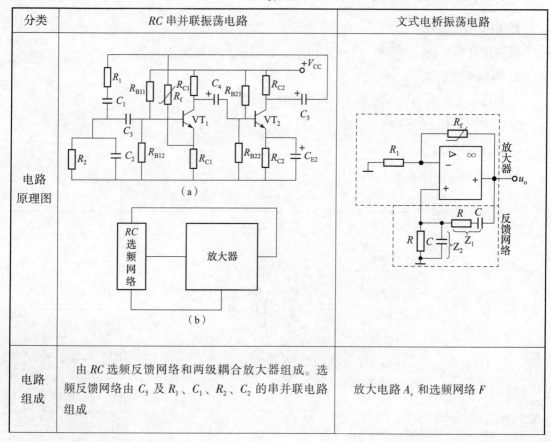	
电路组成	由 RC 选频反馈网络和两级耦合放大器组成。选频反馈网络由 C_5 及 R_1、C_1、R_2、C_2 的串并联电路组成	放大电路 A_v 和选频网络 F

续表

分类	RC 串并联振荡电路	文式电桥振荡电路
振荡频率	$f = \dfrac{1}{2\pi RC}$	$f = \dfrac{1}{2\pi RC}$
电路特点	应用在低频，振荡频率从几赫兹到几千赫兹	
振荡的平衡条件	相位平衡条件：$\varphi_a + \varphi_f = 2n\pi$； 幅度平衡条件：$A_v F = 1$（$F = 1/3$，$A_v = 3$，$R_f \geqslant 2R_1$）	
起振条件	放大电路的 A_v 开始时略大于 3，反馈系数 $F = 1/3$，因而使输出幅度越来越大，最后受电路中非线性元件的限制，使振荡幅度自动地稳定下来，此时 $A_v = 3$，达到 $A_v F = 1$ 振幅平衡条件，$R_f \geqslant 2R_1$	

五、石英晶体振荡器

石英晶体振荡器的分类如表 5.3 所示。

表 5.3

分类	串联型石英晶体振荡器	并联型石英晶体振荡器
电路图		
电路特点	石英晶体作为一个正反馈通路元件，工作在串联谐振状态	石英晶体作为一个高 Q 值的电感元件，和回路中的其他元件形成并谐振
频率特性	工作在串联谐振状态，串联谐振频率： $f_s = \dfrac{1}{2\pi \sqrt{LC}}$ 谐振时相当于一个小电阻	凡信号频率低于串联谐振频率 f_s 或高于并联谐振频率 f_p 时，石英晶体均显容性；只有信号频率在 f_s 和 f_p 之间才显感性，在感性区域，它的振荡频率稳定度极高
特点	（1）石英晶体振荡器的 Q 值很高，一般为 $10^4 \sim 10^6$； （2）两个谐振频率； （3）振荡频率稳定度极高	

六、判断正弦波振荡器能否起振的方法与步骤

正弦波发生电路的组成：放大电路、正反馈网络、选频网络、稳幅电路（振荡器 = 放大器 + 选频网络 + 正反馈网络）。

（1）判断放大器是否正常（主要看三极管各极供电是否正常）。

（2）判断有无选频网络（LC、RC、石英晶体等）。为了获得单一频率的正弦波输出，应该有选频网络，选频网络往往和正反馈网络或放大电路合二为一。选频网络由 R、C 和 L、C 等电抗性元件组成。正弦波振荡器的名称一般由选频网络来命名。

（3）判断是否是正反馈网络（用瞬时极性法判断）。

瞬时极性法：判断是否满足相位条件。

方法：断开反馈到放大器的输入端点，假设在输入端加入一正极性的信号，依次判断电路各关键点的信号极性，最后找出反馈信号的极性，如果能增强原来的输入信号，就构成了正反馈。

例题解析

【例 5 – 1】 （2015 年高考题）在 LC 三点式正弦波振荡电路中，不满足振荡条件的是（　　）。

A. 与发射极相连的是同性电抗　　　　　　B. 与集电极相连的是同性电抗

C. 与集电极相连的是异性电抗　　　　　　D. 与基极相连的是异性电抗

答案：B

解析：根据三点式振荡器的组成法则：接在发射极与集电极、发射极与基极之间的电抗必须为同性质电抗，接在集电极与基极之间的电抗必须为异性质电抗。此法则可用来检查实际的三点式振荡电路是否正确，这道题选 B。

【例 5 – 2】 （2007 年高考题）四个电路的交流通路分别如图 5.1 所示，不可能产生正弦波振荡的是（　　）。

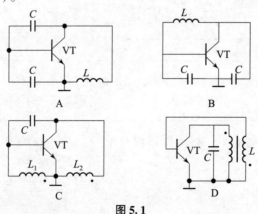

图 5.1

答案：A

解析：根据三点式振荡器的组成法则判断。

【例 5 – 3】 （2013 年高考题）文氏电桥振荡电路如图 5.2 所示。

（1）请在图 5.2 中指出运算放大器 A 两个输入端的正、负极性。

（2）估算满足起振条件时电阻 R_f 至少为多少?

（3）设运算放大器 A 具有理想的特性，若要求振荡频率为 480 Hz，试计算 R 的阻值。

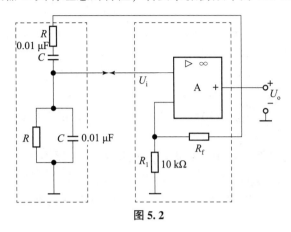

图 5.2

解：（1）上"＋"下"－"。

（同相比例运算放大器基础上加一个具有选频网络的正反馈）

（2）因为 $R_f \geqslant 2R_1$，所以 $R_f \geqslant 20$ kΩ。

满足起振条件时电阻 R_f 至少为 20 kΩ。

（3）因为 $f = \dfrac{1}{2\pi RC}$

所以 $R = \dfrac{1}{2 \times 3.14 \times 480 \times 0.01} = 33.2$ （kΩ）

【例 5–4】　（2005 年高考题）文氏桥式正弦波振荡电路如图 5.3 所示，$R = 12$ kΩ，$C = 0.03$ μF，电路满足 _____ 的条件参数时，电路方能起振；电路的振荡频率为 _____。

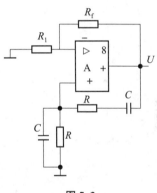

图 5.3

答案：$R_f \geqslant 2R_1$，$f = 442$ Hz

解析：由振幅平衡条件可得 $R_f \geqslant 2R_1$

振荡频率：

$$f = \frac{1}{2\pi RC} = \frac{1}{2 \times 3.14 \times 12 \times 10^3 \times 0.03} = 442 \text{（Hz）}$$

【例 5–5】　（2018 年高考题）石英晶体的等效电路有串联谐振频率 f_s 和并联谐振频率 f_p，若石英晶体呈感性，则信号频率 f 应满足（　　）。

A. $f < f_s < f_p$　　　　　　　　　　　B. $f_p < f$ 或 $f < f_s$

C. $f_s < f < f_p$　　　　　　　　　　　D. $f_p = f$ 或 $f = f_s$

答案：C

解析：根据石英晶体的频率特性，信号频率低于串联谐振频率 f_s 或高于并联谐振频率 f_p 时，石英晶体均显容性，只有信号频率在 f_s 和 f_p 之间才显感性。在感性区域，由于 f_s 和 f_p 比较近，所以它的振荡频率稳定度极高，选 C。

【例 5–6】　（2008 年高考题）在某一振荡器中，如果反馈电路的反馈系数 F 是 0.02，那么开环放大器的放大倍数必须是 _____。

答案：$A \geqslant 50$

解析：根据幅度平衡条件 $AF \geqslant 1$，所以 $A \geqslant \dfrac{1}{F} = \dfrac{1}{0.02} = 50$。

【例 5 – 7】　（2014 年高考题）在 RC 桥式正弦波振荡器电路中，当相位条件满足时，放大电路可以起振时的电压放大倍数是（　　）。

A. 等于 1/3　　　　　B. 略大于 3　　　　　C. 等于 3　　　　　D. 等于 1

答案：B

解析：由于 RC 桥式正弦波振荡器反馈系数 $F = 1/3$，根据起振幅度平衡条件 $AF > 1$，所以 $A > 1/3$，选 B。

【例 5 – 8】　正弦波振荡器中，放大器的相移为 φ_A，反馈网络的相移为 φ_F，则振荡器的相位平衡条件为 $\varphi_A + \varphi_F = ($　　$)$（$n = 0$，1，2，…）。

A. $n\pi$　　　　　B. $2n\pi$　　　　　C. $(2n+1)\pi$　　　　　D. $(n+1)\pi$

答案：B

解析：根据相位平衡条件，这道题选 B。

知识精练

一、填空题

1. 如图 5.4（a）所示方框图，其各点的波形如图 5.4（b）所示，填写各电路的名称。电路 1 为_____，电路 2 为_____，电路 3 为_____，电路 4 为_____。

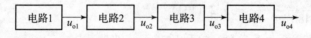

（a）

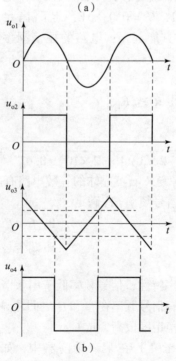

（b）

图 5.4

2. 现有电路如下：A. *RC* 桥式正弦波振荡电路；B. *LC* 正弦波振荡电路；C. 石英晶体正弦波振荡电路。选择合适答案填入空内，只需填入 A、B 或 C。

（1）制作频率为 20 Hz ~ 20 kHz 的音频信号发生电路，应选用_____。

（2）制作频率为 2 ~ 20 MHz 的接收机的本机振荡器，应选用_____。

（3）制作频率非常稳定的测试用信号源，应选用_____。

3. 在 A. 容性；B. 阻性；C. 感性三个答案中，选择一个填入空内，只需填入 A、B 或 C。

（1）*LC* 并联网络在谐振时呈_____，在信号频率大于谐振频率时呈_____，在信号频率小于谐振频率时呈_____。

（2）当信号频率等于石英晶体的串联谐振频率或并联谐振频率时，石英晶体呈_____；当信号频率在石英晶体的串联谐振频率和并联谐振频率之间时，石英晶体呈_____；其余情况下石英晶体呈_____。

（3）当信号频率 $f = f_0$ 时，*RC* 串并联网络呈_____。

4. 振荡器的振幅平衡条件是_____，相位平衡条件是_____。

5. 石英晶体振荡器频率稳定度很高，通常可分为_____和_____两种。

6. 电容三点式振荡器的发射极至集电极之间的阻抗 Z_{CE} 性质应为_____，发射极至基极之间的阻抗 Z_{BE} 性质应为_____，基极至集电极之间的阻抗 Z_{CB} 性质应为_____。

7. 要产生较高频率信号应采用_____振荡器，要产生较低频率信号应采用_____振荡器，要产生频率稳定度高的信号应采用_____振荡器。

8. *LC* 三点式振荡器电路组成的相位平衡判别是与发射极相连的两个电抗元件必须为_____，而与基极相连的两个电抗元件必须为_____。

9. 利用正反馈产生正弦波振荡电路，其组成主要是_____和_____。

10. 任何一种正弦波振荡器，对它们的基本要求是，振荡频率及输出幅度要_____，波形失真要_____。

11. 正弦波振荡器常按照组成选频网络的元件类型分为_____振荡器、_____振荡器和_____振荡器。

12. 常用的 *LC* 振荡器有_____振荡器、_____振荡器和_____振荡器。

13. 电容三点式振荡电路输出的谐波成分比电感三点式_____，因此波形较_____。

14. 在并联型石英晶体振荡电路中，石英晶体置于_____回路中，晶体等效为_____和电容组成一个_____。

15. 在串联型石英晶体振荡电路中，石英晶体等效为_____，且_____产生相移，频率取决于_____。

16. 文氏振荡电路的选频由_____实现，振荡频率为_____，由_____和_____两部分电路构成。

二、选择题

1. 振荡器的振荡频率取决于（　　　）。

A. 供电电源　　　　B. 选频网络　　　　C. 晶体管的参数　　　D. 外界环境

2. 为提高振荡频率的稳定度，高频正弦波振荡器一般选用（　　　）。

A. *LC* 正弦波振荡器　　　　　　　　　　B. 石英晶体振荡器

C. RC 正弦波振荡器   D. 多谐振荡器

3. 设计一个振荡频率可调的高频高稳定度的振荡器，可采用（   ）。

A. RC 振荡器   B. 石英晶体振荡器

C. 互感耦合振荡器   D. 并联改进型电容三点式振荡器

4. 串联型晶体振荡器中，晶体在电路中的作用等效于（   ）。

A. 电容元件   B. 电感元件   C. 大电阻元件   D. 短路线

5. 振荡器是根据_____反馈原理来实现的，_____反馈振荡电路的波形相对较好。（   ）

A. 正、电感   B. 正、电容   C. 负、电感   D. 负、电容

6. （   ）振荡器的频率稳定度高。

A. 互感反馈   B. 克拉拨电路   C. 西勒电路   D. 石英晶体

7. 石英晶体振荡器的频率稳定度很高是因为（   ）。

A. 低的 Q 值   B. 高的 Q 值   C. 小的接入系数   D. 大的电阻

8. 正弦波振荡器中正反馈网络的作用是（   ）。

A. 保证产生自激振荡的相位条件

B. 提高放大器的放大倍数，使输出信号足够大

C. 产生单一频率的正弦波

D. 以上说法都不对

9. 并联型晶体振荡器中，晶体在电路中的作用等效于（   ）。

A. 电容元件   B. 电感元件

C. 电阻元件   D. 短路线

10. 克拉泼振荡器属于（   ）振荡器。

A. RC 振荡器   B. 电感三点式振荡器

C. 互感耦合振荡器   D. 电容三点式振荡器

11. 振荡器与放大器的区别是（   ）。

A. 振荡器比放大器电源电压高

B. 振荡器比放大器失真小

C. 振荡器无须外加激励信号，放大器需要外加激励信号

D. 振荡器需要外加激励信号，放大器无须外加激励信号

12. 改进型电容三点式振荡器的主要优点是（   ）。

A. 容易起振   B. 振幅稳定

C. 频率稳定度较高   D. 减小谐波分量

13. 在自激振荡电路中，下列哪种说法是正确的? （   ）

A. LC 振荡器、RC 振荡器一定产生正弦波

B. 石英晶体振荡器不能产生正弦波

C. 电感三点式振荡器产生的正弦波失真较大

D. 电容三点式振荡器的振荡频率做不高

14. 利用石英晶体的电抗频率特性构成的振荡器是（   ）。

A. 当 $f = f_s$ 时，石英晶体呈感性，可构成串联型晶体振荡器

B. 当 $f = f_s$ 时，石英晶体呈阻性，可构成串联型晶体振荡器

C. 当 $f_s < f < f_p$ 时，石英晶体呈阻性，可构成串联型晶体振荡器

D. 当 $f_s < f < f_p$ 时，石英晶体呈感性，可构成串联型晶体振荡器

三、计算题

1. 如图 5.5 所示，欲使电路有可能产生正弦波振荡，试根据相位平衡条件，用"＋""－"分别标集成运算放大器 A 的同相输入端和反相输入端。

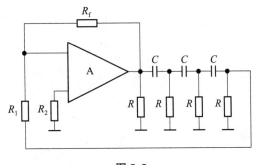

图 5.5

2. 试根据相位平衡条件，判断如图 5.6 所示电路有无可能产生正弦波振荡？并简述理由。

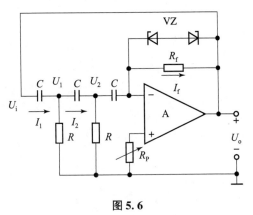

图 5.6

3. 试判断如图 5.7 所示两电路能否产生正弦波振荡，若能振荡，请写出振荡频率 f_o 的近似表达式；若不能振荡，请简述理由，设 A 均为理想集成运算放大器。

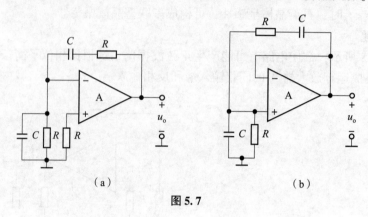

（a）　　　　　　　　　　　　（b）

图 5.7

4. 正弦波振荡电路如图 5.8 所示。设 A 为理想集成运算放大器，$R_2 = 1.5\ \mathrm{k\Omega}$，又知在电路振荡稳定时流过 R_1 的电流 $I_{R_1} = 0.6\ \mathrm{mA}$（有效值）。试求：

（1）输出电压 U_o（有效值）。

（2）电阻 R_1。

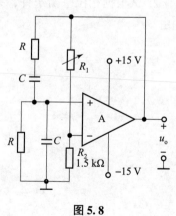

图 5.8

5. 正弦波振荡电路如图5.9所示，设 A 为理想集成运算放大器，已知在电路振荡稳定时，流过 R_1 的电流 $I_{R_1} = 0.6$ mA（有效值），输出电压 U_o（有效值）= 2.7 V。试求：

（1）电阻 R_2 为多少?

（2）电阻 R_1 为多少?

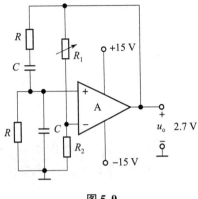

图 5.9

6. 正弦波振荡电路如图 5.10 所示。设 A 为理想集成运算放大器，已知电阻 $R_2 = 1.5$ kΩ，电路振荡稳定的输出电压 U_o（有效值）= 2.7 V。试求：

（1）流过电阻 R_1 的电流 I_{R_1}（有效值）。

（2）电阻 R_1。

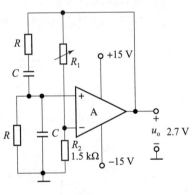

图 5.10

7. 某学生连接一个如图 5.11 所示的文氏电桥振荡器，但电路不振荡，请你帮他找出错误，并在图上加以改正，要求不增、减元器件。

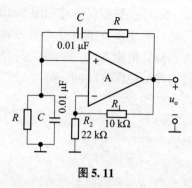

图 5.11

8. 某学生连接一个如图 5.12 所示的文氏电桥振荡器，但电路不振荡，请你帮他找出错误，并在图上加以改正，要求不增、减元器件。

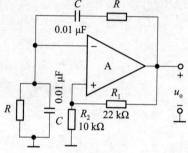

图 5.12

9. 电路如图 5.13 所示，设 A 均为理想集成运算放大器。
（1）选择两电路中的 R_t 值及其温度系数的正、负号；
（2）计算两电路输出电压的频率 f_o。

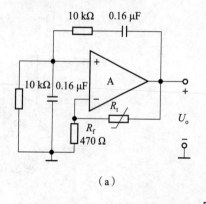 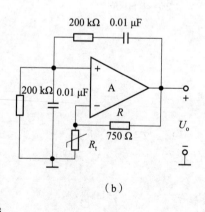

（a）　　　　　　　　　　　（b）

图 5.13

10. 设如图 5.14 所示电路中的 A_1、A_2 均为理想运算放大器，请回答下列问题：

（1）为使该电路有可能产生正弦波振荡，试分别用"＋""－"号标出 A_2 的同相输入端和反相输入端；若能够振荡，请写出振荡频率 f_o 的表达式。

（2）若采用一只正温度系数的热敏电阻 R_t 来稳定该电路输出振幅，试问 R_t 应取代电路中的哪只电阻？

（3）若采用一只负温度系数的热敏电阻 R_t 来稳定该电路输出振幅，试问 R_t 应取代电路中的哪只电阻？

（4）若图 5.14 中正弦波振荡电路输出波形的上下两边被削平，试问其原因何在？应调整电路中的哪些元件参数？如何调整使 u_o 波形不失真？

（5）若图 5.14 中电路接法无误，但不能产生正弦波振荡，试问其原因何在？应调整电路中的哪些元件参数？如何调整使之能振荡？

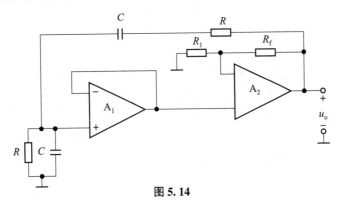

图 5.14

11. 文氏电桥正弦波振荡电路如图 5.15（a）所示。图 5.15（b）所示为热敏电阻 R_t 的特性，设 A_1、A_2 为理想集成运算放大器。试回答下列问题：

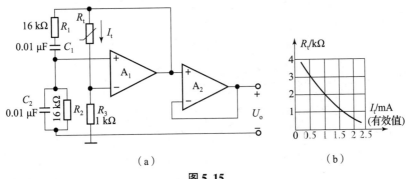

（a）   （b）

图 5.15

（1）R_t 的温度系数是正的、还是负的？

（2）当 I_t（有效值）多大时，该电路出现稳定的正弦波振荡？此时 R_t 为多大？

（3）输出电压 U_o（有效值）为多少？

12. 文氏电桥正弦波振荡电路如图 5.16（a）所示，图 5.16（b）所示为热敏电阻 R_t 的特性，设 A_1、A_2 均为理想集成运算放大器。试回答下列问题：

（1）R_t 的温度系数是正的、还是负的？

（2）当 I_t（有效值）多大时，该电路出现稳定的正弦波振荡？此时 R_t 为多大？

（3）输出电压 U_o（有效值）为多少？

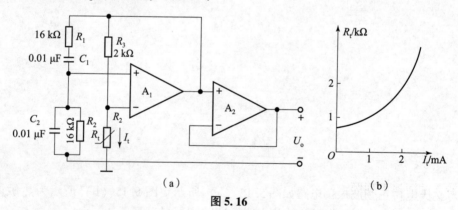

（a）　　　　　　　　　　　　　（b）

图 5.16

13. 如图 5.17 所示，一个尚未连接好的文氏电桥正弦波振荡电路，设 A 为理想集成运算放大器，试回答下列题：

（1）为使电路满足振荡的相位平衡条件，各点之间应如何连接（在图 5.17 中画出）？

（2）为使电路满足起振的幅值条件，R_f 应如何选择？

（3）为使电路产生 100 Hz 的正弦波振荡，电容 C 应选多大？

（4）现有一个具有负温度系数的热敏电阻 R_t，为了稳幅可用它替换哪个电阻（假设它和被替换电阻的阻值相同）？

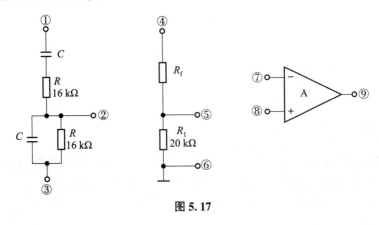

图 5.17

14. 如图 5.18 所示一个尚未连接好的文氏电桥正弦波振荡电路，设 A 为理想集成运算放大器，试回答下列题：

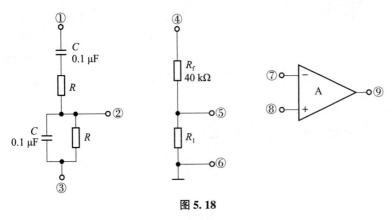

图 5.18

（1）为使电路满足振荡的相位平衡条件，各点之间应如何连接（在图 5.18 中画出）？

（2）为使电路满足起振的幅值条件，R_1 应如何选择？

（3）为使电路产生 100 Hz 的正弦波振荡，电阻 R 应选多大？

（4）现有一个具有正温度系数的热敏电阻 R_t，为了稳幅可用它替换哪个电阻（假设它和被替换电阻的阻值相同）？

15. 正弦波振荡电路如图 5.19 所示。设 A 为理想集成运算放大器，$R_2 = 1.5 \text{ k}\Omega$，又知在电路振荡稳定时流过 R_1 的电流 $I_{R_1} = 0.6 \text{ mA}$（有效值）。试求：

（1）输出电压 U_o（有效值）为多大？

（2）电阻 R_1 为多大？

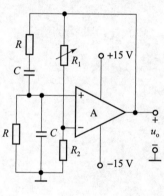

图 5.19

16. 设如图 5.20 所示电路中的 A_1、A_2 均为理想集成运算放大器，试回答下列问题：

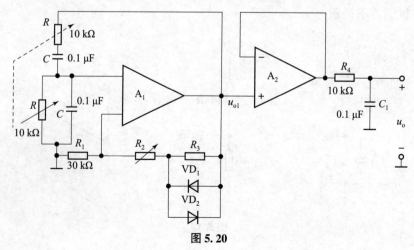

图 5.20

（1）为使电路正常工作，请用"＋""－"号分别标出 A_1 的同相输入端和反相输入端；

（2）为使电路正常工作，（$R_2 + R_3$）的大小应满足什么条件？

17. 电路如图 5.21 所示，试回答下列各问题：

（1）如何将图 5.21 中两部分电路的有关端点加以连接，使之成为正弦波振荡电路？

（2）当电路振荡稳定时，差分放大电路的电压放大倍数 A_v 为多大？

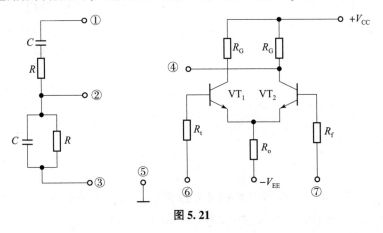

图 5.21

18. 电路如图 5.22 所示，试回答下列各问题：

（1）如何将图 5.22 中两部分电路的有关端点加以连接，使之成为正弦波振荡电路？

（2）当电路振荡稳定时，A 组成的放大电路其闭环电压放大倍数 A_v 为多大？R_t 为负温度系数的热敏电阻。

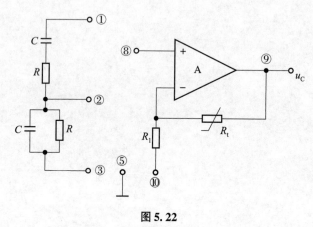

图 5.22

19. 现有集成运算放大器一只，具有正温度系数的热敏电阻 R_t 一只，普通电阻 R_1 一只，已接好的 RC 并联选频网络一个。

（1）试画出用上述元器件及选频网络构成的文氏电桥正弦波振荡电路。

（2）设常温下 $R_t = 1.8 \text{ k}\Omega$，试估算 R_1 的阻值。

20. 文氏电桥 RC 正弦波振荡电路如图 5.23 所示。设 A 为集成运算放大器，其最大输出电压为 ±15 V，其它特性参数均为理想情况，$R_2 = 12 \text{ k}\Omega$。

试确定 R_P 的调节范围及对应的输出峰值电压 U_{oM} 的变化范围。

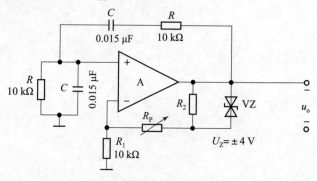

图 5.23

21. 如图5.24所示振荡器，指出它们属于哪种类型的振荡器，并写出各电路的振荡频率。

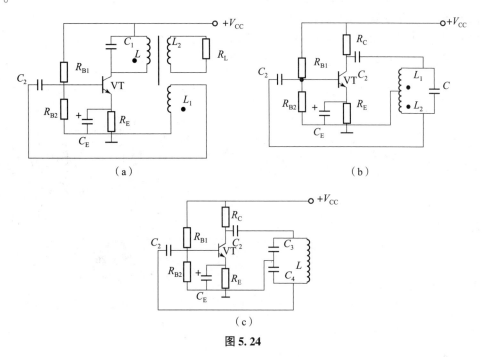

（a）　　　　　　　　　　（b）

（c）

图 5.24

22. 某振荡器电路如图5.25所示，已知 $C_1 = 470$ pF，$C_2 = 1\,000$ pF，若振荡频率为 10.7 MHz，求：

（1）画出该电路的交流通路；

（2）该振荡器的电路形式；

（3）电路的电感；

（4）反馈系数。

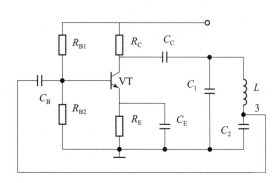

图 5.25

23. 电路如图 5.26 所示：

（1）画出电路的交流通路，标出电路的瞬时极性，判断电路是否满足相位平衡条件；

（2）判断电路的振荡类型；

（3）若 L 为 0.1 mH，C 为 1 μF，试计算电路的振荡频率；

（4）若减小 L_2 的匝数，对电路有什么影响？

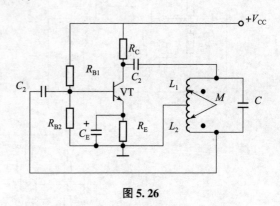

图 5.26

第六章　集成运算放大电路

运用理想集成运算放大电路的两个重要结论，分析和计算反相和同相比例运算放大电路、加法和减法运算电路。

本章知识

一、直接耦合放大器的两个特殊问题及解决方法

1. 前后级静态工作点相互影响的解决方法

（1）在后级放大管发射极上接入电阻，提高发射极电位；

（2）用硅稳压管代替发射极电阻，以减小电流负反馈作用；

（3）采用 NPN 管和 PNP 管组成互补耦合电路。

2. 零点漂移现象

（1）概念：在输入端短路时，输出电压偏离起始值，简称零漂。

（2）零点漂移产生的原因：

①晶体管参数 I_{CEO}、V_{BE}、β 随温度变化而变化。

②电源电压的波动。

③电路元件的老化等引起晶体管工作点的变化。

其中温度变化是产生零点漂移的主要原因。

（3）零点漂移的表示方法：是指把输出端零点漂移电压除以放大器放大倍数，得到的数就是等效到输入端的零点漂移电压，简称输入零漂。

（4）抑制零点漂移的措施：

①选用稳定性能好的硅三极管作放大管。

②采用单级或级间负反馈来稳定工作点，以减小零点漂移。

③采用直流稳压电源，减小由于电源电压波动所引起的零点漂移。

④采用差分放大电路抑制零点漂移。

二、差分放大电路

1. 基本概念

（1）共模信号：大小相等、极性相同的输入信号称为共模信号。

（2）共模输入：输入共模信号的输入方式称为共模输入。

（3）差模信号：大小相等、极性相反的输入信号称为差模信号。

（4）差模输入：输入差模信号的输入方式称为差模输入。

（5）差模放大倍数 A_{vd}：输入差模信号时的放大倍数，定义为

$$A_{vd} = \frac{V_{od}}{V_{id}}$$

（6）共模放大倍数 A_{vc}：在共模信号作用下放大电路的放大倍数，定义为

$$A_{vc} = \frac{V_{oc}}{V_{ic}}$$

（7）共模抑制比 K_{CMR}：差模放大倍数 A_{vd} 与共模放大倍数 A_{vc} 的比值称为共模抑制比，定义为

$$K_{CMR} = \frac{A_{vd}}{A_{vc}}$$

2. 差分放大电路的连接方式

四种连接方式：双端输入—双端输出、双端输入—单端输出、单端输入—双端输出、单端输入—单端输出。

三、集成运算放大器的基础知识

1. 组成

运算放大器简称运放，由以下几部分组成。

（1）输入级：由差分放大电路组成，有同相端和反相端两个输入端。

（2）中间级：由高增益的电压放大电路组成。

（3）输出级：由三极管射极输出器互补电路组成。

（4）偏置电路：为集成运放各级电路提供合适而稳定的静态工作点。

2. 理想运算放大器的条件

（1）开环电压放大倍数 $A_{vd} = \infty$；

（2）输入电阻 $r_i = \infty$；

（3）输出阻抗 $r_o = 0$；

（4）共模抑制比 $K_{CMR} = \infty$。

3. 两个重要结论

（1）理想运放的两输入端电位差趋于零，即两输入端电位相等：$V_P = V_N$。

（2）理想运放的输入电流趋于零，即 $i_P = i_N = 0$。

四、集成运算放大器的电路分析计算

1. 反相比例运算放大器

闭环放大倍数

$$A_{vf} = -\frac{R_f}{R_1}$$

2. 同相比例运算放大器

闭环放大倍数

$$A_{vf} = 1 + \frac{R_f}{R_1}$$

五、集成运算放大器的应用电路

1. 加法运算电路

输出电压表达式

$$V_o = -R_f \left(\frac{V_{i1}}{R_1} + \frac{V_{i2}}{R_2} + \frac{V_{i3}}{R_3} + \cdots + \frac{V_{in}}{R_n} \right)$$

2. 减法运算电路

输出电压表达式

$$V_o = \frac{R_f}{R_1} (V_{i2} - V_{i1})$$

例题解析

【例 6-1】 （2014 年高考题）如图 6.1 所示，A_1、A_2 均为理想运算放大器。

（1）说明 A_1、A_2 各组成何种基本应用电路。

（2）写出 u_{o1} 与 u_o 的表达式。

（3）若 $R_1 = R_{f1}$，$R_3 = R_4 = R_{f2}$，$u_{i1} = 6$ V，$u_{i2} = 2$ V，求 u_o。

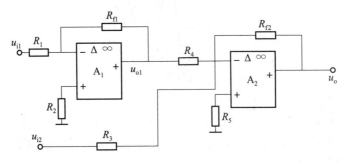

图 6.1

解：（1）第一级为反相比例放大电路，第二级为反相加法运算电路。

（2）由图 6.1 可得：$u_{o1} = -\dfrac{R_{f1}}{R_1} \cdot u_{i1}$

$$u_o = -\left(\frac{R_{f2}}{R_3} \cdot u_{i2} + \frac{R_{f2}}{R_4} \cdot u_{o1} \right) = \frac{R_{f1} R_{f2}}{R_1 R_4} \cdot u_{i1} - \frac{R_{f2}}{R_3} \cdot u_{i2}$$

（3）若 $R_1 = R_{f1}$，$R_3 = R_4 = R_{f2}$

则
$$u_o = u_{i1} - u_{i2} = 6 - 2 = 4 (\text{V})$$

【例 6-2】 （2015 年高考题）电路如图 6.2 （a）所示，其中输入信号在示波器上显示波形如图 6.2 （b）所示，电容对交流信号可视为短路，运放可视为理想运算放大器，请计算并画出输出信号波形。

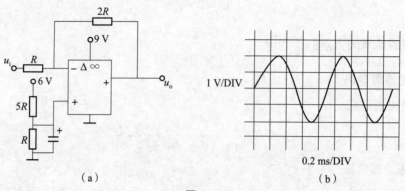

图 6.2

解：由集成运放电路可知：$u_o = 3 - 2u_i$。

根据给出的 u_i 波形、u_i 和 u_o 的关系可画出如图 6.3 所示波形。

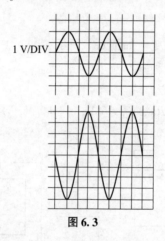

图 6.3

【例 6 – 3】 （2016 年高考题） 放大电路的输入信号为 0 ~ 1 V，现有一个基准电压是 5 V 的 8 位 A/D 转换器，请设计一个同相比例放大电路，将输入信号放大满足 A/D 转换器的输出要求，如图 6.4 所示。

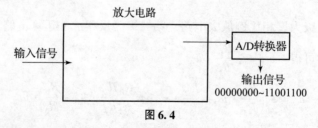

图 6.4

解：按照基准电压 5 V 的 A/D 转换器，其分辨精度为 5/255 = 0.019 6。

11001100 换成十进制是 204，204 × 0.019 6 = 4(V)，也就是说要设计一个放大倍数是 4 倍的同相比例放大电路，如图 6.5 所示。R_1 和 R_f 的倍数是 3 倍即可，电阻的取值大小必须是千欧级。

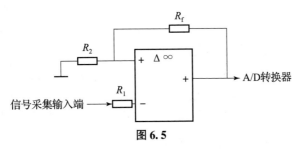

图 6.5

【例 6 – 4】 （2017 年高考题）由理想运算放大器构成的电路如图 6.6 所示，其电路功能是（　　）。

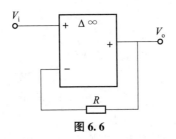

图 6.6

A. 积分电路　　　　　　　B. 比较器　　　　　　　C. 加法器　　　　　　　D. 电压跟随器

答案：D

【例 6 – 5】 （2017 年高考题）已知电路如图 6.7 所示，电路参数如下：$R_1 = 38.17\ \text{k}\Omega$，$R_2 = 30\ \text{k}\Omega$，VZ 为 5.6 V 的稳压二极管。

（1）计算输出电压 U_o。

（2）若使稳压二极管的偏置电流在 $1 \sim 1.2\ \text{mA}$，试求 R_F 的取值范围。

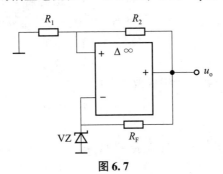

图 6.7

解：（1）$\dfrac{U_o}{U_Z} = \left(1 + \dfrac{R_2}{R_1}\right)$

$$U_o = \left(1 + \frac{R_2}{R_1}\right)U_Z = \left(1 + \frac{30}{38.17}\right) \cdot 5.6 \approx 10\,(\text{V})$$

（2）$R_F = \dfrac{U_o - U_Z}{I_F} = \dfrac{4.4}{1 \sim 1.2} = 3.67 \sim 4.4\ (\text{k}\Omega)$

【例 6 – 6】 （2018 年高考题）如图 6.8 所示，设电位器动臂到地的电阻为 kR_P，$0 \leqslant k \leqslant 1$，理想运算放大器的输入电压 $u_i = 10\ \text{mV}$，则输出电压 u_o 的调节范围为多少？

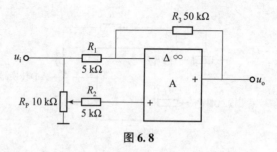

图 6.8

答案： $-100 \sim 10$ mV

知识精练

一、选择题

1. 欲将方波电压转换成三角波电压，应选用（　　）运算电路。

  A. 比例　　　　　　　　　　　　　B. 加减

  C. 积分　　　　　　　　　　　　　D. 微分

2. 理想集成运算放大器具有以下特点：（　　）。

  A. 开环差模增益 $A_{vd} = \infty$，差模输入电阻 $R_{id} = \infty$，输出电阻 $R_o = \infty$

  B. 开环差模增益 $A_{vd} = \infty$，差模输入电阻 $R_{id} = \infty$，输出电阻 $R_o = 0$

  C. 开环差模增益 $A_{vd} = 0$，差模输入电阻 $R_{id} = \infty$，输出电阻 $R_o = \infty$

  D. 开环差模增益 $A_{vd} = 0$，差模输入电阻 $R_{id} = \infty$，输出电阻 $R_o = 0$

3. 对于放大电路，所谓开环是指（　　）。

  A. 无信号源　　　　　　　　　　　B. 无反馈通路

  C. 无电源　　　　　　　　　　　　D. 无负载

4. 欲将方波电压转换成尖脉冲电压，应选用（　　）运算电路。

  A. 比例　　　　　　　　　　　　　B. 加减

  C. 积分　　　　　　　　　　　　　D. 微分

5. 欲对正弦信号产生 100 倍的线性放大，应选用（　　）运算电路。

  A. 比例　　　　　　　　　　　　　B. 加减

  C. 积分　　　　　　　　　　　　　D. 微分

6. 欲将正弦波电压叠加上一个直流量，应选用（　　）运算电路。

  A. 比例　　　　　　　　　　　　　B. 加减

  C. 积分　　　　　　　　　　　　　D. 微分

7. 集成运放存在失调电压和失调电流，所以在小信号高精度直流放大电路中必须进行（　　）。

  A. 虚地　　　　　B. 虚短　　　　　C. 虚断　　　　　D. 调零

8. （　　）运算电路可实现函数 $Y = aX_1 + bX_2 + cX_3$，a、b 和 c 均小于零。

  A. 同相比例　　　　　　　　　　　B. 反相比例

  C. 同相求和　　　　　　　　　　　D. 反相求和

9. 把差分放大电路中的发射极公共电阻改为电流源可以（　　）。

  A. 增大差模输入电阻　　　　　　　B. 提高共模增益

C. 提高差模增益　　　　　　　　　　　　　D. 提高共模抑制比

10. 差分放大电路由双端输入改为单端输入，则差模电压放大倍数（　　　）。

A. 不变

B. 提高一倍

C. 提高两倍

D. 减小为原来的一半

11. 选用差分放大电路的主要原因是（　　　）。

A. 减小温漂　　　　　　　　　　　　　　　B. 提高输入电阻

C. 稳定放大倍数　　　　　　　　　　　　　D. 减小失真

二、判断题

1. 可以利用运放构成积分电路将三角波变换为方波。　　　　　　　　　（　　）

2. 凡是集成运放构成的电路都可利用"虚短"和"虚断"的概念加以分析。（　　）

3. 与反相输入运算电路相比，同相输入运算电路有较大的共模输入信号，且输入电阻较小。　　　　　　　　　　　　　　　　　　　　　　　　　　　　（　　）

4. 集成运放调零时，应将运放应用电路输入端开路，调节调零电位器使运放输出电压等于零。　　　　　　　　　　　　　　　　　　　　　　　　　　　　（　　）

5. 在运算电路中，集成运放的反相输入端均为虚地。　　　　　　　　　（　　）

6. 某比例运算电路的输出始终只有半周波形，但器件是好的，这可能是运放的电源接法不正确引起的。　　　　　　　　　　　　　　　　　　　　　　　　（　　）

7. 只有直接耦合的放大电路中三极管的参数才随温度而变化，电容耦合的放大电路中三极管的参数不随温度而变化，因此只有直接耦合放大电路存在零点漂移。（　　）

8. 多级放大电路的输入电阻等于第一级的输入电阻，输出电阻等于末级的输出电阻。　　　　　　　　　　　　　　　　　　　　　　　　　　　　　　　　　（　　）

9. 结构完全对称的差分放大电路，空载时单端输出电压放大倍数为双端输出时的一半。　　　　　　　　　　　　　　　　　　　　　　　　　　　　　　　　（　　）

10. 差分放大电路单端输出时，主要靠电路的对称性来抑制温漂。　　　　（　　）

11. 直接耦合的多级放大电路，各级之间的静态工作点相互影响；电容耦合的多级放大电路，各级之间的静态工作点相互独立。　　　　　　　　　　　　　　（　　）

12. 差分放大电路中单端输出与双端输出相比，差模输出电压减小，共模输出电压增大，共模抑制比下降。　　　　　　　　　　　　　　　　　　　　　　　（　　）

13. 直接耦合放大电路存在零点漂移主要是由于晶体管参数受温度影响。　（　　）

14. 集成放大电路采用直接耦合方式的主要原因之一是不易制作大容量电容。（　　）

三、填空题

1. 理想集成运放的开环差模电压增益为_____，差模输入电阻为_____，输出电阻为_____，共模抑制比为_____，失调电压、失调电流以及它们的温度系数均为_____。

2. 如图6.9所示，电路中集成运放是理想的，其最大输出电压幅值为 ±14 V。由图6.9可知：电路引入了_____（填入反馈组态）交流负反馈，电路的输入电阻趋近于_____，电压放大倍数 $A_{uf} = u_o/u_i = $ _____。设 $u_i = 1$ V，则 $u_o = $ _____ V；若 R_1 开路，则 u_o 变为_____ V；若R_1短路，则u_o变为_____ V；若R_2开路，则u_o变为_____ V；若R_2短路，则u_o变为_____V。

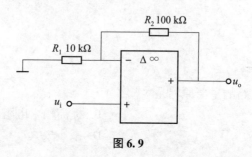

图 6.9

3. 当差分放大电路输入端加入大小相等、极性相反的信号时，称为_____输入；当加入大小和极性都相同的信号时，称为_____输入。

4. 在双端输入、双端输出的理想差分放大电路中，若两个输入电压$u_{i1} = u_{i2}$，则输出电压$u_o = $_____。若$u_{i1} = +50$ mV，$u_{i2} = +10$ mV，则可知该差动放大电路的共模输入信号$u_{ic} = $_____；差模输入电压$u_{id} = $_____，因此分在两输入端的一对差模输入信号为$u_{id1} = $_____，$u_{id2} = $_____。

5. 理想集成运放中存在虚断是因为差模输入电阻为_____，流进集成运放的电流近似为_____；集成运放工作在线性区时存在虚短，是指_____和_____电位几乎相等。

6. 理想集成运放差模输入电阻为_____，开环差模电压放大倍数为_____，输出电阻为_____。

7. 当输入信号为零时，输出信号不为零且产生缓慢波动变化的现象称为_____。差分放大电路对之具有很强的_____作用。

8. 差分电路的两个输入端电压分别为$u_{i1} = 2.00$ V，$u_{i2} = 1.98$ V，则该电路的差模输入电压u_{id}为_____V，共模输入电压u_{ic}为_____V。

9. 一个两级三极管放大电路，测得输入电压有效值为 2 mV，第一级和第二级的输出电压有效值均为 0.1 V，则该电路的放大倍数为_____。其中，第一级电路的放大倍数为_____，第二级电路的放大倍数为_____。

10. 差分放大电路抑制零漂是靠电路结构_____和两管公共发射极电阻的很强的_____作用。

11. 差分放大电路中，若$u_{i1} = +40$ mV，$u_{i2} = +20$ mV，$A_{vd} = -100$，$A_{vc} = -0.5$，则可知该差动放大电路的共模输入信号$u_{ic} = $_____；差模输入电压$u_{id} = $_____，输出电压为$u_o = $_____。

12. 差动放大电路具有电路结构_____的特点，因此具有很强的_____零点漂移的能力。它能放大_____模信号，而抑制_____模信号。

四、计算题

1. 如图 6.10 所示，电路中运放为理想器件，试求输出电压u_o的值，并估算平衡电阻R_P的阻值。

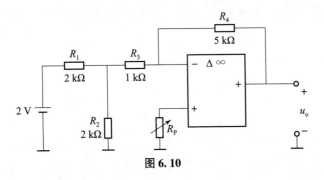

图 6.10

2. 如图 6.11 所示，电路为一电压测量电路，电阻 r_i 为表头内阻，已知表头流过 100 μA 电流时满刻度偏转，现要求该电路输入电压 $u_i = 10$ V 时满刻度偏转，则电阻 R 的取值应为多少？

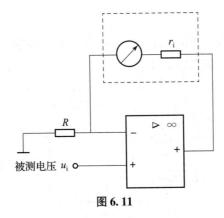

图 6.11

3. 恒流源电路如图 6.12 所示，已知稳压管工作在稳压状态，试求负载电阻 R_L 中的电流。

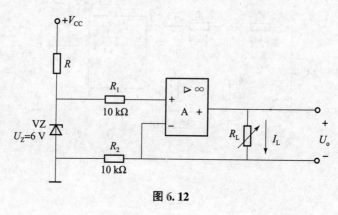

图 6.12

4. 如图 6.13 所示，电路的电压放大倍数可由开关 S 控制，设运放为理想器件，试求开关 S 闭合和断开时的电压放大倍数 A_{uf}。

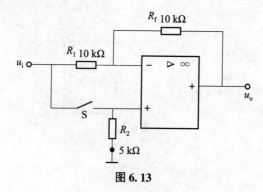

图 6.13

5. 电路如图 6.14 所示，试：

（1）合理连线，接入信号源和反馈，使电路的输入电阻增大，输出电阻减小；

（2）欲将放大倍数设置为 20，则 R_f 应取多少千欧？

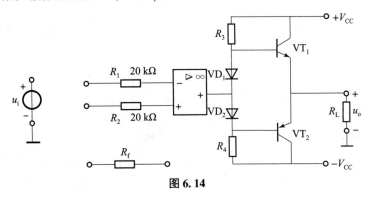

图 6.14

6. 如图 6.15 所示，电路中运放均为理想器件，其最大输出电压 $U_{om} = \pm 14$ V，稳压管的稳压值 $U_Z = \pm 6$ V，$t = 0$ 时刻电容 C 两端电压 $u_C = 0$ V，试求开关 S 闭合时电压 u_{o1}、u_{o2}、u_{o3} 的表达式。

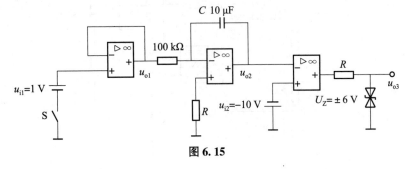

图 6.15

7. 电路如图 6.16 所示，运放均为理想器件，求各电路的输出电压 u_o。

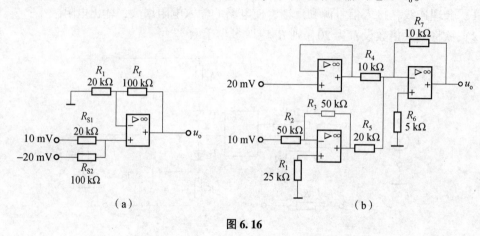

（a）　　　　　　　　　　（b）

图 6.16

8. 如图 6.17 所示，分析电路中存在何种极性和组态的极间反馈？已知运放均是理想的，试推导 $A_{uf} = \dfrac{u_o}{u_i}$ 的表达式。

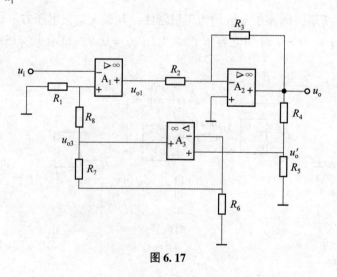

图 6.17

9. 如图 6.18 所示，电路中运放均为理想器件，试：

（1）写出 u_o 与 u_{i1}、u_{i2} 的运算关系式；

（2）若 $u_{i1} = 10$ mV，$u_{i2} = 20$ mV，则 u_o 为多大？

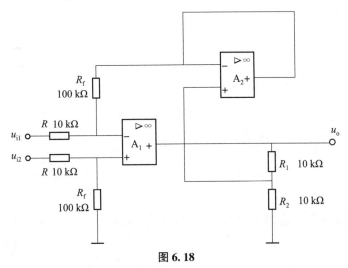

图 6.18

10. 如图 6.19 所示，电路中所有运放均为理想器件。

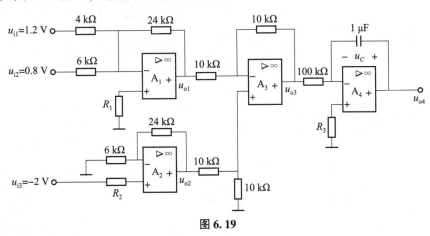

图 6.19

（1）试求 u_{o1}、u_{o2}、u_{o3}。

（2）设电容器的初始电压为 2 V，极性如图 6.19 所示，求使 $u_{o4} = -6$ V 所需的时间 t。

11. 如图 6.20 所示，电路中所有运放均为理想器件，试求各电路输出电压的大小。

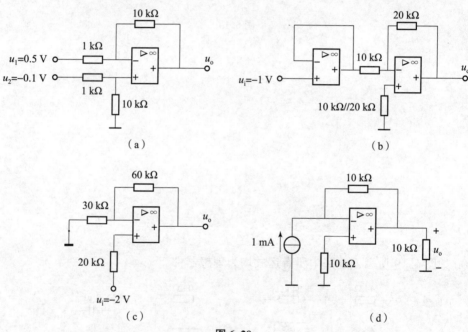

图 6.20

12. 集成运放应用电路如图 6.21 所示，试：

（1）判断负反馈类型。

（2）指出电路稳定什么量？

（3）计算电压放大倍数 A_{vf}。

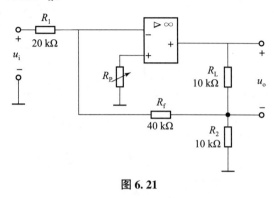

图 6.21

13. 如图 6.22 所示，电路中运放具有理想特性，计算电路的电压放大倍数。

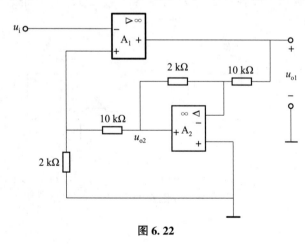

图 6.22

14. 如图 6.23 所示，电路为仪器放大器，试求输出电压 u_o 与输入电压 u_{i1}、u_{i2} 之间的关系，并指出该电路输入电阻、输出电阻、共模抑制能力和差模增益的特点。

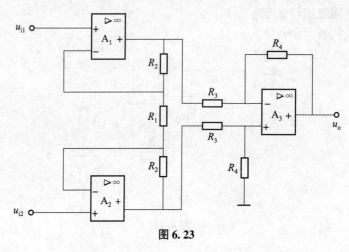

图 6.23

15. 如图 6.24 所示，设各运放均为理想器件，试写出各电路的电压放大倍数 A_{vf} 表达式。

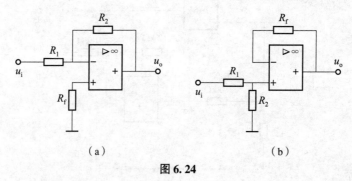

（a）　　　　　　　　　　　　　　　　（b）

图 6.24

16. 如图 6.25 所示，电路中运放为理想器件，试求：

（1）电压放大倍数 A_{uf}；

（2）平衡电阻 R_5。

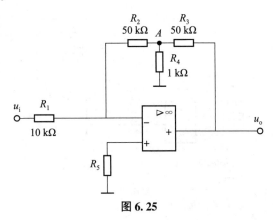

图 6.25

17. 理想运放电路如图 6.26 所示，电源电压为 ±15 V，运放最大输出电压幅值为 ±12 V，稳压管稳定电压为 6 V，试求 u_{o1}、u_{o2}、u_{o3}。

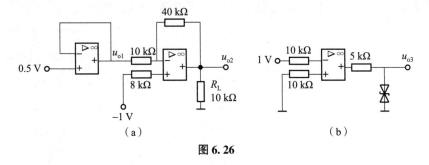

图 6.26

18. 如图 6.27 所示，电路为深度负反馈放大电路，试求 $\dfrac{u_{\text{o}}}{u_{\text{o1}}}$ 和 $\dfrac{u_{\text{o}}}{u_{\text{i}}}$。

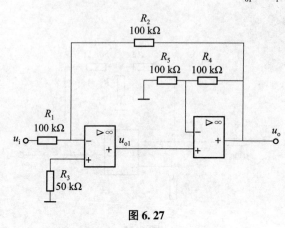

图 6.27

19. 差分放大电路如图 6.28 所示，已知场效应管 $g_{\text{m}} = 2$ ms，I_0 为场效应管构成的恒流源，V_1、V_2 管的静态栅源偏压合理，即满足 $U_{\text{GS(off)}} < U_{\text{GSQ}} < 0$。试：（1）求 V_1、V_2 管静态工作点 I_{DQ} 及 U_{DQ}；（2）画出该电路的差模交流通路；（3）求 A_{vd}、r_{id}、r_{o}。

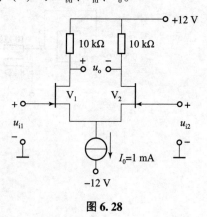

图 6.28

20. 差分放大电路如图 6.29 所示，已知 $V_{CC} = V_{EE} = 15$ V，$R_C = 10$ kΩ，$R_L = 30$ kΩ，$I_0 = 2$ mA，三极管的 $\beta = 100$，$r'_{bb} = 200$ Ω，$U_{BEQ} = 0.7$ V，试：（1）求 I_{CQ1}、U_{CEQ1}、I_{CQ2}、U_{CEQ2}；（2）画出该电路差模交流通路；（3）若 $u_i = 20\sin\omega t$ mV，求 u_o 表达式。

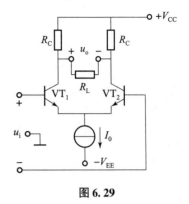

图 6.29

21. 差分放大电路如图 6.30 所示，已知 $R_C = R_E = 10$ kΩ，三极管的 $\beta = 100$，$r'_{bb} = 200$ Ω，$U_{BEQ} = 0.7$ V，试求：（1）I_{CQ1}、U_{CQ1} 和 I_{CQ2}、U_{CQ2}；（2）差模电压放大倍数 $A_{vd} = u_{od}/u_{id}$；（3）差模输入电阻 r_{id} 和输出电阻 r_o。

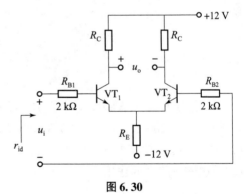

图 6.30

22. 差分放大电路如图 6.31 所示，已知 $V_{CC} = V_{EE} = 12$ V，$R_C = 5.1$ kΩ，$R_B = 1$ kΩ，$I_0 = 2$ mA，三极管的 $\beta = 100$，$r'_{bb} = 200$ Ω，$U_{BEQ} = 0.7$ V，试：（1）求 I_{CQ1}、U_{CEQ1}、I_{CQ2}、U_{CEQ2}；（2）若 $u_o = 2\sin\omega t$ V，求 u_i 的表达式。

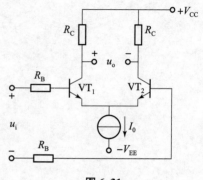

图 6.31

23. 差分放大电路如图 6.32 所示，已知 $V_{CC} = V_{EE} = 12$ V，$R_C = R_E = 10$ kΩ，三极管的 $\beta = 100$，$r'_{bb} = 200$ Ω，$U_{BEQ} = 0.7$ V，试求：（1）VT_1、VT_2 的静态工作点 I_{CQ1}、U_{CEQ1} 和 I_{CQ2}、U_{CEQ2}；（2）差模电压放大倍数 $A_{vd} = u_{od}/u_{id}$；（3）差模输入电阻 r_{id} 和输出电阻 r_o。

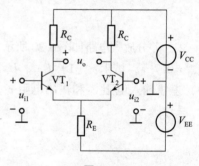

图 6.32

24. 差分放大电路如图 6.33 所示，已知 $V_{CC} = V_{EE} = 12$ V，$R_C = R_E = 5.1$ kΩ，三极管的 $\beta = 100$，$r'_{bb} = 200$ Ω，$U_{BEQ} = 0.7$ V，电位器触头位于中间位置，试求：（1）I_{CQ1}、U_{CQ1} 和 I_{CQ2}、U_{CQ2}；（2）差模电压放大倍数 $A_{vd} = u_{od}/u_{id}$、差模输入电阻 r_{id} 和输出电阻 r_o；（3）叙述电位器在该电路中的作用。

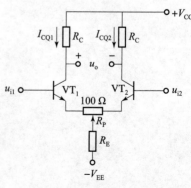

图 6.33

25. 差分放大电路如图 6.34 所示，已知三极管的 $\beta = 80$，$r'_{bb} = 200\ \Omega$，$U_{BEQ} = 0.7\ V$，试求：（1）I_{CQ1}、U_{CQ1} 和 I_{CQ2}、U_{CQ2}；（2）差模电压放大倍数 $A_{vd} = u_{od}/u_{id}$、差模输入电阻 r_{id} 和输出电阻 r_o。

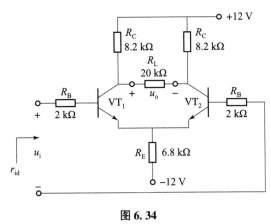

图 6.34

26. 差分放大电路如图 6.35 所示，已知 $\beta = 50$，$r'_{bb} = 200\ \Omega$，$U_{BEQ} = 0.6\ V$，试求：（1）I_{CQ1}、U_{CQ1}；（2）差模电压放大倍数 A_{vd}、差模输入电阻 r_{id} 和输出电阻 r_o；（3）共模电压放大倍数 A_{vc} 和共模抑制比 K_{CMR} 的分贝值。

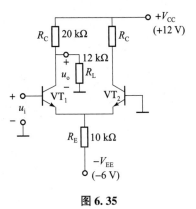

图 6.35

27. 如图 6.36 所示，电路的静态工作点合适，电容值足够大，试指出 VT_1、VT_2 所组成电路的组态，写出 A_v、r_i 和 r_o 的表达式。

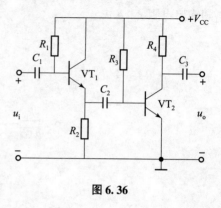

图 6.36

28. 两级阻容耦合放大电路如图 6.37 所示，设三极管 VT_1、VT_2 的参数相同，$\beta = 80$，$r_{be} = 1.5\ k\Omega$，Q 点合适，电容值足够大，试求 A_v、r_i 和 r_o。

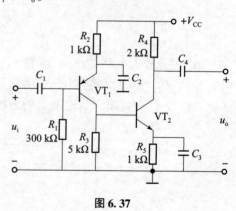

图 6.37

29. 放大电路如图 6.38 所示，试：

（1）画出电路的直流通路，分析两级电路之间静态工作点是否相互影响。

（2）分析各级电路的组态和级间电路的耦合方式。

（3）若 R_E 开路会对电路造成什么影响？若 R_1 短路呢？

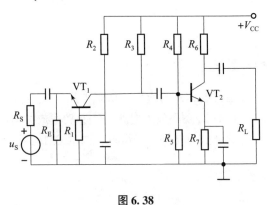

图 6.38

30. 差分放大电路如图 6.39 所示，已知 $\beta = 100$，$r'_{bb} = 200\ \Omega$，$U_{BEQ} = 0.6\ V$，$u_i = -30\ mV$，试求 C_1 点的电位。

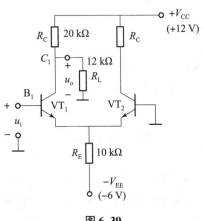

图 6.39

第七章　功率放大电路

元器件的识别与应用：认识常用集成功率放大器的图形和引脚。典型电路的连接与应用：分析 OCL 功率放大电路、OTL 功率放大电路的工作原理，并进行简单计算。常用电子电气设备的维护与使用：能组装、调试 OTL 实训电路，分析和排除实际电路的常见故障。

本章知识

一、功率放大概念

1. 对功率放大器的要求

输出足够的功率，放大器的效率要高，非线性失真要小，功率管要安全工作。

2. 功率放大器的种类

（1）甲类：Q 点在放大区的中间部位。当输入正弦信号时，功放管在一个信号周期内均导通。

（2）乙类：Q 点在放大区与截止区的交界处。当输入正弦信号时，功放管在一个信号周期内半周导通，半周截止。

（3）甲乙类：Q 点位置略高于乙类，但低于甲类。当输入正弦信号时，功放管导通大于半周。

二、常见的功放电路工作原理和简单计算（表 7.1）

表 7.1

分类	双电源互补对称电路（OCL 电路）	单电源互补对称电路（OTL 电路）
典型电路图	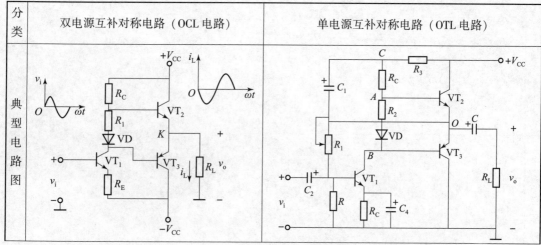	

分类	双电源互补对称电路（OCL 电路）	单电源互补对称电路（OTL 电路）
电路特点	NPN 管和 PNP 管组成互补对称电路，两管特性一致，都工作在乙类状态；采用两个电源，发射极输出，直接耦合	与 OCL 电路相比，省去了负电源，输出端接了一个大容量电容器
元件作用	①VT$_1$ 的放大器 提供 VT$_2$、VT$_3$ 需要的幅度。 ②R_1、VD R_1：VT$_2$、VT$_3$ 的基极偏置电阻，使 VT$_2$、VT$_3$ 处于微导通状态，克服交越失真。 VD：负温度系数、温度补偿的功能。 R_1、VD 不能开路，否则会因为过热烧坏 VT$_2$、VT$_3$	①VT$_1$ 激励管 提供 VT$_2$、VT$_3$ 需要的幅度。 ②R_2、VD R_2：VT$_2$、VT$_3$ 的基极偏置电阻，使 VT$_2$、VT$_3$ 处于微导通状态，克服交越失真。 VD：具有负温度系数，温度调节功能； R_2、VD 不能开路，否则会因为过热烧坏 VT$_2$、VT$_3$。 ③R_1：VT$_1$ 的偏置电阻，调节 R_1 使 O 点电压为 $1/2V_{CC}$。 ④C_1、R_3：自举升压电路，提高 VT$_2$ 的动态范围
简单计算	最大输出功率： $$P_{omax} = \frac{\left[(V_{CC} - V_{CES})/\sqrt{2} \right]^2}{R_L}$$ $$= (V_{CC} - V_{CES})^2/2R_L$$ $P_{omax} \approx V_{CC}^2/2R_L$ 电源输出的功率： $$P_V = \frac{2V_{CC} \cdot U_{om}}{\pi \cdot R_L}$$ 效率： $$\eta = \frac{P_{omax}}{P_V}$$ 管耗 $P_T = 0.2P_{omax}$	最大输出功率： $$P_{omax} = \frac{\left[\left(\frac{1}{2}V_{CC} - V_{CES} \right) \big/ \sqrt{2} \right]^2}{R_L}$$ $$= (V_{CC}/2 - V_{CES})^2/2R_L$$ $P_{omax} \approx V_{CC}^2/8R_L$ 电源输出的功率： $$P_V = \frac{V_{CC}^2}{2\pi R_L}$$ 效率： $$\eta = \frac{P_{omax}}{P_V}$$ 管耗 $P_T = 0.2P_{omax}$
中点电压	$V_K = 0$ V	$V_O = V_{CC}/2$

续表

分类	双电源互补对称电路（OCL 电路）	单电源互补对称电路（OTL 电路）
工作原理	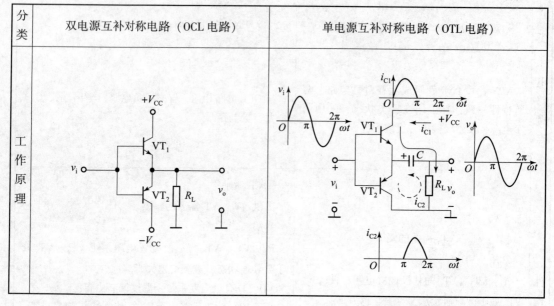	

三、复合管

1. 组成原则

（1）保证参与每个管子三个电极的电流按各自的正确方向流动。

（2）复合管的类型取决于前一个管子。

（3）电流放大倍数 β，$\beta = \beta_1 \cdot \beta_2$。

2. 类型

其电路类型如图 7.1 所示。

图 7.1

四、集成音频功率放大电路

TDA2002 集成功放电路如图 7.2 所示。TDA2002 集成功放电路的特点是：输出功率大、噪声小，失真系数小，开机冲击噪声小，内部设置多种保护电路对电源浪涌、过压和负载短路等异常情况有较强的适应性，只有五个引出端，应用非常方便。

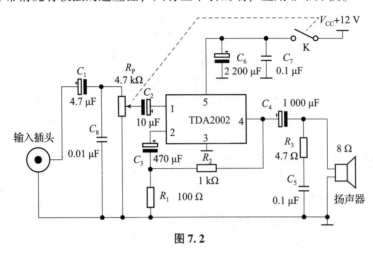

图 7.2

主要参数：

输出功率：（4 Ω）5.4 W、4.8 W；

　　　　　　（2 Ω）9 W。

电压增益（开环）（$R_L = 4\ \Omega$，$f = 1\ \text{kHz}$）80 dB。

电压增益（闭环）（$R_L = 4\ \Omega$，$f = 1\ \text{kHz}$）40 dB。

五、集成音频功率放大电路 LM386

LM386 是一种目前应用较多的小功率音频放大电路，其内部电路为 OTL 电路。LM386 电路功耗低、增益可调、允许的电源电压范围宽、通频带宽、外接元件少，广泛应用于收录机、电视伴音等系统中，是专为低损耗电源所设计的集成功率放大器电路。LM386 引脚功能如图 7.3 所示。LM386 额定电源电压范围为 4～12 V，无动作时仅消耗 4 mA 电流，极适合电池供电且失真低。LM386 内建增益为 26 dB，在第 1 引脚和第 8 引脚之间电容的作用下，增益最高可达 46 dB。

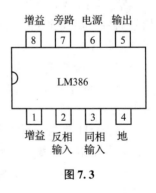

图 7.3

【例题解析】

【例 7-1】　（2018 年高考题）某正弦波振荡电路如图 7.4 所示，已知 $V_{CC} = 15\ \text{V}$、$R = 3.9\ \text{k}\Omega$、$R_L = 8\ \Omega$，$C = 0.01\ \mu\text{F}$，求：（1）电路的振荡频率 f_o；

（2）理想情况下，电路的最大输出功率 P_{omax}；

（3）VD_1 和 VD_2 在电路中的作用。

解：（1）$f_o = 1/2\pi RC = 4.08\ \text{kHz}$

（2）$P_{\text{omax}} = V_{\text{CC}}^2 / 2R_{\text{L}} = 14 \text{ W}$

（3）VD_1 和 VD_2 起消除交越失真的作用。

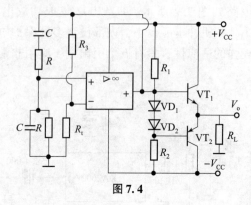

图 7.4

【例 7－2】 OTL 互补对称式输出电路如图 7.5 所示，试分析电路的工作原理。

（1）按功放分类（甲类、乙类、甲乙类）该电路 VT_1、VT_2 管的工作方式为哪种类型？

（2）电阻 R_1 与二极管 VD_1、VD_2 的作用是什么？

（3）静态时 VT_1 管射极电位 U_{E} 为多大？负载电流 I_{L} 为多大？

（4）电位器 R_{P} 的作用。

（5）若电容 C 足够大，$V_{\text{CC}} = 15 \text{ V}$，三极管饱和压降 $V_{\text{CES}} = 1 \text{ V}$，$R_{\text{L}} = 8 \text{ }\Omega$，则负载 R_{L} 上得到的最大不失真输出功率 P_{omax} 为多大？

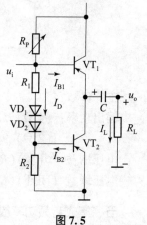

图 7.5

解：（1）VT_1、VT_2 管的工作方式按功放分类通常以输入信号的一个周期中三极管所处导通状态，即导通角 θ 的大小来划分，因 VT_1、VT_2 管的导通角大于 π 而小于 2π 故为甲乙类方式。

（2）消除交越失真。支路 R_1、VD_1、VD_2 为 VT_1、VT_2 管提供一静态偏置电压，使 VT_1、VT_2 管处于导通状态，动态情况下可消除幅度较小时由于三极管的死区而引起的交越失真。

（3）OTL 互补对称式输出电路静态时三极管射极电位 U_{E} 应置为 $1/2V_{\text{CC}}$，由于电容 C 的隔直作用，负载上没有电流 $I_{R_{\text{L}}} = 0 \text{ A}$。

（4）电位器 R_{P} 的作用：调节电位器 R_{P} 使三极管 VT_1、VT_2 基极 B_1、B_2 间有一合适的电流 I_{D} 和压降 V_{B1B2}，I_{D} 通常远大于 I_{B1}。确保 VT_1、VT_2 管在静态时处于导通状态，另外调整 R_{P} 可使电容 C 两端的电压为 $V_{\text{CC}}/2$。

（5）当输出端电容 C 足够大因而可忽略其上的交流压降时，负载上最大不失真的输出功率 P_{omax} 的表达式为：$P_{\text{omax}} = (V_{\text{CC}}/2 - V_{\text{CES}})^2 / 2R_{\text{L}} = (15/2 - 1)^2 / 2 \cdot 8 = 2.64 \text{(W)}$。

【例 7－3】 OCL 互补对称式输出电路如图 7.6（a）所示，试回答下述问题。

（1）和图 7.5 的 OTL 互补对称式输出电路相比，本电路的最主要的优点是什么？

（2）OCL 电路在调整电路静态工作点时应注意什么问题？通常应调整电路中的哪个元件？

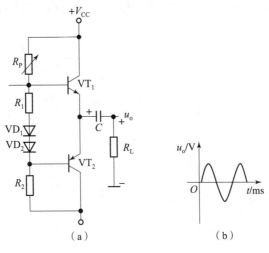

图 7.6

（3）动态情况下，若输出端出现如图 7.6（b）所示的失真，为何种失真？应调哪个元件？怎样调整才能消除之？

（4）静态情况下，若 R_1、VD_1、VD_2 三个元件中有一个出现开路，你认为会出现什么问题？

（5）当 $V_{CC} = 15\ V$，VT_1、VT_2 管的饱和压降 $V_{CES} = 2\ V$，$R_L = 8\ \Omega$ 时，负载 R_L 上最大不失真的功率 P_{omax} 应为多大？

解：（1）OCL 电路特点和 OTL 电路相比，OCL 电路删去了输出电容 C，增加了一路 V_{CC} 电源，其主要优点是低频响应好，电路易集成。

（2）电路静态工作点的调整：OCL 电路在调试静态工作点时重要的一条是使输出 $U_o = 0\ V$，即让负载 R_L 上的静态电流 $I = 0\ A$，要实现这一点通常可调节电位器 R_P 或电阻 R_2。

（3）失真及其消除：在动态情况下，若在 U_o 端出现了如图 7.6（b）所示的失真，由于失真出现在信号正、负半周交替过程中，即出现在 VT_1 管和 VT_2 管轮流导通的过程中，称此失真为交越失真。交越失真的消除可通过调整电阻 R_1 来实现，只要适当增加电阻 R_1 可消除如图 7.6（b）所示的交越失真。

（4）静态情况下，R_1、VD_1、VD_2 中只要有一个开路，会导致过大的基极偏置电流 I_{B1}、I_{B2} 的出现，因此当大的工作电流流过 VT_1、VT_2 管时，其功耗将可能远大于三极管的额定功耗而使 VT_1、VT_2 管烧毁。

（5）负载 R_L 上的最大不失真输出功率 P_{omax} 的表达式为

$$P_{omax} = (V_{CC} - V_{CES})^2 / 2R_L = (15 - 2)^2 / (2 \times 8) \approx 10.6(\text{W})$$

【例 7-4】　由运放 A 驱动的 OCL 功放电路如图 7.7 所示。已知 $V_{CC} = 18\ V$，$R_L = 16\ \Omega$，$R_1 = 10\ k\Omega$，$R_f = 150\ k\Omega$，运放最大输出电流为 $\pm 25\ mA$，VT_1、VT_2 饱和压降 $V_{CES} = 2\ V$。

（1）VT_1、VT_2 管的 β 满足什么条件时，负载 R_L 上有最大的输出电流？

（2）为使负载 R_L 上有最大的不失真的输出电压，输入值的幅度 U_{im} 应为多大？

（3）试计算当输出幅度足够大时，负载上最大的不失真的输出功率。

（4）试计算电路的效率。

（5）若在该电路输出端出现交越失真，电路应怎样调整才能消除之？

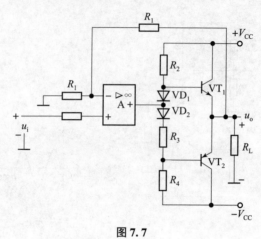

图 7.7

解：（1）β 值确定

β 的大小取决于运放 A 输出电流值和负载上最大电流，由图 7.7 可知，负载 R_L 上的最大电流应在 VT_1 或 VT_2 管出现饱和的时刻，即

$$I_{Lmax} = (V_{CC} - V_{CES})/R_L = (18 - 2)/16 = 1(A)$$

运放 A 输出的最大电流 I 为 ± 25 mA，故三极管的 β 为

$$\beta > 1\,000/25 = 40$$

（2）输入信号幅值 U_{im}

$$U_{om} = V_{CC} - V_{CES} = 18 - 2 = 16(V)$$

$$A_v = 1 + R_f/R_1 = 16$$

输入信号幅值 U_{im} 应满足表达式

$$U_{im} = < U_{om}/A_v = 16/16 = 1\ (V)$$

即当输入信号的幅度小于等于 1 V 时，负载 R_L 上将出现最大的不失真的幅度接近 16 V 的输出电压。

（3）负载 R_L 上的最大不失真输出功率 P_{omax}

$$P_{omax} = (V_{CC} - V_{CES})^2/2R_L = (18 - 2)^2/(2 \times 16) = 8(W)$$

（4）效率

$$P_V = 2V_{CC} \cdot U_{om}/\pi R_L = 2 \times 18 \times 16/(3.14 \times 16) \approx 11.5(W)$$

$$\eta = P_{omax}/P_V \cdot 100\% = 8/11.5 \times 100\% = 70\%$$

（5）交越失真的消除可通过调整电阻 R_3 来实现，只要适当增加电阻 R_3 可消除交越失真。

【例 7-5】　如图 7.6 所示电路，已知三极管 VT_1、VT_2 的饱和压降 $V_{CES} = 1$ V，$V_{CC} = 18$ V，$R_L = 8$ Ω。

（1）试计算电路的最大不失真输出功率 P_{omax}；

（2）试计算电路的效率；

（3）求每只三极管的最大管耗 P_T 为多大？

（4）为保证电路正常工作，所选三极管的 $U_{(BR)CEO}$ 和 I_{CM} 应为多大？

解：（1）电路最大不失真输出功率 P_{omax}

$$P_{omax} = (V_{CC} - V_{CES})^2 / 2R_L = (18-1)^2 / (2 \times 8) \approx 18.1(W)$$

（2）电路的效率

$$\eta = \frac{P_{omax}}{P_V}$$

上式中的 P_V 为电源提供的总功率，其表达式为

$$P_V = \frac{2V_{CC}^2}{\pi R_L}$$

代入给定的参数，可求得 $P_V \approx 25.8\ W$。

于是效率的大小为

$$\eta = \frac{18.1}{25.8} \times 100\% \approx 70.2\%$$

（3）即每只三极管的最大管耗约为最大不失真输出功率的 0.2 倍

$$P_T = 0.2 P_{omax} = 3.62\ W$$

当一个管子处于饱和状态时，另一个管子承受的电压接近 $2V_{CC}$，故应该满足：

$$U_{(BR)CEO} > 2V_{CC} = 36\ V$$

额定的最大工作电流应该满足：$I_{CM} > V_{CC}/R_L = 2.25\ A$。

通常在选用功率三极管时，考虑散热等因素，上述参数需留一定余量。

【例7-6】 OCL 功率放大器实际上是两个三极管交替工作，即（　　）。

A. 共射放大器　　　　　　　　　　B. 共集放大器

C. 共基放大器　　　　　　　　　　D. 开关电路

答案：B

解析：两个三极管分别构成共集电极放大电路。

【例7-7】（2019 年高考题）与甲类功率放大方式相比，乙类互补对称功放的主要优点是（　　）。

A. 不用输出变压器　　　　　　　　B. 失真小

C. 效率高　　　　　　　　　　　　D. 无交越失真

答案：C

【例7-8】（2011 年高考题）TDA2002 负载为 4Q，要求开路增益为 80 dB，则信号频率为（　　）。

A. 500 Hz　　　　　　　　　　　　B. 1 kHz

C. 5 kHz　　　　　　　　　　　　D. 101 kHz

答案：B

知识精练

一、选择题

1. 功率放大电路的最大输出功率是在输入电压为正弦波时，输出基本不失真情况下，负载上可能获得的最大（　　）。

A. 交流功率　　　　B. 直流功率　　　　C. 平均功率

2. 功率放大电路的转换效率是指（　　）。

A. 输出功率与晶体管所消耗的功率之比

B. 最大输出功率与电源提供的平均功率之比

C. 晶体管所消耗的功率与电源提供的平均功率之比

3. 在 OCL 乙类功放电路中，若最大输出功率为 9 W，电源电压为 12 V，则电路中的输出负载电阻为（　　）。

A. 4 Ω　　　　　　　　　　　　　　　B. 8 Ω

C. 16 Ω

4. 电路如图 7.8 所示，VT_1 和 VT_2 管的饱和管压降 $V_{CES} = 3$ V，$V_{CC} = 15$ V，$R_L = 8$ Ω，选择正确答案填入空内。

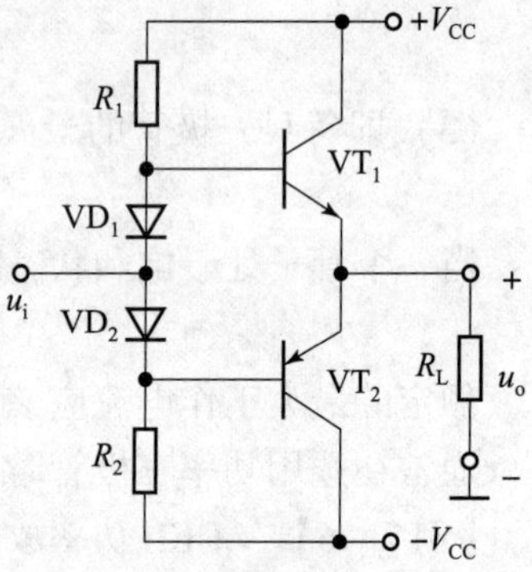

（1）电路中 VD_1 和 VD_2 管的作用是消除（　　）。

A. 饱和失真

B. 截止失真

C. 交越失真

（2）静态时，晶体管发射极电位 V_{EQ}（　　）。

A. > 0 V

B. = 0 V

C. < 0 V

（3）最大输出功率 P_{omax}（　　）。

A. ≈ 28 W

B. = 18 W

C. = 9 W

图 7.8

（4）当输入为正弦波时，若 R_1 虚焊，即开路，则输出电压（　　）。

A. 为正弦波　　　　　　　　　　　　B. 仅有正半波

C. 仅有负半波

（5）若 VD_1 虚焊，则 VT_1 管（　　）。

A. 可能因功耗过大烧坏

B. 始终饱和

C. 始终截止

5.（2006 年高考题）在 OTL 功放电路中，互补输出级采用共集电极形式是为了（　　）。

A. 增大电压放大倍数

B. 减小失真

C. 减小对输入的影响

D. 提高带负载能力

6.（2018 年高考题）双电源供电的互补对称功率放大器中，两个互补晶体管的组合方式是（　　）。

A. 共射组合　　　　　　　　　　　　B. 共集组合

C. 共基组合　　　　　　　　　　　　D. 共射—共集组合

二、综合题

1. 在如图7.9所示电路中，已知 $V_{CC}=16$ V，$R_L=4$ Ω，VT_1 和 VT_2 管的饱和管 $U_{CES}=0$ V，输入电压足够大。试问：

（1）最大输出功率 P_{omax} 为多少？

（2）VT_1 和 VT_2 是哪种基本连接方式？

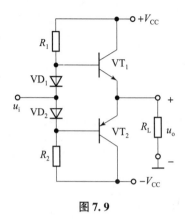

图 7.9

2. 在如图7.10所示电路中，已知 $V_{CC}=15$ V，VT_1 和 VT_2 管的饱和管压降 $V_{CES}=0$ V，集成运放的最大输出电压幅值为 ±13 V，二极管的导通电压为 0.7 V。

（1）若输入电压幅值足够大，则电路的最大输出功率为多少？

（2）为了提高输入电阻，稳定输出电压且减小非线性失真，应引入哪种组态的交流负反馈？画出图来。

（3）若 $U_i=0.1$ V 时，$U_o=5$ V，则反馈电阻 R_f 的取值约为多少？

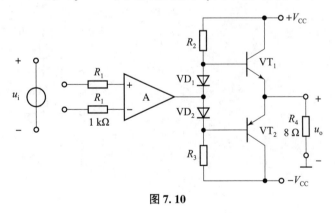

图 7.10

3. （2007 年高考题）如图 7.11 所示，OTL 音频功率放大电路，根据输入、输出波形分析该电路存在何种缺陷？在图 7.11 中添加器件进行完善；将 8 Ω 的扬声器换成 4 Ω 的，其最大输出功率是增大还是减小？增大或减小多少倍？

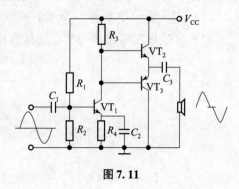

图 7.11

4. （2008 年高考题）功放电路如图 7.12 所示，请做以下分析：

（1）说明调节电位器 R_1 的作用；

（2）说明调节电位器 R_E 的作用；

（3）说明电容 C_4 的作用。

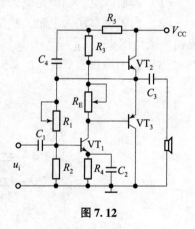

图 7.12

第八章　直流稳压电源

本章知识

一、直流稳压电源的定义、组成及分类

（1）方框图（图8.1）：

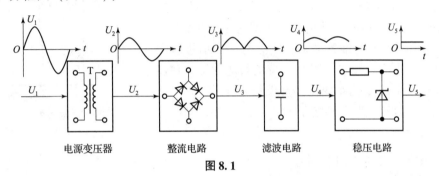

电源变压器　　　　整流电路　　　　滤波电路　　　　稳压电路

图 8.1

（2）直流稳压电源的定义：

当电网电压波动或负载发生变化时，输出直流电压仍能基本保持不变的电源。

（3）直流稳压电源的组成：

由电源变压器、整流电路、滤波电路、稳压电路组成。

（4）稳压电源的分类：可分为并联型稳压电源和串联型稳压电源。

二、并联型稳压电源

1. 电路组成

并联型稳压电路由限流电阻 R 和稳压管 VZ 组成，如图8.2所示。

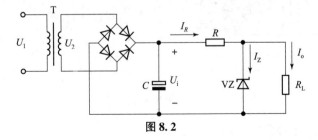

图 8.2

2. 稳压过程

（1）电网电压升高：

$$U_i \uparrow \rightarrow U_o \uparrow \rightarrow I_Z \uparrow \rightarrow I_R \uparrow \rightarrow U_R \uparrow \rightarrow U_o \downarrow$$

（2）负载增大：

$$R_L \downarrow \rightarrow U_o \downarrow \rightarrow I_Z \downarrow \rightarrow I_R \downarrow \rightarrow U_R \downarrow \rightarrow U_o \uparrow$$

3. 特点

电路简单，输出电压不能调节，带负载能力较差。

三、串联型稳压电源

1. 电路结构

图 8.3 所示为简单的串联型晶体管稳压电路。

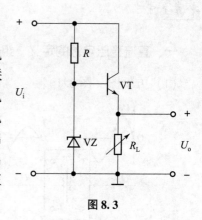

晶体管 VT 工作在放大区，可等效为一个由基极电流 I_B 控制的可调电阻 R_{CE}，它与负载串联，故称为串联型稳压电路；VZ 为硅稳压二极管，它稳定 VT 的基极电位 V_B，作为稳压电路的基准电压；R 既是 VZ 的限流电阻，又是晶体管 VT 的偏置电阻，实际是一个射极输出器，它输入电阻大，输出电阻小，带负载能力强，输出电压跟随输入电压变化而变化，基极加稳压管 VZ 电压稳定了，输出电压也跟着稳定了。

图 8.3

2. 稳压原理

（1）当输入电压 U_i 升高时：$U_i \uparrow \rightarrow U_o \uparrow \rightarrow U_{BE} \downarrow \rightarrow I_B \downarrow \rightarrow R_{CE} \uparrow \rightarrow U_{CE} \uparrow \rightarrow U_o \downarrow$。

（2）当负载电阻 R_L 减小时：$R_L \downarrow \rightarrow U_o \downarrow \rightarrow U_{BE} \uparrow \rightarrow I_B \uparrow \rightarrow R_{CE} \downarrow \rightarrow U_{CE} \downarrow \rightarrow U_o \uparrow$。

四、具有放大环节串联型可调稳压电源

稳压电路由调整环节（调整管 VT_1），取样环节（R_1、R_P、R_2 组成分压器），基准环节（稳压管 VZ 和 R_3 组成的稳压电路），比较放环节（放大管 VT_2 和 R_4）组成，如图 8.4 所示。

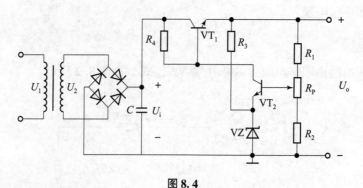

图 8.4

1. 电路的组成及各部分的作用

（1）取样环节：由 R_1、R_P、R_2 组成的分压电路构成，它将输出电压 U_o 分出一部分作为取样电压 U_F，送到比较放大环节。

（2）基准环节：由稳压管 VZ 和电阻 R_3 构成的稳压电路组成，它为电路提供一个稳定

的基准电压 U_Z，作为调整、比较的标准。

（3）比较放大环节：由 VT_2 和 R_4 构成的直流放大器组成，其作用是将取样电压 U_F 与基准电压 U_Z 之差放大后去控制调整管 VT_1。

（4）调整环节：由工作在线性放大区的晶体管 VT_1 组成，VT_1 的基极电流 I_{B1} 受比较放大电路输出的控制，它的改变又可使集电极电流 I_{C1} 和集、射电压 U_{CE1} 改变，从而达到自动调整稳定输出电压的目的。

2. 电路工作原理

当输入电压 U_i 或输出电流 I_o 变化引起输出电压 U_o 增加时，取样电压 U_F 相应增大，使 VT_2 管的基极电流 I_{B2} 和集电极电流 I_{C2} 随之增加，VT_2 管的集电极电位 V_{C2} 下降，因此 VT_1 管的基极电流 I_{B1} 下降，使得 I_{C1} 下降，U_{CE1} 增加，U_o 下降，使 U_o 保持基本稳定。

$$U_o\uparrow \to U_F\uparrow \to I_{B2}\uparrow \to I_{C2}\uparrow \to V_{C2}\downarrow \to I_{B1}\downarrow \to I_{C1}\downarrow \to U_{CE1}\uparrow$$
$$U_o\downarrow \leftarrow$$

同理，当 U_i 或 I_o 变化使 U_o 降低时，调整过程相反，U_{CE1} 将减小使 U_o 保持基本不变。从上述调整过程可以看出，该电路是依靠电压负反馈来稳定输出电压的。

3. 输出稳定电压的调节

由图 8.4 可知，按分压关系

$$U_{B2}=\frac{R_2+R_{P(下)}}{R_1+R_2+R_P}U_o$$

整理得

$$U_o=\frac{R_1+R_2+R_P}{R_2+R_{P(下)}}(U_Z+U_{BE2})$$

式中，$R_{P(下)}$ 为可变电阻抽头下部分阻值。

因 $U_Z\gg U_{BE2}$，则

$$U_o=\frac{R_1+R_2+R_P}{R_2+R_{P(下)}}U_Z$$

式中，$\frac{R_2+R_{P(下)}}{R_1+R_2+R_P}$ 为分压比，称为取样比，用 n 表示，则 $U_o=\frac{U_Z}{n}$。

（1）当 n 最小即 $R_{P(下)}=0$（滑到最下端）时 U_o 最大，即 $U_{omax}=\frac{R_1+R_2+R_P}{R_2}U_Z$；

（2）当 n 最大即 $R_{P(下)}=R_P$（滑到最上端）时 U_o 最小，即 $U_{omin}=\frac{R_1+R_2+R_P}{R_2+R_P}U_Z$。

4. 影响串联型可调式稳压电源稳压性能的因素

（1）取样环节。取样环节的分压比 n 越稳定，则稳压性能越好。

（2）基准环节。稳压管应选用动态电阻小、电压温度系数小的硅稳压二极管。

（3）放大环节。应使比较放大级有较高的增益和较高的稳定性。

（4）调整环节。输出功率大的稳定电源，应选用大功率三极管作调整管。

5. 提高电路性能的措施

（1）提高电压稳定度的措施：设置辅助电源。

（2）提高温度稳定性的措施：比较放大级采用差分放大电路或集成运算放大电路。

6. 稳压电源的保护电路

（1）限流式保护电路。

（2）截流式保护电路。

五、集成稳压器

集成稳压电路是将主要元件甚至全部元件制作在一块硅基片上的集成电路，因而具有体积小、使用方便、工作可靠等特点，如图8.5所示。

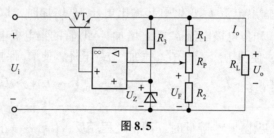

图8.5

集成稳压器的种类很多，作为小功率的直流稳压电源，应用最为普遍的是三端式串联型集成稳压器。三端式是指稳压器仅有输入端、输出端和公共端3个接线端子，如 W78×× 和 W79×× 系列稳压器。W78×× 系列输出正电压有 5 V、6 V、8 V、9 V、10 V、12 V、15 V、18 V、24 V 等多种，若要获得负输出电压选 W79×× 系列即可。例如 W7805 输出 +5 V 电压，W7905 则输出 −5 V 电压。这类三端稳压器在加装散热器的情况下，输出电流可达 1.5 ~ 2.2 A，最高输入电压为 35 V，最小输入、输出电压差为 2 ~ 3 V，输出电压变化率为 0.1% ~ 0.2%。

1. 外形和管脚排列（图8.6）

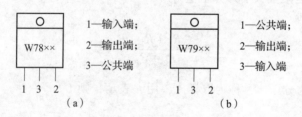

图8.6

2. 典型应用电路

（1）基本电路如图8.7所示。

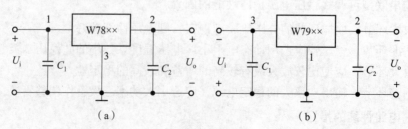

图8.7

（2）提高输出电压的电路如图 8.8 所示。

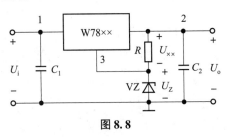

图 8.8

输出电压 $U_o = U_{xx} + U_Z$。

（3）扩大输出电流的电路如图 8.9 所示。

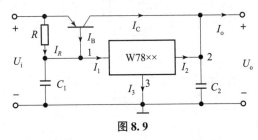

图 8.9

图 8.9 中 I_3 为稳压器公共端电流，其值很小，可以忽略不计，所以 $I_1 \approx I_2$，则可得：

$$I_o = I_2 + I_C = I_2 + \beta I_B = I_2 + \beta(I_1 - I_R) \approx (1 + \beta)I_2 + \beta\frac{U_{BE}}{R}$$

式中，β 为三极管的电流放大系数。设 $\beta = 10$，$U_{BE} = -0.3\ \text{V}$，$R = 0.5\ \Omega$，$I_2 = 1\ \text{A}$，则可计算出 $I_o = 5\ \text{A}$，可见 I_o 比 I_2 扩大了。电阻 R 的作用是使功率管在输出电流较大时才能导通。

（4）能同时输出正、负电压的电路如图 8.10 所示。

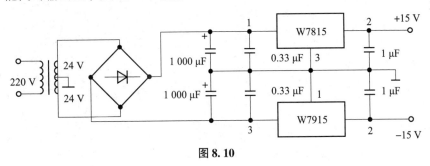

图 8.10

例题解析

【例 8 – 1】　（2014 年高考题）当稳压管在正常稳压工作时，其两端施加的外部电压的特点是（　　）。

A. 反向偏置且被击穿　　　　　　　　　　B. 正向偏置但不击穿

C. 反向偏置但不击穿　　　　　　　　　　D. 正向偏置且被击穿

答案： A

解析： 稳压管的正常稳压工作区域是电击穿区。

【例8－2】　（2006 年高考题）W7906 表示输出电压为＿＿＿＿V 的稳压器。

答案：－6 V

解析：W78××系列输出正电压，W79××系列输出负电压。

【例8－3】　（2016 年高考题）如图8.11 所示稳压电路中，若 R_3 增大，U_o 将（　　　）。

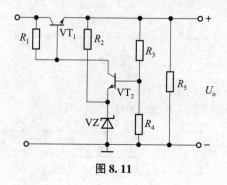

图 8.11

A. 下降　　　　　　　　B. 升高　　　　　　　　C. 不变　　　　　　　　D. 不确定

答案：B

解析：由 $U_o = \dfrac{R_3 + R_4}{R_4}(U_{BE2} + U_Z)$

可知 U_o 升高。或者这样分析：由于 R_3 增加，R_4 分压减少，由控制原理可得使输出电压升高。

【例8－4】　（2017 年高考题）串联稳压电路如图8.12 所示，$U_Z = 5.3$ V，$U_i = 20$ V，三极管均为硅管，$R_1 = R_2$，调整管 VT_1 额定功耗为8 W，不考虑其他元器件极限参数，则电源的最大输出电流约为（　　　）。

A. 0.8 A　　　　　　B. 1 A　　　　　　C. 1.2 A　　　　　　D. 2 A

答案：B

解析：$U_o = \dfrac{R_1 + R_2}{R_2}(U_{BE2} + U_Z) = 12$ V

$U_{CE1} = U_i - U_o = 8$ V

$I_{C1} = \dfrac{P_{V1}}{U_{CE1}} = \dfrac{8}{8} = 1$（A）

$I_o \approx I_{C1} = 1$ A

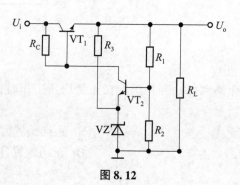

图 8.12

【例 8 - 5】　（2011 年高考题）在如图 8.13 所示串联稳压电路中，发现输出稳压值 U_o 大于设计值，可能故障是（　　）。

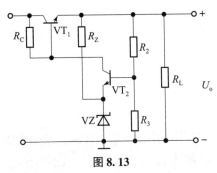

图 8.13

A. VZ 被击穿　　　　　B. R_3 偏小　　　　　C. R_C 太大　　　　　D. R_Z 开路

答案：B

解析：
$$U_o = \frac{R_2 + R_3}{R_3}(U_{BE2} + U_Z)$$
$$= (R_2 + 1)(U_{BE2} + U_Z)R_3$$

R_3 偏小时或 R_2 增加使输出稳压值 U_o 就会大于设计值，所以选 B。

【例 8 - 6】　（2014 年高考题）直流稳压电源如图 8.14 所示，已知 $U_Z = 6$ V，$R_P = 1$ kΩ（忽略 U_{BE2}）：

（1）说明电路由哪些环节组成？

（2）已知输出电压 $U_o = 8 \sim 12$ V，求电阻 R_1 和 R_2 的阻值。

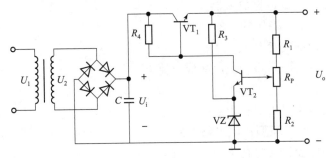

图 8.14

解：（1）电路由电源变压器、整流电路、滤波电路、稳压电路组成。

（2）
$$\begin{cases} U_{omin} = \dfrac{R_1 + R_P + R_2}{R_P + R_2}(U_{BE2} + U_Z) = \dfrac{R_1 + 1 + R_2}{1 + R_2} \times 6 = 8 \text{ V} \\ U_{omax} = \dfrac{R_1 + R_P + R_2}{R_2}(U_{BE2} + U_Z) = \dfrac{R_1 + 1 + R_2}{R_2} \times 6 = 12 \text{ V} \end{cases}$$

解方程组得：$R_1 = 1$ kΩ，$R_2 = 2$ kΩ。

【例 8 - 7】　三端集成稳压器 W7918 的输出电压、电流等级为（　　）。

A. 18 V/1.5 A　　　　B. −18 V/0.5 A　　　C. −18 V/1.5 A　　　D. 18 V/0.5 A

答案：C

解析：W7900 系列三端稳压器：输出负电压，型号后面的两个数字表示输出电压值。

1. 5 A（W7900）、0. 5 A（W79M00）和 0. 1 A（W79L00），所以选 C。

【例 8 - 8】　　三端集成稳压器 W7805 的输出电压为____。

答案：+5 V

解析：W7800 系列三端稳压器：输出正电压，型号后面的两个数字表示输出电压值，所以 W7805 的输出电压为 +5 V。

知识精练

一、选择题

1. 具有放大环节的串联型稳压电路在正常工作时，调整管所处的工作状态是（　　）。

A. 开关　　　　　　　B. 放大　　　　　　　C. 饱和　　　　　　　D. 不能确定

2. 带有放大环节的可调式稳压电路，调节 R_p 触头的位置可改变输出电压的数值。下面说法正确的有（　　）。

A. R_p 触头移到最上端，输出电压最大

B. R_p 触头移到最下端，输出电压最小

C. R_p 触头移到最下端，调整管的管压降最小

D. R_p 触头移到最下端，调整管的管压降最大

3. 串联型稳压电路中调整电路和比较放大电路（　　），可提高稳压器的性能。

A. 比较放大电路使用差分放大器，调整管使用复合管

B. 调整管使用复合管，比较放大器可采用任何耦合形式

C. 调整管使用开关管

D. 调整元件使用集成运算放大器

4. 直流稳压电源中，稳压的目的是（　　）。

A. 消除整流输出的交流分量

B. 减少交流分量，同时将交流电变成直流电

C. 把交流电变成直流电

D. 使输出直流电压尽可能稳定

5. 带有放大环节的串联型稳压电路中采用（　　），能提高稳压器的稳定性。

A. 调整元件和比较放大电路都采用集成运算放大器

B. 调整元件和比较放大电路都用差分放大器

C. 比较放大电路使用功率放大器

D. 比较放大电路使用集成运算放大器，调整管使用复合管

6. W7912 固定式三端集成稳压器的输出电压为（　　）。

A. +12 V　　　　　　B. -12 V　　　　　　C. +2 V　　　　　　D. -2 V

7. 三端集成稳压器 W78M12 的输出电压、电流等级为（　　）。

A. 12 V/1.5 A　　　　　　　　　　　B. 12 V/0.1 A

C. -12 V/0.5 A　　　　　　　　　　D. 12 V/0.5 A

8. 关于稳压电路中比较放大器的说法不正确的是（　　）。

A. 直流放大器　　　　　　　　　　　B. 低漂零

C. 高增益　　　　　　　　　　　　　D. 阻容耦合放大器

9. 采用上辅助电源的作用是（　　　）。

A. 增大输出电压　　　　　　　　　　　B. 增大输出电压的调节范围

C. 提高稳压性能　　　　　　　　　　　D. 作为稳压电路的基准电压环节

10. 可调式稳压电路的输出电压和输入电压大小相近，原因可能是（　　　）。

A. 调整管处于截止状态　　　　　　　　B. 调整管处于放大状态

C. 调整管处于饱和状态　　　　　　　　D. 比较放大管处于放大状态

11. 稳压电路中取样电路的作用是对输出电压的变化量进行（　　　）。

A. 放大　　　　　　B. 滤波　　　　　　C. 调整　　　　　　D. 分压取样

12. 串联型稳压电路中，输出电压调整器件是（　　　）。

A. 稳压二极管　　　　　　　　　　　　B. 三极管

C. 场效应管　　　　　　　　　　　　　D. 集成运算放大器

13. 如图 8.15 所示，要将串联型稳压电路的输出电压调低，通常采用的方法是（　　　）。

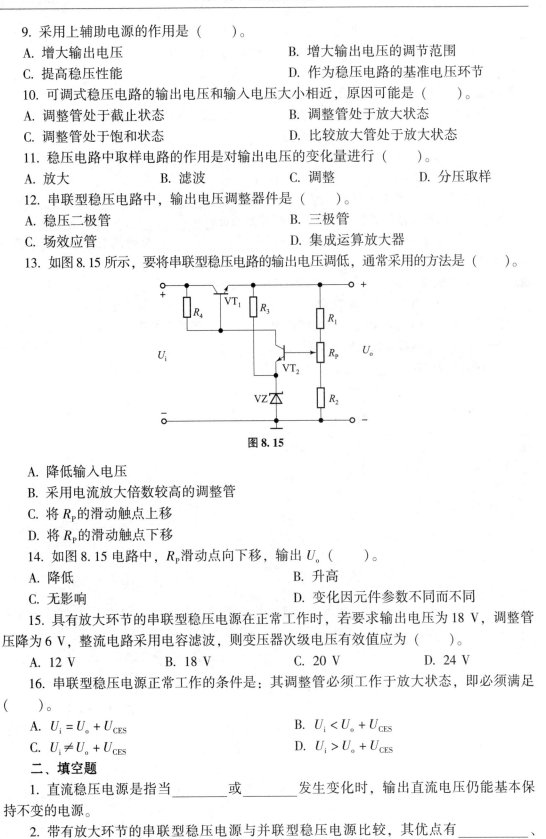

图 8.15

A. 降低输入电压

B. 采用电流放大倍数较高的调整管

C. 将 R_p 的滑动触点上移

D. 将 R_p 的滑动触点下移

14. 如图 8.15 电路中，R_p 滑动点向下移，输出 U_o（　　　）。

A. 降低　　　　　　　　　　　　　　　B. 升高

C. 无影响　　　　　　　　　　　　　　D. 变化因元件参数不同而不同

15. 具有放大环节的串联型稳压电源在正常工作时，若要求输出电压为 18 V，调整管压降为 6 V，整流电路采用电容滤波，则变压器次级电压有效值应为（　　　）。

A. 12 V　　　　　　B. 18 V　　　　　　C. 20 V　　　　　　D. 24 V

16. 串联型稳压电源正常工作的条件是：其调整管必须工作于放大状态，即必须满足（　　　）。

A. $U_i = U_o + U_{CES}$　　　　　　　　B. $U_i < U_o + U_{CES}$

C. $U_i \neq U_o + U_{CES}$　　　　　　　　D. $U_i > U_o + U_{CES}$

二、填空题

1. 直流稳压电源是指当_____或_____发生变化时，输出直流电压仍能基本保持不变的电源。

2. 带有放大环节的串联型稳压电源与并联型稳压电源比较，其优点有_____、

_____、_____。

3. 串联型稳压电路的取样电路，从输出电压的变化量中取出一部分加到_____的基极，与_____进行比较产生误差电压，该误差电压经放大后去控制_____的内阻，从而使输出电压稳定。

4. 串联型稳压电路中，比较放大管的_____越大，输出电压的稳定性越好。

5. 常用于稳压电源的过载保护电路分_____和_____两种。

6. 串联型稳压电源采用差动放大器作比较放大器，可以抑制比较放大电路出现的_____，它具有很好的_____稳定性。

7. 固定式三端集成稳压器的外部三个引线端分别是_____、_____和_____。
可调式三端集成稳压器的外部三个引线端分别是_____、_____和_____。

8. W7800 系列三端稳压器最大输入电压为_____，可调式三端集成稳压器的调压范围为_____，最大输出电流为_____。

9. 三端集成稳压器中型号为 W7809 的输出电压为_____，输出电流为_____；型号为 W79L15 的输出电压为_____，输出电流为_____。

10. 在如图 8.16 所示电路中，调整管为_____，采样电路由_____组成，基准电压电路由_____组成，比较放大电路由_____组成，保护电路由_____组成；输出电压最小值的表达式为_____，最大值的表达式为_____。

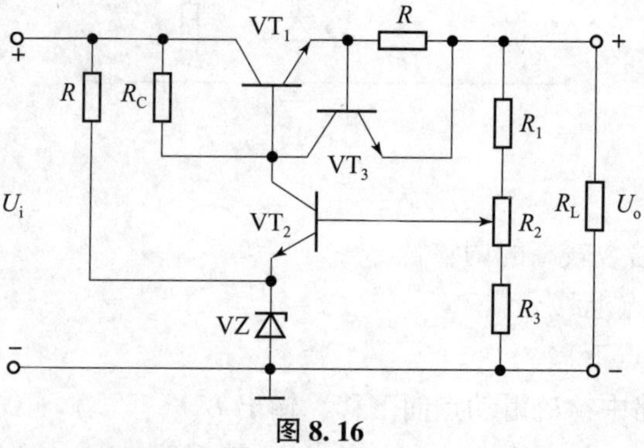

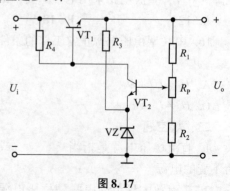

图 8.16

三、分析与计算

1. 电路如图 8.17 所示，已知电路的输出电压 U_o 调节范围为 $6 \sim 12$ V，已知稳压管的 $U_Z = 3.3$ V，$U_{BE2} = 0.7$ V，$R_1 = 100$ Ω，求 R_2 和 R_P 应选多大？

图 8.17

2. 如图 8.18 所示，已知 $R_3 = R_4 = 500\ \Omega$，R_P 为 1 kΩ 的电位器，$U_Z = 5.3$ V，VT$_1$、VT$_2$、VT$_3$ 都为硅管，$\beta_1 = 20$，$\beta_2 = 50$，$\beta_3 = 50$，现测得 C_4 上的电压为 12 V，求：

（1）$C_2 = 10\ \mu F$，等效到输出端的大小。

（2）R_P 调节臂的位置。

（3）输出电压的调节范围。

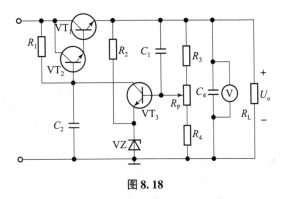

图 8.18

3. 串联型稳压电路如图 8.19 所示，稳压管的稳压值 $U_Z = 5.3$ V，晶体管的 $U_{BE} = 0.7$ V，电阻 $R_1 = R_2 = 200\ \Omega$。

（1）当电位器 R_P 的滑动端在最下端时 $U_o = 15$ V，求 R_P 的值；

（2）若电位器 R_P 的滑动端在最上端时，求 U_o 的值；

（3）若要求调整管的管压降 U_{CE1} 不小于 4 V，则变压器副边电压 U_2 的有效值至少为多大？

（4）若取 $U_2 = 20$ V，当 R_P 的滑动端调到中点时，估算图 8.19 中 A、B、C、D 各点对地电位。

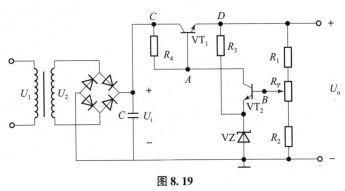

图 8.19

4. 如图 8.20 所示电路，将固定式三端集成稳压器扩大为输出可调的稳压电源，已知 $R_1 = 2.5$ kΩ，$R_P = 0 \sim 10$ kΩ，试求输出电压的调节范围。

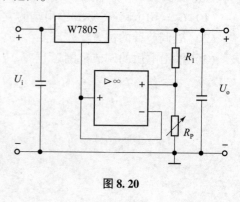

图 8.20

5. 如图 8.21 所示，由三端稳压器 W7806 和集成运放组成的电路，求该电路的输出电压。

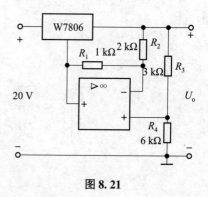

图 8.21

6. 稳压电路如图 8.22 所示，忽略 W7812 的静态电流 I_Q，已知 $R = 1$ kΩ，$R_L = 100$ Ω，稳压管 VZ 的稳定电压 $U_Z = 5$ V。

（1）求出 U'_o 值；

（2）计算 I；

（3）计算输出电压 U_o；

（4）计算输出电流 I_o。

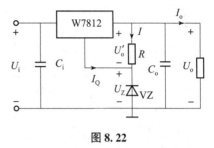

图 8.22

7. 如图 8.23 所示，设稳压电路中稳压二极管为 2CW53，$U_Z = 5.3$ V，取样电阻 $R_1 = 100$ Ω，$R_P = 470$ Ω，$R_2 = 470$ Ω，试（1）估算输出电压的调节范围；（2）写出稳压控制过程；（3）R_1、R_2 阻值增大，VZ、VT_1、VT_2 击穿输出电压怎样变化？

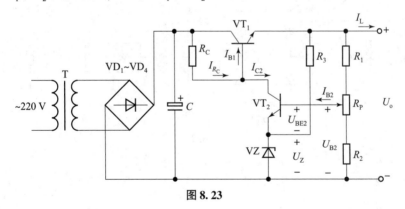

图 8.23

8. 如图 8.24 所示，在直流电源中已知稳压二极管 VZ 的稳定电压 $U_Z = 6$ V，$R_1 = R_2 = 2$ kΩ。

（1）要求当 R_P 的滑动端在最下端时，输出电压 $U_o = 15$ V，试求电位器 R_P 的阻值；

（2）在（1）选定的 R_P 值情况下，当 R_P 的滑动端在最上端时输出电压 U_o 为多大？

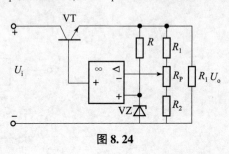

图 8.24

9. 电路如图 8.25 所示，合理连线，构成 5 V 的直流电源。

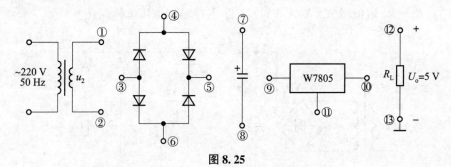

图 8.25

第九章 数字逻辑基础

考纲要求

一、考纲要点

（1）能对二进制数、十进制数、8421BCD 码进行相互转换；

（2）会应用逻辑电路图、真值表与逻辑函数之间的关系进行相互转换；

（3）能运用逻辑代数的基本公式和卡诺图对逻辑表达式进行化简。

二、考点汇总

题型、分值列表		
考点	题型	分值
2011 年：真值表与逻辑表达式的关系	选择题	6 分
8421BCD 码	填空题	6 分
逻辑函数的卡诺图化简	综合题	15 分
2012 年：数制	选择题	6 分
用公式法化简逻辑函数	选择题	6 分
逻辑函数的反函数	填空题	6 分
用卡诺图化简逻辑函数	综合题	15 分
2013 年：公式法化简逻辑函数	选择题	6 分
2014 年：进制的相互转换	填空题	6 分
求逻辑函数的对偶式	选择题	6 分
卡诺图的相邻性	选择题	6 分
用公式法化简逻辑函数	综合题	7 分
用卡诺图化简逻辑函数	综合题	8 分
2015 年：卡诺图化简	选择题	6 分
进制转换	填空题	6 分
2016 年：卡诺图的相邻性	选择题	6 分
公式法化简逻辑函数	填空题	7 分
用卡诺图化简逻辑函数	综合题	8 分

题型、分值列表		
考点	题型	分值
2017 年：进制转化	选择题	6 分
用公式法化简逻辑函数	选择题	6 分
真值表与逻辑函数之间的转换	选择题	6 分
卡诺图化简	综合题	6 分
2018 年：进制转换	填空题	6 分
卡诺图化简	选择题	6 分
2019 年：进制转换	选择题	6 分
用公式法化简逻辑函数	选择题	6 分
用公式法化简逻辑函数	填空题	6 分
用卡诺图化简逻辑函数	综合题	15 分

必考点：逻辑函数的化简。

重难点：用卡诺图化简逻辑函数。

本章知识

一、数制及其相互转换

1. 各种数制转换成十进制

二进制数、八进制数、十六进制数转换成十进制数时，只要将它们按权展开，求出各加权系数的和，即得到相应进制数对应的十进制数。

2. 十进制数转换为二进制数

整数部分的转换："除 2 取余倒记法"；

小数部分的转换："乘 2 取整顺记法"；

最后将转换的整数和小数部分相加即得完整的二进制数。

二、码制

用数码来表示特定对象的过程称为编码，用于编码的数码称为代码。编码的方法有很多种，把各种编码的制式称为码制。

（1）二进制代码：用来表示特定对象的多位二进制数称为二进制代码。

（2）BCD 码：用于表示 1 位十进制数的 4 位二进制代码称为二 - 十进制代码，简称 BCD 码。常用的 BCD 码有 8421 码、5421 码、2421 码、格雷码等。需要重点掌握的是 8421BCD。

三、逻辑代数的基本公式和基本定律

1. 常量与变量的关系

$$A + 0 = A \ \text{与} \ A \cdot 1 = A$$
$$A + 1 = 1 \ \text{与} \ A \cdot 0 = 0$$
$$A + \overline{A} = 1 \ \text{与} \ A \cdot \overline{A} = 0$$

2. 与普通代数相运算规律

（1）交换律：$A + B = B + A$
　　　　　　$A \cdot B = B \cdot A$

（2）结合律：$(A + B) + C = A + (B + C)$
　　　　　　$(A \cdot B) \cdot C = A \cdot (B \cdot C)$

（3）分配律：$A \cdot (B + C) = A \cdot B + A \cdot C$
　　　　　　$A + B \cdot C = (A + B)(A + C)$

3. 逻辑函数的特殊规律

（1）同一律：$A + A + A = A$

（2）反演律（摩根定律）：$\overline{A + B} = \overline{A} \cdot \overline{B}$, $\overline{A \cdot B} = \overline{A} + \overline{B}$

（3）非非律：$A = \overline{\overline{A}}$

四、逻辑函数的表示方法

表示逻辑函数的方法归纳起来有：真值表、函数表达式、卡诺图、逻辑图及波形图等几种。

五、逻辑函数的化简

1. 公式化简法

（1）并项法：利用 $A + A + \overline{A} = 1$ 或 $A \cdot B + A \cdot \overline{B} = A$ 将二项合并为一项，合并时可消去一个变量。

吸收法：利用公式 $A + A \cdot B = A$ 消去多余的积项。

消去法：利用 $A + \overline{A}B = A + B$ 消去多余的因子。

（2）配项法：利用公式 $AB + \overline{A}C + BC = AB + \overline{A}C$ 将某一项乘以（$\overline{A} + A$），即乘 1。

2. 卡诺图化简

在图中标出给定逻辑函数所包含的全部最小项，并在最小项内填 1，剩余小方块填 0。

用卡诺图化简逻辑函数的基本步骤：

（1）画出给定逻辑函数的卡诺图；

（2）合并逻辑函数的最小项；

（3）选择乘积项，写出最简与 – 或表达式。

选择乘积项的原则：

（1）它们在卡诺图的位置必须包括函数的所有最小项；

（2）选择的乘积项总数应该最少；

（3）每个乘积项所包含的因子也应该是最少的。

六、具有约束项的逻辑函数的化简

在实际的逻辑问题中，某些变量的取值组合有时不是任意的，会受到一定条件的限制，这种限制条件叫作约束条件，而把不会出现的逻辑变量取值组合所对应的最小项叫作约束项，也叫任意项，约束项所对应的逻辑函数值取 0 或取 1 对函数值没有影响，因此在卡诺图中用"×"表示。约束条件通常用约束方程来表示。

逻辑函数在化简过程中，可以合理利用约束项，通过卡诺图将逻辑函数化为最简表达式。

例题解析

【例 9 – 1】　完成下列各数制的转换

（1）$(173.8125)_{10} = ($　　　　$)_2$；

（2）$(101.11)_2 = ($　　　　$)_{10}$；

（3）$(110101010.00110)_2 = ($　　　　$)_{10} = ($　　　　$)_{8421BCD} = ($　　　　$)_8 = ($　　　　$)_{16}$。

解：（1）十进制数转换为二进制数时，整数部分和小数部分分别用"除 2 取余倒记法"和"乘 2 取整顺记法"转换，最后再合并在一起。

整数部分

2	173	……余数1
2	86	……余数0
2	43	……余数1
2	21	……余数1
2	10	……余数0
2	5	……余数1
2	2	……余数0
2	1	……余数1
	0	

倒记 ↑

小数部分

$0.8125 \times 2 = 1.625$……整数部分=1

$0.6250 \times 2 = 1.250$……整数部分=1

$0.25 \times 2 = 0.5$……整数部分=0

$0.5 \times 2 = 1.0$……整数部分=1

顺记 ↓

整数部分为 $(173)_{10} = (10101101)_2$；小数部分：$(0.8125)_{10} = (0.1101)_2$。

最后 $(173.8125)_{10} = (10101101.1101)_2$。

（2）二进制转化为十进制数：乘权相加法

$$(101.11)_2 = 1 \times 2^2 + 0 \times 2^1 + 1 \times 2^0 + 1 \times 2^{-1} + 1 \times 2^{-2}$$
$$= (5.75)_{10}$$

（3）二进制数转换成 8421BCD 码不能直接转换，应先将二进制数转换成十进制数，再转换成 8421BCD 码。同理，二进制数转换成十进制数后，再分别转换成八进制数和十六进制数。

$$(110101010.00110)_2 = 1 \times 2^8 + 1 \times 2^7 + 1 \times 2^5 + 1 \times 2^3 + 1 \times 2^1 + 1 \times 2^{-2} + 1 \times 2^{-3}$$
$$= (418.375)_{10}$$
$$= (010000011000.001101110101)_{8421BCD}$$

$$= (652.14)_8$$
$$= (1AA.3)_{16}$$

【例9-2】 （2017年对口高考真题）十进制数24的8421BCD码为（　　）。

A. 11100111　　　　　　　　　　　　B. 00100100

C. 0001100　　　　　　　　　　　　　D. 11011011

答案：B

解：十进制数与8421BCD码的转换可以直接按位转换，即一位十进制数用四位二进制数表示，因此十进制数24转换成8421BCD码为00100100。

【例9-3】 （2012年对口高考真题）一位十六进制数可以用（　　）位二进制数来表示。

A. 1　　　　　　B. 2　　　　　　C. 4　　　　　　D. 16

答案：C

解：十六进制数有16个数码即0~9、A、B、C、D、E、F，一位二进制数可以表示2种状态，n位二进制数可表示2^n种状态，所以一位十六进制数可以用4位二进制数来表示。

【例9-4】 用公式法化简逻辑函数 $Y = \overline{(\overline{A} + \overline{B})D} + (\overline{A}\,\overline{B} + BD)\overline{C} + \overline{A}BCD + \overline{D}$。

解：$Y = \overline{(\overline{A} + \overline{B})D} + (\overline{A}\,\overline{B} + BD)\overline{C} + \overline{A}BCD + \overline{D}$

$= AB + \overline{D} + \overline{A}\,\overline{B}\,\overline{C} + BD\overline{C} + \overline{A}BCD$

$= AB + \overline{A}\,\overline{B}\,\overline{C} + BD\overline{C} + \overline{A}BC + \overline{D}$

$= B(A + \overline{A}C) + \overline{A}\,\overline{B}\,\overline{C} + \overline{D} + B\overline{C}$

$= AB + BC + \overline{A}\,\overline{B}\,\overline{C} + B\overline{C} + \overline{D}$

$= AB + B(C + \overline{C}) + \overline{A}\,\overline{B}\,\overline{C} + \overline{D}$

$= AB + B + \overline{A}\,\overline{B}\,\overline{C} + \overline{D}$

$= B + \overline{A}\,\overline{B}\,\overline{C} + D$

$= B + \overline{A}\,\overline{C} + \overline{D}$

【例9-5】 利用公式将 $Y = \overline{A} + A \cdot \overline{\overline{B}\overline{C}} \cdot (B + \overline{AC + \overline{D}}) + BC$ 化简为最简与或表达式。

解：用公式法化简逻辑函数时，要熟记逻辑代数的基本定理和基本公式，如

$$A + \overline{A}B = A + B \qquad A + AB = A \qquad AB + A\overline{B} = A$$

$$AB + \overline{A}C + BC = AB + \overline{A}C \qquad \overline{A\overline{B}} + \overline{\overline{A}B} = AB + \overline{A}\,\overline{B}$$

利用 $A + AB = A$，消去多余的乘积项

$$Y = \overline{A} + A \cdot \overline{\overline{B}\overline{C}} \cdot (B + \overline{AC + \overline{D}}) + BC$$

$$= \overline{A} + BC + (\overline{A} + BC)(B + \overline{AC + \overline{D}})$$

$$= \overline{A} + BC$$

要点：对 $A \cdot \overline{BC}$ 利用摩根定理得到 $(\overline{A} + BC)$，再把 $(\overline{A} + BC)$ 作为复合变量利用上述公式。

【例 9 – 6】　　将下列函数化简并转换为较简的与或式、与非 – 与非式、或与式、与或非式和或非 – 或非式。

$$Y(A,\ B,\ C) = A(B\bar{C} + \bar{B}C) + A(B + C) + A\bar{B}\bar{C} + \bar{A}\bar{B}C$$

解：$Y(A,\ B,\ C) = A(B\bar{C} + \bar{B}C) + A(B + C) + A\bar{B}\bar{C} + \bar{A}\bar{B}C$

$$= AB + AC + A\bar{B}\bar{C} + \bar{A}\bar{B}C = A(B + \bar{B}\bar{C})AC + \bar{A}\bar{B}C$$

$$= AB + A\bar{C} + AC + \bar{A}\bar{B}C = AB + A(\bar{C} + C) + \bar{A}\bar{B}C$$

$$= AB + A + \bar{A}\bar{B}C = A + \bar{A}\bar{B}C = A + \bar{B}C \qquad \text{与或式}$$

$$= \overline{\overline{A + \bar{B}C}} = \overline{\bar{A} \cdot \overline{\bar{B}C}} \qquad\qquad\qquad \text{与非 – 与非式}$$

$$= \overline{\bar{A} \cdot (B + \bar{C})} = \overline{\bar{A}B + \bar{A}\bar{C}} \qquad\qquad \text{与或非式}$$

$$= \overline{\bar{A}B} \cdot \overline{\bar{A}\bar{C}} = (A + \bar{B}) \cdot (A + C) \qquad \text{或与式}$$

$$= \overline{\overline{(A + \bar{B}) \cdot (A + C)}} = \overline{\overline{A + \bar{B}} + \overline{A + C}} \qquad \text{或非 – 或非式}$$

【例 9 – 7】　　求下列函数的反函数。

$$Y_1 = A(B + C) + CD$$

$$Y_2 = \overline{\overline{A\bar{B} + C} + D} + C$$

$$Y_3 = A(B + \bar{C}) + \overline{A + \bar{C}}$$

解：对于任意一个逻辑函数 Y，若将其中的"·"换成"+"，将"+"换成"·"，0 换成 1，1 换成 0，原变量换成反变量，反变量换成原变量，即得到 Y 的反函数，这个规则叫作反演定理。使用反演定理时，应注意两点：

（1）原函数运算的先后次序不能改变。

（2）不属于单个变量上的反号应保留不变。

由反演定理可直接写出结果如下：

$$\overline{Y_1} = (\bar{A} + \bar{B}\bar{C})(\bar{C} + \bar{D})$$

$$\overline{Y_2} = \overline{\overline{(\bar{A} + B)\bar{C} \cdot \bar{D}}} \cdot \bar{C}$$

$$\overline{Y_3} = (\bar{A} + B\bar{C}) \cdot \overline{\bar{A}C}$$

【例 9 – 8】　　求下列函数的对偶式：

$$Y_1 = A(B + C) + CD$$

$$Y_2 = \overline{\overline{A\bar{B} + C} + D} + C$$

$$Y_3 = A(B + \bar{C}) + \overline{A + \bar{C}}$$

解：任意一个逻辑函数 Y，若将其中的"·"换成"+"，将"+"换成"·"，0 换成 1，1 换成 0，即得到 Y 的对偶式。据此，可直接写出结果如下：

$$Y_1' = (A + BC)(C + D)$$

$$Y_2' = \overline{\overline{(A + \bar{B})C \cdot D}} \cdot C$$

$$Y_3' = (A + B\bar{C}) \cdot \overline{A\bar{C}}$$

【例9-9】 （2014年对口招生真题）$Y = AB + C$ 的对偶式是（　　）。

A. $A + BC$ B. $(A + B)C$

C. $A + B + C$ D. ABC

答案： B

解： 根据求逻辑函数对偶式的方法可知 $Y = AB + C$ 的对偶式是：

$$Y' = (A + B)C$$

【例9-10】 把下列逻辑函数分别写成最小项之和 $\sum m_i$ 的形式。

$$F_1(A,B,C) = \overline{A}\,\overline{B}\,\overline{C} + A\overline{B}\,\overline{C} + AB$$

$$F_2(A,B,C,D) = A\overline{B} + ACD + \overline{A}BC\overline{D} + \overline{B}\,\overline{C}D$$

解： 把一个逻辑函数写成最小项之和的形式就是求函数的标准与或式。可以利用公式 $A + \overline{A} = 1$，给每一个与项补上所缺少的变量。

$$
\begin{aligned}
F_1(A,B,C) &= \overline{A}\,\overline{B}\,\overline{C} + A\overline{B}\,\overline{C} + AB \\
&= \overline{A}\,\overline{B}\,\overline{C} + A\overline{B}\,\overline{C} + AB(C + \overline{C}) \\
&= \overline{A}\,\overline{B}\,\overline{C} + A\overline{B}\,\overline{C} + ABC + AB\overline{C} \\
&= m_1 + m_4 + m_7 + m_6 \\
&= \sum m(1,4,6,7)
\end{aligned}
$$

$$
\begin{aligned}
F_2(A,B,C,D) &= A\overline{B} + ACD + \overline{A}BC\overline{D} + \overline{B}\,\overline{C}D \\
&= A\overline{B}(C + \overline{C})(D + \overline{D}) + ACD(B + \overline{B}) + \overline{A}BC\overline{D} + \overline{B}\,\overline{C}D(A + \overline{A}) \\
&= \overline{A}\,\overline{B}\,\overline{C}D + \overline{A}\overline{B}C\overline{D} + \overline{A}BC\overline{D} + A\overline{B}\,\overline{C}D + A\overline{B}C\overline{D} + A\overline{B}C\overline{D} + \\
&\quad\ A\overline{B}CD + ABCD \\
&= m_1 + m_5 + m_6 + m_8 + m_9 + m_{10} + m_{11} + m_{15} \\
&= \sum m(1,5,6,8,9,10,11,15)
\end{aligned}
$$

【例9-11】 用卡诺图化简逻辑函数：

$$F(A,\ B,\ C,\ D) = \sum m(3,4,5,6,9,10,12,13,14,15)$$

解： 用卡诺图化简时，第一步必须把逻辑函数表达式转换为最小项求和的形式。在合并时要注意两点：

（1）圈的数目要尽可能少；

（2）每个圈要尽可能大。

第一步：画出逻辑函数的卡诺图，如图9.1所示。

第二步：将卡诺图中相邻的所有"1"方格圈起来，共圈六次。

第三步：把每个圈所表示的与项相加即得到最简与或式

$$F = AB + BD + ACD + ABCD + BC + ACD$$

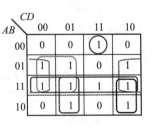

图9.1

【例 9 – 12】　　一个四输入变量的逻辑函数，其真值表如表 9.1 所示，试用卡诺图法化简为与或表达式及与非 – 与非表达式。

表 9.1

输入				输出	输入				输出
A	B	C	D	F	A	B	C	D	F
0	0	0	0	1	1	0	0	0	1
0	0	0	1	0	1	0	0	1	0
0	0	1	0	1	1	0	1	0	1
0	0	1	1	0	1	0	1	1	0
0	1	0	0	1	1	1	0	0	1
0	1	0	1	1	1	1	0	1	0
0	1	1	0	0	1	1	1	0	0
0	1	1	1	1	1	1	1	1	1

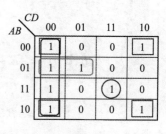

图 9.2

解：第一步：画出卡诺图，如图 9.2 所示，填入最小项。

第二步：将卡诺图中相邻的所有 "1" 方格圈起来，共圈四次。

第三步：化简的逻辑函数与或表达式为

$$F = \overline{C}\,\overline{D} + \overline{B}\,\overline{D} + \overline{A}B\overline{C} + ABCD$$

化简的逻辑函数的与非 – 与非表达式为

$$F = \overline{\overline{C}\,\overline{D} + \overline{B}\,\overline{D} + \overline{A}B\overline{C} + ABCD} = \overline{\overline{C}\,\overline{D} \cdot \overline{B}\,\overline{D} \cdot \overline{A}B\overline{C} \cdot \overline{ABCD}}$$

【例 9 – 13】　　（2014 年对口招生真题）在四变量的卡诺图中，逻辑上不相邻的一组最小项是（　　）。

A. m_1 与 m_3　　　　　　B. m_4 与 m_6　　　　　　C. m_5 与 m_{13}　　　　　　D. m_2 与 m_8

答案：D

解：根据四变量卡诺图最小项排列顺序可知，该题中逻辑上不相邻的一组最小项是 m_2 与 m_8，选 D。

【例 9 – 14】　　化简函数 $F(A, B, C, D) = \sum m\,(0, 2, 4, 6, 9, 13) + \sum d\,(1, 3, 5, 7, 11, 15)$ 为最简与或式。

解：含无关项的逻辑函数是指逻辑函数中的输入变量之间，或输入、输出变量之间有某种互相制约的关系。可以认为函数中无关项的存在与否对输出函数没有影响，在化简过程中，可以根据需要假定无关项的值为 1 或为 0，这样可以使结果更为简化。

在函数表达式中用 $\sum d$ 表示无关项的和，在卡诺图中用 "×" 表示无关项。由于约束项不能构成输入，所以用卡诺图化简时不能单独圈 "×"，如图 9.3 所示。

化简得 F 的最简表达式为

$$F=\overline{A}+D$$

AB \ CD	00	01	11	10
00	1	×	×	1
01	1	×	×	1
11	0	1	×	0
10	0	1	×	0

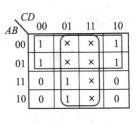

图 9.3

【例 9 －15】　用卡诺图法化简函数 $F(A,B,C,D)=\sum m(1,3,5,7,9)+\sum d(10,11,12,13,14,15)$。式中 d 表示无关项，求其最简与或表达式（要求圈出过程）。

解：卡诺图如图 9.4 所示。

AB \ CD	00	01	11	10
00		1	1	
01		1	1	
11	×	×	×	×
10		1	×	×

图 9.4

化简得 F 的最简表达式为

$$F=D$$

【例 9 －16】　（2011 年对口高考真题）已知真值表如表 9.2 所示，则对应的函数 Y 是（　　）。

表 9.2

输入			输出
A	B	C	Y
0	0	×	1
0	1	×	0
1	0	0	1
1	0	1	0
1	1	0	0
1	1	1	×

A. $Y=\overline{A}\cdot\overline{B}+A\cdot\overline{B}\cdot\overline{C}$　　　　B. $Y=\overline{A}\cdot\overline{B}$

C. $Y=\overline{B}\cdot\overline{C}+A\cdot B\cdot C$　　　　D. $Y=\overline{A}\cdot\overline{B}+\overline{B}\cdot\overline{C}$

答案：D

解：该题为包含约束项的逻辑函数的化简，由真值表可知约束项为 ABC，写出函数表达式为

$$Y=\overline{A}\,\overline{B}\,\overline{C}+\overline{A}\,\overline{B}C+A\overline{B}\,\overline{C}+ABC$$

利用卡诺图化简可得

$$Y=\overline{A}\cdot\overline{B}+\overline{B}\cdot\overline{C}$$

所以选 D。

知识精练

一、选择题

1. 下列四个数中，最大的数是（　　　）。

A. $(AF)_{16}$
B. $(001010000010)_{8421BCD}$
C. $(10100000)_2$
D. $(198)_{10}$

2. 二进制 $(1010)_2$ 化为十进制数为（　　　）。

A. 20　　　　　　B. 10　　　　　　C. 8　　　　　　D. 6

3. 十进制数 4 用 8421BCD 码表示为（　　　）。

A. 100　　　　　B. 0100　　　　　C. 0011　　　　　D. 11

4. 十六进制数的位权是（　　　）。

A. 16　　　　　B. 10　　　　　C. 10 的幂　　　　　D. 16 的幂

5. 十进制数转换成八进制数采用（　　　）。

A. 除八取余倒记法
B. 除八取余法
C. 除二取余倒记法
D. 除二取余法

6. 将代码 $(10000011)_{8421BCD}$ 转换为二进制数为（　　　）。

A. $(01000011)_2$
B. $(01010011)_2$
C. $(10000011)_2$
D. $(000100110001)_2$

7. 函数 $F = \bar{A}\bar{B} + AB$ 的对偶式为（　　　）。

A. $(\bar{A} + \bar{B}) \cdot (A + B)$
B. $\bar{A} + \bar{B} \cdot A + B$;
C. $A + B \cdot \bar{A} + \bar{B}$
D. $(\bar{A} + B)(A + \bar{B})$

8. $L = AB + C$ 的对偶式为（　　　）。

A. $A + BC$
B. $(A + B)C$
C. $A + B + C$
D. ABC

9. 逻辑函数 $Y = AC + \bar{A}BD + BCD\,(E + F)$ 的最简与或式为（　　　）。

A. $AC + BD$　　　B. $AC + \bar{A}BD$　　　C. $AC + B$　　　D. $A + BD$

10. 逻辑函数 $F = \bar{A}B + A\bar{B} + BC$ 的标准与或式为（　　　）。

A. $\sum (2,3,4,5,7)$
B. $\sum (1,2,3,4,6)$
C. $\sum (0,1,2,3,5)$
D. $\sum (3,4,5,6,7)$

11. 逻辑函数 $Y(A,B,C) = \sum (0,2,4,5)$ 的最简与或非式为（　　　）。

A. $\overline{\bar{A}C + AB}$
B. $\overline{A\bar{B} + \bar{A}\bar{C}}$
C. $\overline{\bar{A}C + \bar{A}\bar{B}}$
D. $\overline{A\bar{B} + \bar{A}\bar{C} + \bar{B}\bar{C}}$

12. 逻辑函数 $F(A,\,B,\,C) = AB + BC + A\bar{C}'$ 的最小项标准式为（　　　）。

A. $F(A,B,C) = \sum m(0,2,4)$
B. $F(A,B,C) = \sum m(1,5,6,7)$
C. $F(A,B,C) = \sum m(0,2,3,4)$
D. $F(A,B,C) = \sum m(3,4,6,7)$

13. 逻辑函数 $F(A,B,C,D) = \sum(1,2,4,5,6,9)$ 的约束条件为 $AB + AC = 0$，则最简与或式为（　　）。

A. $B\bar{C} + \bar{C}D + C\bar{D}$

B. $B\bar{C} + \bar{C}D + \bar{A}C\bar{D}$

C. $A\bar{C}\bar{D} + \bar{C}D + C\bar{D}$

D. $A\bar{B} + B\bar{D} + \bar{A}C$

14. 如图 9.5 所示，卡诺图表示的逻辑函数最简式分别为（　　）和（　　）。

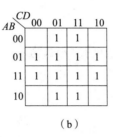

图 9.5

A. $F = \bar{B} + \bar{D}$

B. $F = B + D$

C. $F = BD + \bar{B}\bar{D}$

D. $F = BD + \overline{BD}$

15. 逻辑电路如图 9.6 所示，逻辑函数式为（　　）。

A. $F = \overline{AB} + \bar{C}$

B. $F = \overline{AB} + C$

C. $F = \overline{\overline{AB} + C}$

D. $F = A + \overline{BC}$

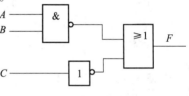

图 9.6

16. 下列逻辑代数运算错误的是（　　）。

A. $A + A = A$　　　B. $A \cdot \bar{A} = 1$　　　C. $A \cdot A = A$　　　D. $A + \bar{A} = 1$

17. 下列逻辑函数中等于 A 的是（　　）。

A. $A + 1$　　　B. $A(A + B)$　　　C. $A + \bar{A}B$　　　D. $A + \bar{A}$

18. 逻辑函数 $Y = AB + \bar{A}C + BC + BCDE$ 化简结果为（　　）。

A. $Y = AB + \bar{A}C + BC$

B. $Y = AB + \bar{A}C$

C. $Y = AB + BC$

D. $Y = A + B + C$

19. 一位十六进制数可以用（　　）位二进制数来表示。

A. 1　　　　B. 2　　　　C. 4　　　　D. 16

20. 十进制数 25 用 8421BCD 码表示为（　　）。

A. 10101　　　B. 00100101　　　C. 100101　　　D. 10101

21. 逻辑函数 $F = AB + BC$ 的最小项表达式为（　　）。

A. $F = m_2 + m_3 + m_6$

B. $F = m_2 + m_3 + m_7$

C. $F = m_3 + m_6 + m_7$

D. $F = m_3 + m_4 + m_7$

22. $Y = \overline{\overline{A\bar{B} + C} + D + C}$ 的反函数为（　　）。

A. $Y = \overline{(\bar{A} + B) \cdot \bar{C}} \cdot \bar{D} \cdot \bar{C}$

B. $\bar{Y} = \overline{(\bar{A} + B) \cdot \bar{C} \cdot D \cdot C}$

C. $Y = \overline{(A + \bar{B}) \cdot C \cdot D \cdot C}$ 　　　　　　　D. $\bar{Y} = \overline{(A + \bar{B})} \cdot \bar{C} \cdot \bar{D} \cdot \bar{C}$

23. 和逻辑式 $AC + B\bar{C} + \bar{A}B$ 相等的式子是（　　　）。

A. $AC + B$ 　　　　B. BC 　　　　C. B 　　　　D. $\bar{A} + BC$

24. 逻辑函数 $F(A, B, C)$ 中，（　　　）符合逻辑相邻。

A. AB 和 $A\bar{B}$ 　　　　　　　　　B. ABC 和 AB

C. ABC 和 $AB\bar{C}$ 　　　　　　　　D. ABC 和 $\bar{A}B\bar{C}$

25. $Y = \overline{A \cdot \bar{B}} + \bar{C} \cdot D$ 的反函数为（　　　）。

A. $B + \bar{A} \cdot (C + \bar{D})$ 　　　　　　B. $A \cdot \bar{B} \cdot C + \bar{D}$

C. $\bar{A} + B\bar{C} + D$ 　　　　　　　　D. $A \cdot \bar{B} + C\bar{D}$

26. 以下式子中不正确的是（　　　）。

A. $1 \cdot A = 1$ 　　　　　　　　　B. $A + A = A$

C. $\overline{A + B} = \bar{A} + \bar{B}$ 　　　　　　D. $1 + A = 1$

27. 已知 $Y = A\bar{B} + B + \bar{A}B$，下列化简结果中正确的是（　　　）。

A. $Y = A$ 　　　　B. $Y = B$ 　　　　C. $Y = A + B$ 　　　　D. $Y = \bar{A} + \bar{B}$

28. $F = AB + BC + CA$ 的与非逻辑式为（　　　）。

A. $F = \bar{A}\bar{B} + \bar{B}\bar{C} + \bar{C}\bar{A}$ 　　　　　　B. $F = \overline{\overline{AB}\ \overline{BC}\ \overline{CA}}$

C. $F = \overline{AB} + \overline{BC} + \overline{CA}$ 　　　　　　D. $F = \overline{AB} + \overline{BC} + \overline{AC}$

二、填空题

1. 完成下列数制转换

$(101011111)_2 = ($＿＿＿＿＿$)_{16} = ($＿＿＿＿＿$)_{8421BCD}$

$(3B)_{16} = ($＿＿＿$)_{10} = ($＿＿＿＿＿$)_{8421BCD}$

$(255)_{10} = ($＿＿＿＿＿$)_2 = ($＿＿＿$)_{16} = ($＿＿＿＿＿$)_{8421BCD}$

$(3FF)_{16} = ($＿＿＿＿＿$)_2 = ($＿＿＿＿＿$)_{10} = ($＿＿＿＿＿$)_{8421BCD}$

2. 完成下列数制转换

$(11110.11)_2 = ($＿＿＿$)_{10} = ($＿＿＿$)_8 = ($＿＿＿$)_{16} = ($＿＿＿＿＿＿＿＿$)_{8421BCD}$

$(45.378)_{10} = ($＿＿＿＿＿＿＿＿＿$)_2$

$(0.742)_{10} = ($＿＿＿＿＿$)_2$

$(11001.01)_2 = ($＿＿＿＿＿$)_{10}$

$(6DE.C8)_{16} = ($＿＿＿＿＿＿＿$)_2 = ($＿＿＿＿＿＿＿$)_8 = ($＿＿＿$)_{10}$

$(11001011.101)_2 = ($＿＿＿＿＿$)_8 = ($＿＿＿$)_{16} = ($＿＿＿$)_{10}$

$(45.378)_{10} = ($＿＿＿＿＿$)_2$

$(45C)_{16} = ($＿＿＿＿＿$)_2 = ($＿＿＿$)_8 = ($＿＿＿$)_{10}$

$(374.51)_{10} = ($＿＿＿＿＿＿＿＿＿$)_{8421BCD} = ($＿＿＿＿＿＿＿$)_2 = ($＿＿＿＿＿$)_{16}$

3. 将二进制转换成十六进制，是将一个二进制数从＿＿＿＿，每四位一组，每组对应转换成一位＿＿＿＿。

4. 逻辑函数 $Y = \overline{\overline{A} + \overline{AB} + A(C+D)}$，其反函数为＿＿＿＿＿＿，对偶式为＿＿＿＿＿＿＿＿＿＿。

5. 逻辑函数式 $A + ABC + ABC + BC$ 化简成最简与或式为＿＿＿＿＿＿，化简成最简与非式为＿＿＿＿＿＿。

6. （2019 年对口高考题）化简逻辑函数 $F = A\overline{B} + BD + ACD + A\overline{D}$ 得到最简表达式＿＿＿＿＿＿＿＿。

7. 逻辑函数 $F = \overline{A} \cdot \overline{B} + BC$ 的最小项之和表达式为＿＿＿＿＿＿＿＿。

8. 逻辑函数的表示方法有＿＿＿＿＿＿、＿＿＿＿＿＿、＿＿＿＿＿＿、＿＿＿＿＿＿。

9. 若一个逻辑函数由三个变量组成，则最小项共有＿＿＿＿＿＿。

三、综合题

1. 将下列逻辑函数表示成"最小项之和"形式：

（1）$F(A, B, C) = \overline{(\overline{A}B + \overline{A}C)}$；

（2）$F(A, B, C, D) = \overline{A}\overline{B} + AB\overline{C}D + BC + B\overline{C}D$；

（3）$F(A, B, C, D) = (\overline{A} + BC)(\overline{B} + \overline{C}D)$。

2. 化简下列函数，并写出最简与或表达式。

（1）$F(A, B, C) = (\overline{A} + \overline{B})(AB + C)$；

（2）$F(A, B, C, D) = \overline{A}\overline{B} + \overline{A}\overline{C}D + AC + B\overline{C}$；

（3）$F(A, B, C, D) = BC + D + \overline{D}(\overline{B} + \overline{C})(AD + B)$；

（4）$F = A\overline{B}C + B\overline{C}$；

（5）$F = (A + C)(\overline{A} + B + \overline{C})(\overline{A} + \overline{B} + C)$；

（6）$F = \overline{(A\overline{B}C + \overline{B}C)}\overline{D} + \overline{A}\overline{B}D$。

3. 用卡诺图化简下列逻辑函数：

（1）$F_1(A,B,C) = \sum m(0,1,2,4,5,7)$；

（2）$F_2(A,B,C,D) = \sum m(2,3,6,7,8,10,12,14)$；

（3）$F_3(A,B,C,D) = \sum m(0,1,2,3,4,6,8,9,10,11,12,14)$；

（4）$F_4(A,B,C,D) = \sum m(0,2,3,8,9,10,11,13)$。

4. 用卡诺图法化简逻辑函数 $F(A、B、C) = \sum m(0,1,2,4) + \sum d(5,6)$，式中 d 表示无关项，求其最简与或表达式（要求圈出过程）。

5. 将下列具有无关项的逻辑函数化简为最简与或式。

（1）$F = \bar{A}C + A\bar{B}$ 且 $A、B、C$ 不能同时为 0 或同时为 1；

（2）$F(A,B,C) = \sum m(3,5,6,7) + \sum d(2,4)$；

（3）$F(A,B,C,D) = \sum m(0,4,6,8,13) + \sum d(1,2,3,9,10,11)$；

（4）$F(A,B,C,D) = \sum m(0,1,8,10) + \sum d(2,3,4,5,11)$；

（5）$F(A,B,C,D) = \sum m(3,5,8,9,10,12) + \sum d(0,1,2,13)$；

（6）$F(A,B,C) = \sum m(0,3,5,7) + \sum d(1,6)$；

（7）$F(A,B,C,D) = \sum m(1,6,7,8,12,13) + \sum d(2,9,10,11)$；

（8）$F(A,B,C,D) = \sum m(3,4,5,7,8,9,10,11) + \sum d(0,1,2,13,14,15)$。

6. 化简下列逻辑函数（方法不限）：

（1）$Y = A\bar{B} + \bar{A}C + \bar{C}D + D$；

（2）$Y = A(C\bar{D} + \bar{C}D) + B\bar{C}D + A\bar{C}D + AC\bar{D}$；

（3）$Y = \overline{(\bar{A} + \bar{B})D} + (\bar{A}\bar{B} + BD)\bar{C} + A\bar{C}BD + \bar{D}$；

（4）$Y = A\bar{B}D + \bar{A}\bar{B}CD + \bar{B}CD + \overline{(A\bar{B} + C)} \cdot (B + D)$；

（5）$Y = \overline{A}\overline{B}\overline{C}D + A\overline{C}DE + \overline{B}D\overline{E} + A\overline{C}\overline{D}E$。

7. 用卡诺图化简以下逻辑函数

（1）$Y = ABC + ABD + A\bar{C}D + \bar{C} \cdot \bar{D} + A\bar{B}C + \bar{A}C\bar{D}$；

（2）$Y = C\bar{D}(A \oplus B) + \bar{A}B\bar{C} + \bar{A} \cdot \bar{C}D$，给定约束条件为 $AB + CD = 0$。

8. （2019 年对口升学高考题）化简 $F_1(A,B,C) = A \oplus B \oplus C$，

$F_2(A,B,C) = \sum m(0,2,4,6) + \sum d(3)$

用卡诺图化简求 $L = F_1 + F_2$ 的最简表达式。

9. 求下列逻辑函数的反函数和对偶式。

（1）$Y = AB + C$；

（2）$Y = (A + BC) + \bar{C}D$；

（3）$Y = \overline{A\bar{B}\bar{C}D + A\bar{C}DE + \bar{B}D\bar{E} + A\bar{C}\bar{D}E}$；

（4）$Y = \overline{(\bar{A} + \bar{B})D} + (\bar{A}\bar{B} + BD)\bar{C} + A\bar{C}BD + \bar{D}$。

10. 写出如下逻辑电路图（图9.7）的逻辑函数表达式。

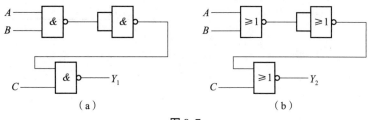

图 9.7

11. 写出如图9.8所示逻辑电路的逻辑函数表达式。

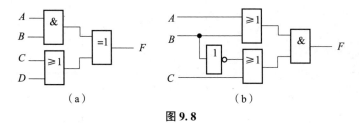

图 9.8

12. 根据真值表（表9.3）写出对应的逻辑函数表达式并化简，画出逻辑电路图。

表9.3

输入			输出
A	B	C	F
0	0	0	0
0	0	1	0
0	1	0	0
0	1	1	1
1	0	0	0
1	0	1	1
1	1	0	1
1	1	1	1

13. 根据真值表（表9.4）写出对应的逻辑函数表达式并化简，画出逻辑电路图。

表9.4

输入			输出
A	B	C	F
0	0	0	1
0	0	1	0
0	1	0	0
0	1	1	0
1	0	0	0
1	0	1	0
1	1	0	0
1	1	1	1

14. 根据如图 9.9 所示的波形图，（1）写出逻辑函数表达式；（2）写出真值表；（3）画出用与非门构成的逻辑电路图。

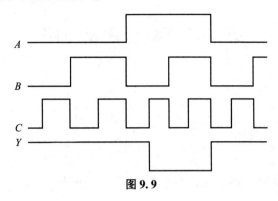

图 9.9

第十章 组合逻辑电路

一、考纲要点

（1）会运用组合逻辑电路的知识分析编码器、译码器、LED 数码管、加法器的作用和特点；

（2）能分析、设计简单、实用的组合逻辑电路，并能根据输入输出波形（或读取示波器波形）对常用组合逻辑电路的故障进行分析。

二、考点汇总

题型、分值列表		
考点	题型	分值
2011 年：全加器	选择题	6 分
译码器	选择题	6 分
2012 年：编码器	选择题	6 分
组合逻辑电路的分析	综合题	15 分
2013 年：显示译码器	选择题	6 分
组合逻辑电路的分析	综合题	15 分
组合逻辑电路的设计	综合题	15 分
74LS138 译码器的应用	综合题	15 分
2014 年：组合逻辑电路的分析	综合题	15 分
组合逻辑电路的设计	综合题	15 分
2015 年：编码器	选择题	6 分
组合逻辑电路的分析	综合题	15 分
2016 年：74LS138 译码器	填空题	6 分
组合逻辑电路的设计	综合题	15 分
2017 年：74LS138 译码器的应用	综合题	15 分
2018 年：显示译码器	选择题	6 分
组合逻辑电路的设计	综合题	15 分
2019 年：组合逻辑电路的分析	综合题	15 分
译码器	选择题	6 分

必考点：组合逻辑电路的分析。

重难点：组合逻辑电路的设计与应用。

本章知识

一、组合逻辑电路的分析

1. 电路特点

任何时刻电路的输出状态直接由当时的输入状态所决定，即电路没有记忆功能。

2. 分析步骤

组合逻辑电路的分析是指分析给定逻辑电路的逻辑功能。一般可以按以下步骤进行：

（1）由逻辑电路图写出逻辑表达式；

（2）化简表达式并列出真值表；

（3）由真值表归纳逻辑功能。

二、组合逻辑电路的设计步骤

根据实际需要，设计组合逻辑电路的基本步骤如下：

（1）逻辑抽象。

①分析设计要求，确定输入、输出信号及其因果关系。

②设定变量，即用英文字母表示输入、输出信号。

③状态赋值，即用 0 和 1 表示信号的相关状态。

④列真值表，根据因果关系将变量的各种取值和相应的函数值用一张表格一一列举，变量的取值顺序按二进制数递增排列。

（2）化简。

①输入变量少时，用卡诺图。

②输入变量多时，用公式法。

（3）写出逻辑表达式，画出逻辑图。

①变换最简与或表达式，得到所需的最简式。

②根据最简式画出逻辑图。

三、编码器

编码是指对一系列二值代码中的每一个代码赋予以固定的含义。在逻辑电路中，编码器指的是将有特定意义的输入数字信号、文字符号信号等变成相对应的若干位二进制代码形式输出的组合逻辑电路。

1. 普通编码器

只容许在一个输入端加入有效输入信号，否则编码器的输出就会产生混乱。

2. 优先编码器

容许同时在几个输入端加入有效输入信号。根据规定的优先顺序，选择其中相对优先权最高的输入信号进行编码。74LS148 是常见的 8 线 – 3 线优先编码器。

四、译码器

1. 译码器的分类

将每一组输入代码译为一特定的输出信号，以表示代码原意的组合逻辑电路。译码是编码的逆过程。常见的译码器可以分为两类：

（1）变量译码器。

双 2 线 – 4 线译码器 74LS139，3 线 – 8 线译码器 74LS138。

（2）显示译码器。

74LS48 显示译码器是把输入的四位二进制数转换为数码管的七段信号，以实现数据显示。

重点提示：变量译码器的输出端对应是输入变量的全部最小项，故可以用译码器实现逻辑函数。

2. 数字显示器

译码器的终端，它将译码器输出的数字信号在数码管上直观反映出数字（十进制数），常采用七段显示译码器。显示译码器应当把输入的 BCD 码，翻译成驱动数码管对应所需的电平。

3. 加法器

数字计算系统中进行运算的基本运算器。

（1）半加器。

完成两个一位二进制数求和的逻辑电路，它应考虑本位数的相加，而不考虑低位的进位。

本位和 S_n 和进位 C_n 的表达式：

$$S_n = \overline{A}_n B_n + A_n \overline{B}_n = A_n \oplus B_n$$
$$C_n = A_n B_n = \overline{\overline{A_n B_n}}$$

（2）全加器。

实现二进制数全加的运算电路，它除把本位两个数 A_n 和 B_n 相加外，还要再加上低位送来的进位数 C_{n-1}，所以有三个输入端：A_n、B_n、C_{n-1}；两个输出端：本位和 S_n、向高位进位 C_n。

S_n 和 C_n 的逻辑表达式：

$$S_n = C_{n-1} \oplus (A_n \oplus B_n)$$
$$C_n = C_{n-1}(A_n \oplus B_n) + A_n B_n$$

五、数据选择器

数据选择器也叫多路开关，即从一组输入的数据信号中选出某一个信号传输到输出端。74LS153 是一个双 4 选 1 数据选择器。

重要提示：对于一个具有 n 个变量的逻辑函数，把 $n-1$ 个变量作为数据选择器的选择控制信号，而将剩下的一个变量作为选择器的数据输入，可用四路数据选择器实现三变量逻辑函数。

六、数值比较器

数值比较器是一种能将两个 n 位二进制数 A、B 进行比较，并判别其大小的组合逻辑电路。74LS85 是四位数值比较器。

七、奇偶检验器

74LS280 是一个 9 位奇偶校验器。

例题解析

【例 10 – 1】 如图 10.1 所示，试分析电路的逻辑功能，指出该电路的用途。

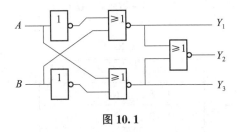

图 10.1

组合逻辑电路的分析步骤是：
写表达式→化简→列真值表→分析逻辑功能。

解：第一步：由逻辑电路写出逻辑表达式

$$Y_1 = \overline{\overline{A} + B}$$

$$Y_2 = \overline{Y_1 + Y_3} = \overline{\overline{\overline{A} + B} + \overline{\overline{A} + \overline{B}}}$$

$$Y_3 = \overline{\overline{B} + A}$$

第二步：化简，得出最简表达式

$$Y_2 = \overline{\overline{\overline{A} + B} + \overline{A + \overline{B}}} = (\overline{A} + B) \cdot (A + \overline{B})$$

$$= \overline{A}\,\overline{B} + AB$$

第三步：列真值表，如表 10.1 所示。

表 10.1

输入		输出
A	B	Y_2
0	0	1
0	1	0
1	0	0
1	1	1

第四步：分析逻辑功能，由真值表可以看出 A、B 为同或逻辑。

【例 10 – 2】 如图 10.2 所示，试分析电路的逻辑功能。

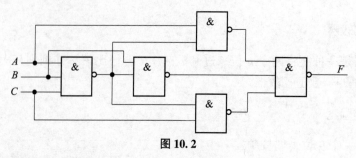

图 10.2

组合逻辑电路的分析步骤是：

写表达式→化简→列真值表→分析逻辑功能。

解：（1）逻辑表达式为

$$F = (A + B + C)\overline{ABC}$$

（2）列真值表，如表 10.2 所示。

表 10.2

输入			输出
A	B	C	F
0	0	0	0
0	0	1	1
0	1	0	1
0	1	1	1
1	0	0	1
1	0	1	1
1	1	0	1
1	1	1	0

（3）电路逻辑功能为："判断输入 ABC 是否相同"电路。

【**例 10 - 3**】　由与非门构成的某表决电路如图 10.3 所示。其中 A、B、C、D 表示 4 个人，$Y = 1$ 时表示决议通过。

（1）试分析电路，说明决议通过的情况有几种。

（2）分析 A、B、C、D 四个人中，谁的权利最大。

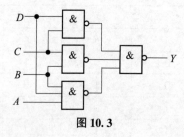

图 10.3

解：（1）写出电路输出 Y 的表达式，并化简为

$$Y = \overline{\overline{CD} \cdot \overline{BC} \cdot \overline{ABD}}$$

$$= CD + BC + ABD$$

（2）将 A、B、C、D 的取值组合代入逻辑表达式 Y 中，即列出真值表，如表 10.3 所示。

表 10.3

输入				输出	输入				输出
A	B	C	D	Y	A	B	C	D	Y
0	0	0	0	0	1	0	0	0	0
0	0	0	1	0	1	0	0	1	0
0	0	1	0	0	1	0	1	0	0
0	0	1	1	1	1	0	1	1	1
0	1	0	0	0	1	1	0	0	0
0	1	0	1	0	1	1	0	1	1
0	1	1	0	0	1	1	1	0	1
0	1	1	1	1	1	1	1	1	1

（3）逻辑功能分析：根据真值表可知，四个人中 C 的权利最大。

【例 10 － 4】　有一列自动控制的地铁电气列车，在所有的门都已关上和下一段路轨已空出的条件下才能离开站台。但是，如果发生关门故障，则在开着门的情况下，车子可以通过手动操作开动，但仍要求下一段空出路轨。试用与非门设计一个指示电气列车开动的逻辑电路。（提示：设 A 为门开关信号，$A = 1$ 门关；B 为路轨控制信号，$B = 1$ 路轨空出；C 为手动操作信号，$C = 1$ 手动操作；Y 为列车开动信号，$Y = 1$ 列车开动。）

组合逻辑电路的设计步骤是：

（1）列出真值表；

（2）写出逻辑函数表达式；

（3）化简逻辑函数表达式；

（4）画出逻辑电路图。

解：（1）分析命题。设输入变量为 A、B、C，A 为门开关信号，$A = 1$ 门关；B 为路轨控制信号，$B = 1$ 路轨空出；C 为手动操作信号，$C = 1$ 手动操作；Y 为列车开动信号，$Y = 1$ 列车开动。

（2）根据题意列真值表，如表 10.4 所示。

表 10.4

输入			输出
A	B	C	Y
0	0	0	0
0	0	1	0
0	1	0	0
0	1	1	1
1	0	0	0
1	0	1	0
1	1	0	1
1	1	1	1

（3）由真值表写出逻辑函数表达式

$$Y = \overline{A}BC + A\overline{B}\overline{C} + ABC$$
$$= \overline{\overline{\overline{A}BC + A\overline{B}\overline{C} + ABC}}$$
$$= \overline{\overline{\overline{A}BC} \cdot \overline{A\overline{B}\overline{C}} \cdot \overline{ABC}}$$

（4）根据表达式可画出逻辑电路图。

略

【例 10 – 5】 设计一个由三个输入端、一个输出端组成的判奇电路，其逻辑功能为：当奇数个输入信号为高电平时，输出为高电平，否则为低电平。要求画出真值表和电路图。

解：（1）根据题意，设输入逻辑变量为 A、B、C，输出逻辑变量为 F，列出真值表，如表 10.5 所示。

表 10.5

输入			输出
A	B	C	F
0	0	0	0
0	0	1	1
0	1	0	1
0	1	1	0
1	0	0	1
1	0	1	0
1	1	0	0
1	1	1	1

（2）由真值表得到逻辑函数表达式为

$$F = \overline{A}\,\overline{B}C + \overline{A}B\overline{C} + A\overline{B}\,\overline{C} + ABC = A \oplus B \oplus C$$

（3）画出逻辑电路图，如图 10.4 所示。

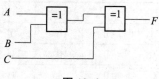

图 10.4

【例 10 – 6】（2012 年对口招考真题）若在编码器中有 50 个编码对象，则要求输出二进制代码位数为_____位。

解： 用 n 位二进制代码对 2^n 个信号进行编码的电路称为二进制编码器，现在对 50 个编码对象进行编码，则至少要用 $2^6 = 64$ 个信号，即要求输出二进制代码位数为 6 位。

【例 10 – 7】 用红、黄、绿三个指示灯表示三台设备的工作情况：绿灯亮表示全部正常；红灯亮表示有一台不正常；黄灯亮表示两台不正常；红、黄灯全亮表示三台都不正常。列出控制电路真值表，并选用合适的集成电路来实现。

解：（1）根据题意，列出真值表，如表10.6所示。

由题意可知，令输入为 A、B、C 表示三台设备的工作情况，"1"表示正常，"0"表示不正常；令输出为 R、Y、G 表示红、黄、绿三个指示灯的状态，"1"表示亮，"0"表示灭。

表 10.6

输入			输出		
A	B	C	R	Y	G
0	0	0	1	1	0
0	0	1	0	1	0
0	1	0	0	1	0
0	1	1	1	0	0
1	0	0	0	1	0
1	0	1	1	0	0
1	1	0	1	0	0
1	1	1	0	0	1

（2）由真值表列出逻辑函数表达式为

$$R(A, B, C) = \sum m(0, 3, 5, 6)$$
$$Y(A, B, C) = \sum m(0, 1, 2, 4)$$
$$G(A, B, C) = m_7$$

（3）根据逻辑函数表达式，选用译码器和与非门实现，画出逻辑电路图，如图10.5所示。

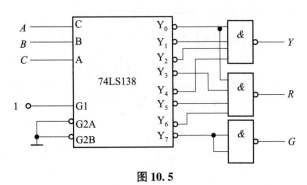

图 10.5

【例 10 - 8】 试用 74LS151 数据选择器实现逻辑函数。

（1）$F_1(A,B,C) = \sum m(1,2,4,7)$；

（2）$F_2(A,B,C,D) = \sum m(1,5,6,7,9,11,12,13,14)$；

（3）$F_3(A,B,C,D) = \sum m(0,2,3,5,6,7,8,9) + \sum d(10,11,12,13,14,15)$。

解：（1）画出逻辑电路图，如图10.6所示。

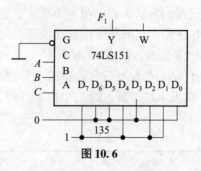

图 10.6

（2）$F_2(A,B,C,D) = \sum m(1,5,6,7,9,11,12,13,14)$

$= \overline{A}\,\overline{B}\,\overline{C}D + \overline{A}B\overline{C}D + \overline{A}BC\overline{D} + \overline{A}BCD + A\overline{B}\,\overline{C}D + A\overline{B}CD + AB\overline{C}\,\overline{D} + AB\overline{C}D + ABC\overline{D}$

$= \overline{A}\,\overline{B}\,\overline{C} \cdot D + \overline{A}B\overline{C} \cdot D + \overline{A}BC \cdot 1 + A\overline{B}\,\overline{C} \cdot D + A\overline{B}CD + AB\overline{C} \cdot 1 + ABC \cdot \overline{D}$

画出逻辑电路图，如图 10.7 所示。

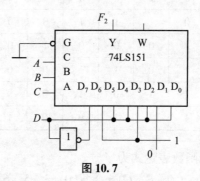

图 10.7

（3）$F_3(A,B,C,D) = \sum m(0,2,3,5,6,7,8,9) + \sum d(10,11,12,13,14,15)$

$= A\overline{B}\,\overline{C} \cdot 1 + \overline{A}BC \cdot 1 + \overline{A}\,\overline{B}C \cdot 1 + \overline{A}B\overline{C}D + \overline{A}\,\overline{B}\,\overline{C}\,\overline{D}$

画出逻辑电路图，如图 10.8 所示。

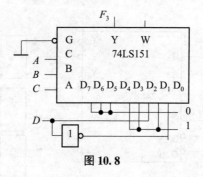

图 10.8

知识精练

一、选择题

1.（2011 年高考题）一个全加器的输入为 $A=1$，$B=1$，$C_{in}=0$，则其输出为（　　）。

A. $S=1$，$C_{out}=1$

B. $S=1$，$C_{out}=0$

C. $S=0$，$C_{out}=1$

D. $S=0$，$C_{out}=0$

2. 一个 BCD 码—7 段译码器的输入为 0110，则其有效输出为（　　）。

A. c, d, e, f, g　　　　　　　　　　B. a, b, c, f, g

C. a, c, d, f, g　　　　　　　　　　D. a, b, c, d, f

3. 101 键盘的编码器输出（　　）位二进制代码。

A. 2　　　　　　　　B. 6　　　　　　　　C. 7　　　　　　　　D. 8

4. 若在编码器中有 50 个编码对象，则要求输出二进制代码位数为（　　）位。

A. 5　　　　　　　　B. 6　　　　　　　　C. 10　　　　　　　　D. 50

5. 能将输入信号变成二进制代码的电路称为（　　）。

A. 译码器　　　　　　　　　　　　　　　B. 编码器

C. 数据选择器　　　　　　　　　　　　　D. 数据分配器

6. 一个具有 N 路地址码的数据选择器的功能是（　　）。

A. N 选 1　　　　　　　　　　　　　　B. $2N$ 选 1

C. 2^N 选 1　　　　　　　　　　　　　D. （$2N-1$）选 1

7. 多路数据分配器可以直接由（　　）来实现。

A. 编码器　　　　　　　　　　　　　　　B. 译码器

C. 多路数据选择器　　　　　　　　　　　D. 多位加法器

8. 用（　　）位二进制数可以表示任意 2 位十进制数。

A. 7　　　　　　　　B. 8　　　　　　　　C. 9　　　　　　　　D. 10

9. 八输入端的编码器按二进制数编码时，输出端的个数是（　　）。

A. 2 个　　　　　　　B. 3 个　　　　　　　C. 4 个　　　　　　　D. 8 个

10. 四输入的译码器，其输出端最多为（　　）。

A. 4 个　　　　　　　B. 8 个　　　　　　　C. 10 个　　　　　　　D. 16 个

11. 当 74LS148 的输入端 $\overline{I_0} \sim \overline{I_7}$ 按顺序输入 11011101 时，输出端 $\overline{Y_2} \sim \overline{Y_0}$ 为（　　）。

A. 101　　　　　　　B. 010　　　　　　　C. 001　　　　　　　D. 110

12. 译码器的输出量是（　　）。

A. 二进制　　　　　　　　　　　　　　　B. 八进制

C. 十进制　　　　　　　　　　　　　　　D. 十六进制

13. 编码器的输入量是（　　）。

A. 二进制　　　　　　B. 八进制　　　　　　C. 十进制　　　　　　D. 十六进制

14. 3 线－8 线译码器有（　　）。

A. 3 条输入线，8 条输出线　　　　　　　B. 8 条输入线，3 条输出线

C. 2 条输入线，8 条输出线　　　　　　　D. 3 条输入线，4 条输出线

15. N 个变量可以构成多少个最小项（　　）。

A. N　　　　　　　B. $2N$　　　　　　　C. 2^N　　　　　　　D. 2^N-1

16. 以下错误的是（　　）。

A. 数字比较器可以比较数字大小

B. 实现两个一位二进制数相加的电路叫作全加器

C. 实现两个一位二进制数和来自低位的进位相加的电路叫作全加器

D. 编码器可分为普通全加器和优先编码器

17. 8 线 −3 线优先编码器的输入为 $I_0 \sim I_7$，当优先级别最高的 I_7 有效时，其输出 $\overline{Y_2} \cdot \overline{Y_1} \cdot \overline{Y_0}$ 的值是（　　　）。

　　A. 111　　　　　　　　　　　　　　B. 010

　　C. 000　　　　　　　　　　　　　　D. 101

18. 16 路数据选择器的地址输入（选择控制）端有（　　　）个。

　　A. 16　　　　　　B. 2　　　　　　C. 4　　　　　　D. 8

19. 一位 8421BCD 码译码器的数据输入线与译码输出线的组合是（　　　）。

　　A. 4：6　　　　　　　　　　　　　B. 1：10

　　C. 4：10　　　　　　　　　　　　　D. 2：4

20. 在下列逻辑电路中，不是组合逻辑电路的有（　　　）。

　　A. 译码器　　　　　　　　　　　　B. 编码器

　　C. 全加器　　　　　　　　　　　　D. 寄存器

二、填空题

1. 三位二进制数最多可以代表＿＿＿＿＿＿＿种状态，一般 n 位二进制数有＿＿＿＿＿＿＿个状态，可表示＿＿＿＿＿＿＿特定含义。

2. 二 − 十进制编码器有＿＿＿＿＿＿＿个输入端，＿＿＿＿＿＿＿个输出端。8421BCD 码编码是＿＿＿＿＿＿＿位二进制代码。

3. 编码器的功能是把输入信号转化为＿＿＿＿＿＿＿数码。一般编码器有 M 个输入端，N 个输出端，如输入为低电平有效，则在任意时刻，只有＿＿＿＿＿＿＿个输入端为零。＿＿＿＿＿＿＿输入端为 1，编码器的输入线每一条线代表＿＿＿＿＿＿＿，编码器的全部输出线代表＿＿＿＿＿＿＿。

4. （2012 年真题）若在编码器中有 50 个编码对象，则要求二进制代码数为＿＿＿＿＿＿＿。

5. 组合逻辑函数有四种不同的表示法：＿＿＿＿＿＿＿、＿＿＿＿＿＿＿＿＿＿、＿＿＿＿＿＿＿和波形图。

6. 组合逻辑电路的输出只与当时的＿＿＿＿＿＿＿状态有关，而与电路输入状态无关，它的基本单元电路为＿＿＿＿＿＿＿。

7. 半导体数码管按其内部发光二极管接法可分为＿＿＿＿＿＿＿和＿＿＿＿＿＿＿两种。

8. 若最简状态图中状态数为 10，则所需的状态变量数至少应为＿＿＿＿＿＿＿。

9. 能将某种特定信息转换成机器识别的＿＿＿＿＿＿＿制数码的＿＿＿＿＿＿＿逻辑电路，称之为＿＿＿＿＿＿＿器；能将机器识别的＿＿＿＿＿＿＿制数码转换成人们熟悉的＿＿＿＿＿＿＿制或某种特定信息的＿＿＿＿＿＿＿逻辑电路，称为＿＿＿＿＿＿＿器；74LS85 是常用的＿＿＿＿＿＿＿逻辑电路＿＿＿＿＿＿＿器。

10. 对 160 个符号进行二进制编码，则至少需要＿＿＿＿＿＿＿位二进制数。

11. 74LS138 是 3 线 − 8 线译码器，译码为输出低电平有效，若输入为 $A_2 A_1 A_0 = 110$ 时，则输出 $\overline{Y_7 Y_6 Y_5 Y_4 Y_3 Y_2 Y_1 Y_0}$ 应为＿＿＿＿＿＿＿。

12. 一位数值比较器的逻辑功能是对输入的＿＿＿＿＿＿＿数据进行比较，它有＿＿＿＿＿＿＿、＿＿＿＿＿＿＿、＿＿＿＿＿＿＿三个输出端。

13. LED 半导体数码显示器的内部接法有两种形式：共＿＿＿＿＿＿＿接法和共＿＿＿＿＿＿＿接法。对于以上两种接法的发光二极管数码显示器，应分别采用＿＿＿＿＿＿＿电平驱动和＿＿＿＿＿＿＿电平驱动的七段显示译码器。

三、综合题

1. 如图 10.9 所示，分析电路的逻辑功能，写出输出逻辑表达式，列出真值表，说明电路完成何种逻辑功能。

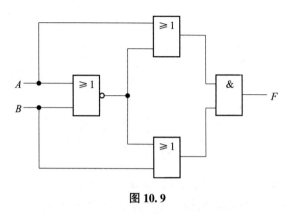

图 10.9

2. 如图 10.10 所示，分析电路的逻辑功能，写出输出 F_1 和 F_2 的逻辑表达，列出真值表，说明电路完成什么逻辑功能。

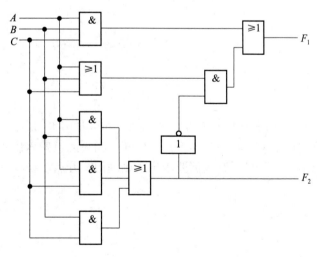

图 10.10

3. 设 A、B、C、D 是一个 8421BCD 码的四位，若此码表示的数字 x 符合下列条件，输出 F 为 1，否则输出为 0，请用"与非门"实现此逻辑电路。

（1）$4 < x_1 \leqslant 9$；　　　　　　　　　（2）$x_2 < 3$ 或 $x_2 > 6$。

4. 王强参加四门课程考试。规定如下：
（1）化学及格得 1 分，不及格得 0 分。
（2）生物及格得 2 分，不及格得 0 分。
（3）几何及格得 4 分，不及格得 0 分。
（4）代数及格得 5 分，不及格得 0 分。

若总得分为 8 分以上（含 8 分）就可结业。试用与非门设计判断王强是否能结业的逻辑电路。

5. （2018 年高考真题）某地铁出入口有两个门，一个为正常出入门，一个为应急门。地铁的正常运营时间为 6：00—23：00，当无人员要求出入时两个门全关闭，当有应急请求时，不管何时只要有人员要求出入则两门全开启。设计一个逻辑电路实现上述功能。

6. 某工厂有 A、B、C 三台设备，其中，A 和 B 的功率相等，C 的功率是 A 的两倍。这些设备由 X 和 Y 两台发电机供电，发电机 X 的最大输出功率等于 A 的功率，发电机 Y 的最大输出功率是 X 的 3 倍。要求设计一个逻辑电路，能够根据各台设备的运转和停止状态，以最节省能源的方式启、停发电机。

7. 假定 $X = AB$ 是一个两位二进制正整数，用"与非门"设计满足如下要求的逻辑电路（Y 也用二进制数表示）。

（1）$Y = X^2$；　　　　　　　　　（2）$Y = X^3$。

8. 设计一个能接收两位二进制 $Y = y_1 y_0$，$X = x_1 x_0$ 并有输出 $Z = z_1 z_0$ 的逻辑电路，要求当 $Y = X$ 时，$Z = 11$；当 $Y > X$ 时，$Z = 10$；当 $Y < X$ 时，$Z = 01$。（门电路不限）

9. 设计一个检测电路，检测输入的四位二进制码中"1"的个数是否为奇数。若"1"的个数为奇数则输出为"1"，否则为0。

10. 分别用与非门、或非门设计如下电路：

（1）三个变量的非一致电路，即当电路输入为 $ABC = 000$ 或 $ABC = 111$ 时，输出为"0"，其他情况输出为"1"的电路。

（2）三变量的奇数判别电路（输入变量中"1"的个数为奇数时，输出为"1"，其他情况为"0"）。

（3）三变量的偶数判别电路（输入变量中"1"的个数为偶数时，输出为"1"，其他情况为"0"）。

（4）设计一个三位二进制全减器电路。

11.（2013 年对口招生试题）某车间有 A、B、C、D 四台电动机，今要求：

（1）A 机必须开机；

（2）其他三台电动机中至少有两台开机。

如果不满足上述要求，则警示灯亮。设指示灯熄灭为 0，亮为 1；电动机开机时通过某种装置产生高电平为 1，否则为 0。试设计逻辑电路实现以上功能。

12. 用与非门设计一个能满足下述要求的控制电路。

（1）只有 C 信号不发生，而 A_1、A_2、A_3 信号同时发生或者 B_1、B_2 信号同时发生，则输出 $L = 1$。

（2）A_1、A_2、A_3 和 B_1、B_2 同时有信号，则输出 $L = 0$。

13. 设 x，y 均为四位二进制数，它们分别为一个逻辑电路的输入及输出，要求当 $0 \leqslant x \leqslant 4$ 时，$y = x$；当 $5 \leqslant x \leqslant 9$ 时，$y = x + 3$。试用与非门设计此电路，x 不大于 9。

14. 设计一个组合电路，输入为 A、B、C，输出为 Y。当 $C = 0$ 时，实现 $Y = AB$；当 $C = 1$ 时，实现 $Y = A + B$。要求：

（1）列出真值表；

（2）求输出 Y 的最简与或表达式；

（3）完全用与非门实现该逻辑关系（画逻辑图）。

15. 设有 A、B、C 三个变量，要求每次只能选取一个变量，该三变量的选取排队先后次序为：A 最先，B 其次，C 最后（即当 A、B、C 同时出现时，则取 A，以此类推）。试画出此三变量的排队逻辑电路。

16. 某医院有 1 号、2 号、3 号、4 号病房，每户设有呼叫按钮，同时在护士值班室内对应的装有 1 号、2 号、3 号、4 号病房的 4 个指示灯。要求：

当 1 号病房的按钮按下时，只有 1 号灯亮，与其他病房的按钮是否按下无关。当 2 号病房的按钮先按下时，同样只有 1 号灯亮，与其他病房的按钮是否按下无关，其他以此类推。试用 74LS148 和适当的门电路设计满足上述要求的逻辑电路。

17. 试用 4 片 8 线 – 3 线 74LS148 优先编码器组成 32 线 – 5 线优先编码器的逻辑图，允许附加必要的电路。

18. 用一片 74LS138 译码器和两个多输入与非门构成能实现下列函数的函数发生器。

$$F_1 = (A \oplus B) C + (\overline{A \oplus B}) \overline{C}$$
$$F_2 = AB + BC + CA$$

19. 请设计一组合电路，其输入端为 A、B、C，输出端为 Y，要求其功能为：
当 $A = 1$ 时，$Y = B$；当 $A = 0$ 时，$Y = C$。设计内容包括：
（1）用与非门来实现。
（2）用 4 选 1 数据选择器 74LS153 来实现，连线时可附加适当门电路。
（3）用 3 线 – 8 线译码器 74LS138 来实现，连线时可附加适当门电路。

20. 用 3 线 – 8 线译码器和门电路设计组合逻辑电路（图 10.11），使 $Y = BC + AB$。

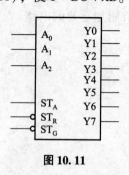

图 10.11

21. 用如图 10.12 所示的 8 选 1 数据选择器 74LS151 实现下列函数。

$$Y(A,B,C,D) = \sum m(1,5,6,7,9,11,12,13,14)$$

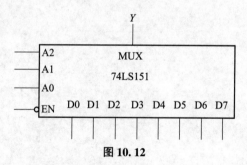

图 10.12

22. 分析如图 10.13 所示 8 选 1 数据选择器的构成电路，写出其逻辑表达式。

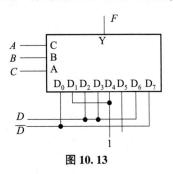

图 10.13

23. 用 8 选 1 选择器设计一个组合逻辑电路（图 10.14），输出逻辑表达式为

$$Y = A\bar{B} + \bar{A}B + \bar{C}$$

图 10.14

24. 试用 8 选 1 数据选择器实现组合逻辑函数 $Y(A, B, C, D) = \sum m(4, 5, 10, 12, 13)$。

25. 用数据选择器实现函数 $Z = F(A, B, C) = \Sigma m(0, 2, 4, 5, 6, 7)$。

26. 用两片双 4 选 1 数据选择器 74LS153 和 74LS138 译码器接成 16 选 1 的数据选择器。

第十一章　集成触发器

一、考纲要点

（1）认识 RS 触发器、JK 触发器、D 触发器和 T 触发器的逻辑符号，并用万用表测试集成 JK 触发器、D 和 T 触发器的功能，判断器件的好坏。

（2）能利用真值表、触发方式和逻辑功能将 JK 触发器转换为 D 和 T 触发器，画边沿型 JK 触发器、D 和 T 触发器的输出状态波形图。

二、考点汇总

题型、分值列表		
考点	题型	分值
2011 年：集成触发器的应用	综合题	15 分
2012 年：触发器的空翻现象	填空题	6 分
2013 年：触发器的逻辑功能分析	选择题	6 分
2014 年：触发器的逻辑功能	填空题	6 分
2015 年：触发器的逻辑功能 D 触发器的应用 JK 触发器的应用	选择题 综合题 综合题	6 分 15 分 15 分
2016 年：JK 触发器转换为 D 触发器 空翻的定义 D 触发器的应用	选择题 填空题 综合题	6 分 6 分 15 分
2017 年：RS 触发器 D 触发器 JK 触发器的应用	选择题 填空题 综合题	6 分 6 分 15 分
2018 年：D 触发器	综合题	15 分
2019 年：JK 触发器的应用 D 触发器的应用	填空题 综合题	6 分 15 分

必考点：触发器的逻辑功能分析。

重难点：集成触发器的应用。

本章知识

一、触发器的特点及分类

1. 触发器的特点

（1）有两个能自行保持的稳定状态，$Q = 1$ 和 $Q = 0$；

（2）在输入信号作用下，触发器可以从一种状态翻转到另一种状态。

2. 触发器的分类

按电路结构触发器可以分为：

（1）没有时钟输入端的基本触发器；

（2）具有时钟输入端的时钟触发器。

要点提示：时钟触发器包括同步式触发器、维持阻塞触发器、边沿触发器和主从触发器。

按触发器的逻辑功能可以分为 RS 触发器、D 触发器、JK 触发器和 T 触发器。

二、基本 RS 触发器与各种时钟触发器

1. 基本 RS 触发器

或非门和与非门构成的基本 RS 触发器如图 11.1 所示。

特性方程

$$Q^{n+1} = S + \overline{R}Q^n$$

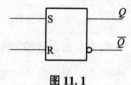

图 11.1

2. 时钟 RS 触发器

时钟 RS 触发器如图 11.2 所示。

特性方程　$\begin{cases} Q^{n+1} = S + \overline{R}Q^n \\ S \cdot R = 0 \quad (约束条件) \end{cases}$

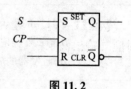

图 11.2

3. 时钟 D 触发器

时钟 D 触发器如图 11.3 所示。

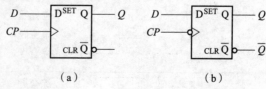

（a）　　　　　　　　（b）

图 11.3

特性方程

$$Q^{n+1} = D$$

4. 时钟 *JK* 触发器

时钟 *JK* 触发器如图 11.4 所示。

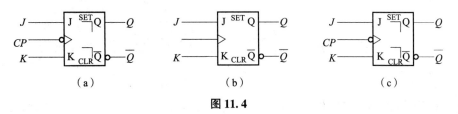

（a）　　　　　　　　（b）　　　　　　　　（c）

图 11.4

特性方程

$$Q^{n+1} = J\,\overline{Q^n} + \overline{K}Q^n$$

5. 时钟 *T* 触发器

时钟 *T* 触发器如图 11.5 所示。

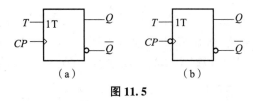

（a）　　　　　　　　（b）

图 11.5

特性方程

$$Q^{n+1} = T\,\overline{Q^n} + \overline{T}Q^n$$

　　要点提示：通常用到的都是时钟触发器。对于时钟触发器的分析要注意两点：首先确定触发器的翻转时刻，然后根据特性方程确定翻转后的状态。

例题解析

　　【例 11-1】　在 *RS* 锁存器中，已知 *S* 和 *R* 端的波形如图 11.6 所示，试画出 *Q* 和 $\overline{Q}$ 对应的输出波形。

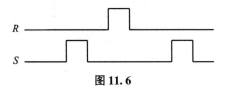

图 11.6

　　解：对应的输出波形如图 11.7 所示。

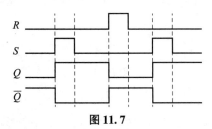

图 11.7

【**例 11 - 2**】 在门控 D 锁存器中，已知 C 和 D 端的波形如图 11.8 所示，试画出 Q 和 $\overline{Q}$ 对应的输出波形。

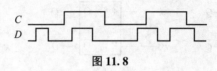

图 11.8

解：对应的输出波形如图 11.9 所示。

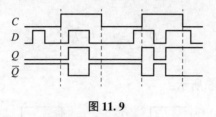

图 11.9

【**例 11 - 3**】 已知主从 RS 触发器的逻辑符号和 CLK、S、R 端的波形如图 11.10 所示，试画出 Q 端对应的波形（设触发器的初始状态为 0）。

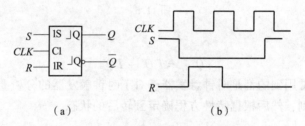

（a） （b）

图 11.10

解：Q 端对应的波形如图 11.11 所示。

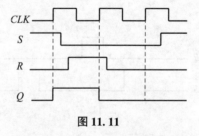

图 11.11

【**例 11 - 4**】 图 11.12 所示为由两个门控 RS 锁存器构成的某种主从结构触发器，试分析该触发器逻辑功能，要求：

（1）列出特性表；

（2）写出特性方程；

（3）画出状态转换图；

（4）确定触发器类型。

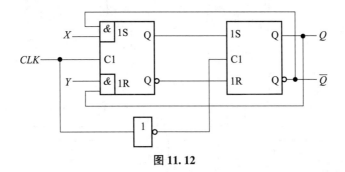

图 11. 12

解：

（1）特性表如表 11. 1 所示。

表 11. 1

CLK	X	Y	Q^n	Q^{n+1}
×	×	×	×	Q^n
⊓	0	0	0	0
⊓	0	0	1	1
⊓	0	1	0	0
⊓	0	1	1	0
⊓	1	0	0	1
⊓	1	0	1	1
⊓	1	1	0	1
⊓	1	1	1	0

（2）特性方程为

$$Q^{n+1} = X\overline{Q^n} + \overline{Y}Q^n$$

（3）状态转换图如图 11. 13 所示。

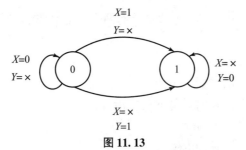

图 11. 13

（4）该电路是一个下降边沿有效的主从 JK 触发器。

【**例 11 – 5**】 在图 11. 14 中，FF_1 和 FF_2 均为负边沿型触发器，试根据 CLK 和 X 信号波形，画出 Q_1、Q_2 的波形（设 FF_1、FF_2 的初始状态均为 0）。

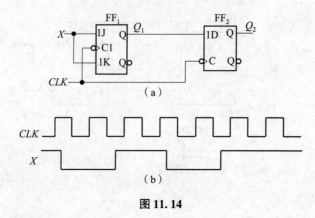

图 11.14

解： Q_1Q_2 的波形图如图 11.15 所示。

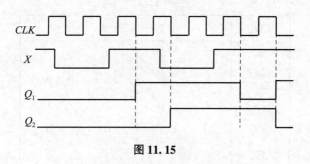

图 11.15

知识精练

一、选择题

1. 与非门构成的基本 RS 触发器的约束条件是（　　）。

A. $S + R = 0$　　　　　　　　　　　　B. $S + R = 1$

C. $SR = 0$　　　　　　　　　　　　　D. $SR = 1$

2. 时钟 RS 触发器的约束条件是（　　）。

A. $S + R = 0$　　　　　　　　　　　　B. $S + R = 1$

C. $SR = 0$　　　　　　　　　　　　　D. $SR = 1$

3. RS 触发器 74LS279 中有两个触发器具有两个 $\overline{S}$ 输入端，它们的逻辑关系是（　　）。

A. 或　　　　　　　　　　　　　　　B. 与

C. 与非　　　　　　　　　　　　　　D. 异或

4. 对于边沿触发的 D 触发器，下面（　　）是正确的。

A. 输出状态的改变发生在时钟脉冲的边沿

B. 要进入的状态取决于 D 输入

C. 输出跟随每一个时钟脉冲的输入

D. A、B 和 C

5. "空翻" 是指（　　）。

A. 当脉冲信号 $CP = 1$ 时，输出的状态随输入信号的多次翻转

B. 输出的状态取决于输入信号

C. 输出的状态取决于时钟和控制输入信号

D. 总是使输出改变状态

6. JK 触发器处于翻转时输入信号的条件是（　　　）。

A. $J=0$，$K=0$

B. $J=0$，$K=1$

C. $J=1$，$K=0$

D. $J=1$，$K=1$

7. 当 $J=K=1$ 时，边沿 JK 触发器的时钟输入频率为 120 Hz，Q 输出为（　　　）。

A. 保持为高电平

B. 保持为低电平

C. 频率为 60 Hz 波形

D. 频率为 240 Hz 波形

8. JK 触发器在 CP 作用下，要使 $Q^{n+1}=Q^n$，则输入信号必为（　　　）。

A. $J=K=0$

B. $J=Q^n$，$K=0$

C. $J=Q^n$，$K=Q^n$

D. $J=0$，$K=1$

9. 下列触发器中，没有约束条件的是（　　　）。

A. 基本 RS 触发器

B. 主从 JK 触发器

C. 钟控 RS 触发器

D. 边沿 D 触发器

10. 某 JK 触发器工作时，输出状态始终保持为 1，则可能的原因有（　　　）。

A. 无时钟脉冲输入

B. 异步置 1 端始终有效

C. $J=K=0$

D. $J=1$，$K=0$

11. 仅具有置 "0" 和置 "1" 功能的触发器是（　　　）。

A. 基本 RS 触发器

B. 钟控 RS 触发器

C. D 触发器

D. JK 触发器

12. 由与非门组成的基本 RS 触发器不允许输入的变量组合 $\bar{S} \cdot \bar{R}$ 为（　　　）。

A. 00

B. 01

C. 10

D. 11

13. 钟控 RS 触发器的特性方程是（　　　）。

A. $Q^{n+1}=\bar{R}+Q^n$

B. $Q^{n+1}=S+Q^n$

C. $Q^{n+1}=R+\bar{S}Q^n$

D. $Q^{n+1}=S+\bar{R}Q^n$

14. 仅具有保持和翻转功能的触发器是（　　　）。

A. JK 触发器

B. T 触发器

C. D 触发器

D. T' 触发器

15. 触发器由门电路构成，但它不同于门电路功能，主要特点是（　　　）。

A. 具有翻转功能

B. 具有保持功能

C. 具有记忆功能

16. TTL 集成触发器直接置 0 端 $\bar{R}_D$ 和直接置 1 端 $\bar{S}_D$，在触发器正常工作时（　　　）。

A. $\bar{R}_D=1$，$\bar{S}_D=0$

B. $\bar{R}_D=0$，$\bar{S}_D=1$

C. 保持高电平"1"

D. 保持低电平"0"

17. 按触发器触发方式的不同，双稳态触发器可分为（　　　）。

A. 高电平触发和低电平触发　　　　　B. 上升沿触发和下降沿触发

C. 电平触发或边沿触发　　　　　　　D. 输入触发或时钟触发

18. 按逻辑功能的不同，双稳态触发器可分为（　　　）。

A. RS、JK、D、T 等　　　　　　　B. 主从型和维持阻塞型

C. TTL 型和 MOS 型　　　　　　　　D. 上述均包括

19. 为实现 D 触发器转换成 T 触发器，如图 11.16 所示的虚线框内应是（　　　）。

A. 与非门

B. 异或门

C. 同或门

D. 或非门

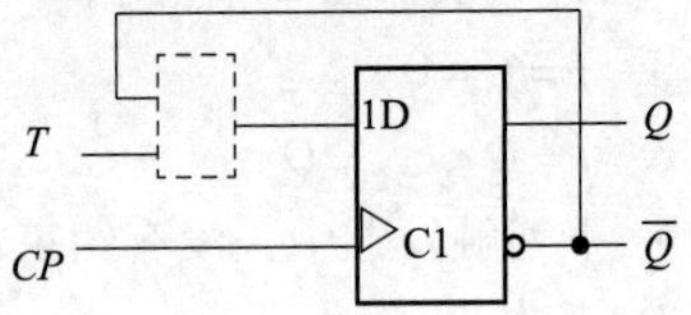

图 11.16

二、填空题

1. 两个与非门构成的基本 RS 触发器的功能有

＿＿＿＿＿、＿＿＿＿＿和＿＿＿＿＿。电路中不允许两个输入端同时为＿＿＿＿＿，否则将出现逻辑混乱。

2. 通常把一个 CP 脉冲引起触发器多次翻转的现象称为＿＿＿＿＿，有这种现象的触发器是＿＿＿＿＿触发器，此类触发器的工作属于＿＿＿＿＿触发方式。

3. 为有效地抑制"空翻"，人们研制出了＿＿＿＿＿触发方式的＿＿＿＿＿触发器和＿＿＿＿＿触发器。

4. JK 触发器具有＿＿＿＿＿、＿＿＿＿＿、＿＿＿＿＿和＿＿＿＿＿四种功能。欲使 JK 触发器实现 $Q^{n+1} = \overline{Q^n}$ 的功能，则输入端 J 应接＿＿＿＿＿，K 应接＿＿＿＿＿。

5. D 触发器的输入端子有＿＿＿＿＿个，具有＿＿＿＿＿和＿＿＿＿＿的功能。

6. 触发器的逻辑功能通常可用＿＿＿＿＿、＿＿＿＿＿、＿＿＿＿＿和＿＿＿＿＿等多种方法进行描述。

7. JK 触发器的次态方程为＿＿＿＿＿＿＿；D 触发器的次态方程为＿＿＿＿＿＿＿。

8. 触发器有两个互非的输出端 Q 和 $\overline{Q}$，通常规定 $Q = 1$，$\overline{Q} = 0$ 时为触发器的＿＿＿＿＿状态；$Q = 0$，$\overline{Q} = 1$ 时为触发器的＿＿＿＿＿状态。

9. 两个与非门组成的基本 RS 触发器，在正常工作时，不允许 $\overline{R} = \overline{S} = $＿＿＿＿＿，其特征方程为＿＿＿＿＿，约束条件为＿＿＿＿＿。

10. 钟控的 RS 触发器，在正常工作时，不允许输入端 $R = S = $＿＿＿＿＿，其特征方程为＿＿＿＿＿，约束条件为＿＿＿＿＿。

11. 把 JK 触发器＿＿＿＿＿＿＿＿＿＿就构成了 T 触发器，T 触发器具有的逻辑功能是＿＿＿＿＿和＿＿＿＿＿。

12. 让＿＿＿＿＿触发器恒输入"1"就构成了 T' 触发器，这种触发器仅具有＿＿＿＿＿功能。

三、综合题

1. 由或非门组成的触发器和输入端信号如图 11.17 所示，请写出触发器输出 Q 的特征方程。设触发器的初始状态为 1，画出输出端 Q 的波形。

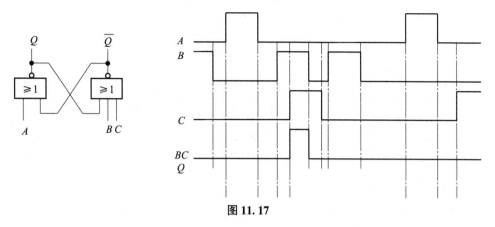

图 11.17

2. 如图 11.18 所示，根据 CP 波形画出 Q 波形。（设各触发器的初始状态均为 1）

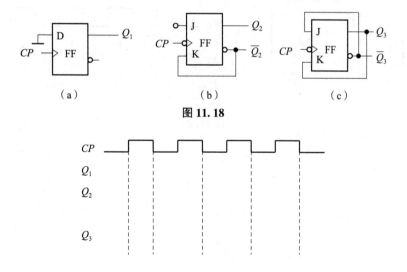

（a）　　　　　　（b）　　　　　　（c）

图 11.18

3. 列出如图 11.19 所示各逻辑电路的次态方程。

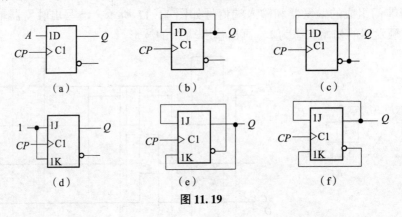

图 11.19

4. 已知逻辑电路和输入信号如图 11.20 所示，画出各触发器输出端 Q_1、Q_2 的波形。设触发器的初始状态均为 0。

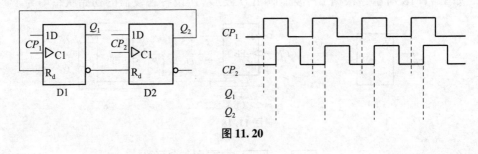

图 11.20

5. 边沿 *JK* 触发器电路和输入端信号如图 11.21 所示，画出输出端 *Q* 的波形。

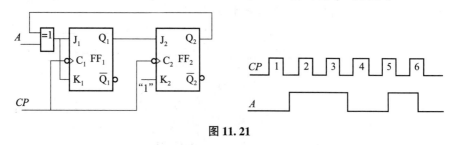

图 11.21

6. TTL 主从 *JK* 触发器组成如图 11.22（a）所示电路，输入波形如图 11.22（b）所示，设各触发器初态均为 0，画出 *Q* 端波形。

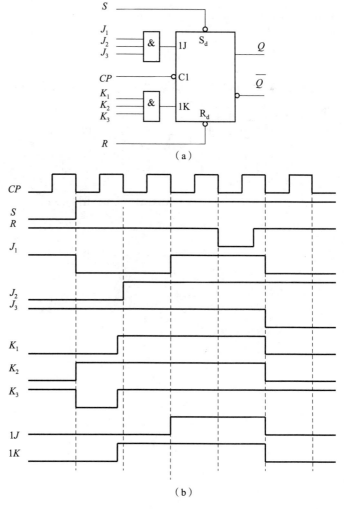

图 11.22

7. 已知主从 RS 触发器的逻辑符号和 CLK、S、R 端的波形如图 11.23 所示，试画出 Q 端对应的波形（设触发器的初始状态为 0）。

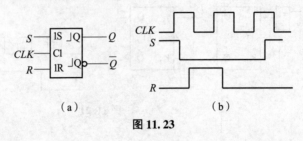

（a） （b）

图 11.23

8. 如图 11.24 所示，试写出 Y_1 的逻辑表达式，JK 触发器的真值表，并画出波形图。

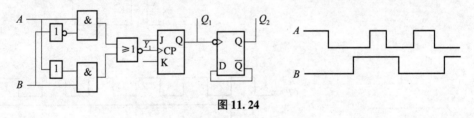

图 11.24

9. 有两个 JK 触发器构成如图 11. 25 所示电路（设触发器初始状态为 0）：

（1）现接线正确且工作正常，试将触发器输出端对应于各 CP 脉冲的状态填入表 11. 2，然后画出时序图并说明电路的功能。

（2）若接线正确，但连线 a、b、c 中有一根接触不良，导致触发器状态变化如表 11. 3 所示，试指出故障线。

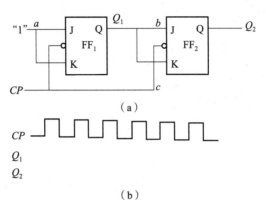

（a）

（b）

图 11. 25

<table>
<tr><td colspan="3" align="center">表 11. 2</td></tr>
<tr><td>CP</td><td>Q_1</td><td>Q_2</td></tr>
<tr><td>0</td><td></td><td></td></tr>
<tr><td>1</td><td></td><td></td></tr>
<tr><td>2</td><td></td><td></td></tr>
<tr><td>3</td><td></td><td></td></tr>
<tr><td>4</td><td></td><td></td></tr>
</table>

<table>
<tr><td colspan="3" align="center">表 11. 3</td></tr>
<tr><td>CP</td><td>Q_1</td><td>Q_2</td></tr>
<tr><td>0</td><td>0</td><td>0</td></tr>
<tr><td>1</td><td>1</td><td>1</td></tr>
<tr><td>2</td><td>0</td><td>0</td></tr>
<tr><td>3</td><td>1</td><td>1</td></tr>
<tr><td>4</td><td>0</td><td>0</td></tr>
</table>

10. 如图 11.26 所示电路，设触发器初始状态为 0，试根据所给的波形画出 Q_1 和 Q_2 端的波形。

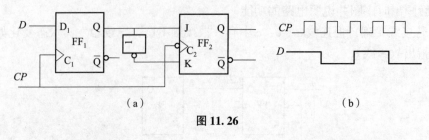

（a）　　　　　　　　　　　　（b）

图 11.26

11. 逻辑电路如图 11.27 所示，各触发器的初始状态均为 0，试画出对应于四个脉冲作用下的输出端 Q_1、Q_2 波形。

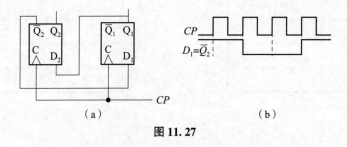

（a）　　　　　　　　　　　　（b）

图 11.27

12. 如图 11.28 所示电路及 CP、J、K 的波形，设 Q 的初始状态为 0，试画出 F 的波形。

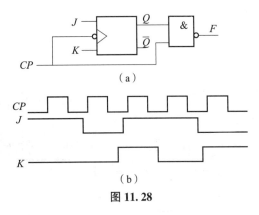

图 11.28

13. 主从型 JK 触发器的逻辑符号如图 11.29（a）所示，试画出在 J 和 K 端加入信号的波形及 CP 的波形如图 11.29（b）所示，试画出 Q 端的输出波形，设初始状态为 0。

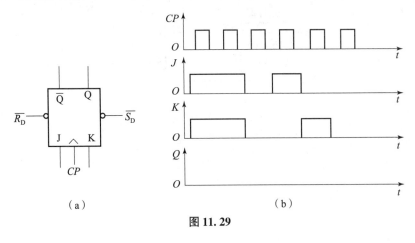

图 11.29

14. 图 11.30 所示为由两个门控 RS 锁存器构成的某种主从结构触发器，试分析该触发器逻辑功能，要求：

（1）列出真值表；

（2）写出特性方程；

（3）画出状态转换图。

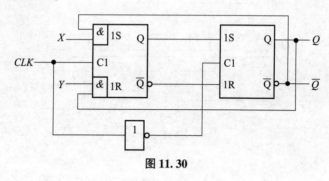

图 11.30

15. 在图 11.31 中，FF_1 和 FF_2 均为负边沿型触发器，试根据 11.31（b）所示 CLK 和 X 信号波形，画出 Q_1、Q_2 的波形（设 FF_1、FF_2 的初始状态均为 0）。

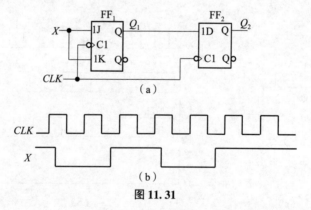

图 11.31

16. 请分析如图 11.32 所示的电路，要求：

（1）写出各触发器的驱动方程和输出方程；

（2）写出各触发器的状态方程；

（3）列出真值表；

（4）画出状态转换图。

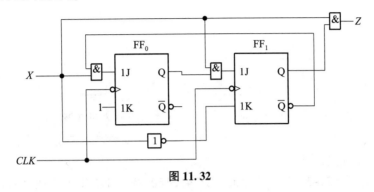

图 11.32

第十二章 时序逻辑电路

一、考纲要点

（1）能分析简单时序逻辑电路的功能，画出其输出状态波形图；

（2）能根据输入输出波形（或读取示波器波形）对常用时序逻辑电路的故障进行分析，做一些简单的连线设计；

（3）能用 CT74LS193、CT74LS290、CT74LS160 和 CT74LS161 集成计数器组成其他要求的计数器。

二、考点汇总

题型、分值列表		
考点	题型	分值
2011 年：二进制计数器	填空题	6 分
2012 年：时序逻辑电路的分析	综合题	15 分
2013 年：常用的时序逻辑电路	选择题	6 分
2017 年：74LS160 计数器的应用	综合题	15 分
2018 年：74LS160 计数器的应用	综合题	15 分

必考点：时序逻辑电路的功能分析。

重难点：能用集成计数器组成其他要求的计数器。

一、时序逻辑电路的概念

1. 定义

电路任一时刻的输出状态不仅与同一时刻的输入信号有关，而且与电路原有状态有关。

2. 时序逻辑电路的特点

（1）时序逻辑电路由组合逻辑电路和存储电路（触发器）构成。

（2）时序电路中存在反馈，因而电路的输出状态的变化与时间的积累有关，即时序电路有记忆功能。

3. 时序逻辑电路的分类

（1）根据电路状态转换情况的不同，时序逻辑电路又分为同步时序逻辑电路和异步时序逻辑电路，同步时序逻辑电路——所有触发器的时钟输入端 CP 都连在一起，在同一个时钟脉冲 CP 作用下，凡具备翻转条件的触发器在同一时刻翻转。

异步时序逻辑电路——时钟脉冲只触发部分触发器，其余触发器由电路内部信号触发。

（2）时序电路的逻辑功能可用逻辑图、状态方程、状态表、卡诺图、状态图和时序图等 6 种方法来描述，它们在本质上是相同的，可以互相转换。

（3）时序电路的分析，就是由逻辑图到状态图的转换；而时序电路的设计，在画出状态图后，其余就是由状态图到逻辑图的转换。

二、寄存器

在数字电路中，用来存放二进制数据或代码的电路称为寄存器。

具有记忆功能的双稳态触发器是寄存器的主要组成部分，一个触发器可以存放一位二进制代码，要存放 n 位二进制代码就需要 n 个触发器。

寄存器按逻辑功能可以分为数码寄存器和移位寄存器两类。

输入方式：串行输入、并行输入。输出方式：串行输出、并行输出。

1. 数码寄存器

只具有接收、暂存数码和清除原有数码的功能。

2. 移位寄存器

所谓"移位"，就是将寄存器所存各位数据在每个移位脉冲的作用下，向左或向右移动一位。根据移位方向常把它分成单向移位寄存器（包括左移寄存器、右移寄存器）和双向移位寄存器。

（1）单向移位寄存器：输入数码在 CP 控制下依次右移或左移。左移时从寄存器的低位向高位移，数据输入的顺序是先移入数据高位数码，然后依次输入低位数码。如输入数码为 1100，第一个 CP 是高位"1"移到寄存器 Q_0；第二个 CP 是 Q_0 的"1"移到 Q_1，输入数码的第二个"1"移到 Q_0；第三个 CP 是 Q_0 的"1"移到 Q_1，Q_1 的"1"移到 Q_2，输入数码的第三个"0"移到 Q_0；第四个 CP 是 Q_0 的"0"移到 Q_1，Q_1 的"1"移到 Q_2，Q_2 的"1"移到 Q_3，输入数码的第四个"0"移到 Q_0，经过四个 CP 全部移入寄存器。右移时从寄存器的高位向低位移，数据输入的顺序是先移入数据低位数码，然后依次输入高位数码。如输入数码为 1100，第一个 CP 是低位"0"移到寄存器 Q_3；第四个 CP 是 Q_3 的"1"移到 Q_2，Q_2 的"0"移到 Q_1，Q_1 的"0"移到 Q_0，输入数码的第四个"1"移到 Q_3，经过四个 CP 全部移入寄存器。

（2）寄存 n 位二进制数码。n 个 CP 完成串行输入，并可获得并行输出，再经 n 个 CP 又获得串行输出。

（3）若串行数据输入端为 0，则 n 个 CP 后寄存器被清零。

3. 双向移位寄存器 74LS194

既可以左移又可以右移的寄存器称为双向移位寄存器。74LS194 为 4 位双向移位寄存器，具有清零、保持、左移、右移、并行输入的功能。

（1）外引脚图和逻辑符号如图 12.1 所示。

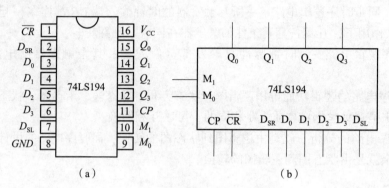

图 12.1

$D_0 \sim D_3$：并行数据输入端；D_{SR}：右移串行数据输入端；$Q_0 \sim Q_3$：数据输出端；D_{SL}：左移串行数据输入端；M_0（S_0）、M_1（S_1）：工作方式控制端；CP：时钟输入端（上升沿有效）。

$\overline{CR}$：数据清零输入端（低电平清零）。

（2）功能表如表 12.1 所示。

表 12.1

输入										输出				功能
$\overline{CR}$	M_1	M_0	CP	D_{SL}	D_{SR}	D_0	D_1	D_2	D_3	Q_0	Q_1	Q_2	Q_3	
0	×	×	×	×	×	×	×	×	×	0	0	0	0	异步置零
1	×	×	0	×	×	×	×	×	×	Q_0	Q_1	Q_2	Q_3	保持
1	0	0	×	×	×	×	×	×	×	Q_0	Q_1	Q_2	Q_3	保持
1	0	1	↑	×	D	×	×	×	×	D	Q_0	Q_1	Q_2	右移输入
1	1	0	↑	D	×	×	×	×	×	Q_1	Q_2	Q_3	D	左移输入
1	1	1	↑	×	×	d_0	d_1	d_2	d_3	d_0	d_1	d_2	d_3	并行置数

功能说明：

$\overline{CR}$：数据清零输入端，$\overline{CR} = 0$，$Q_3 Q_2 Q_1 Q_0 = 0000$。

$M_1 M_0 = 00$ 或 $CP = 0$：$Q_3 Q_2 Q_1 Q_0$ 保持。

$M_1 M_0 = 01$：右移，在 CP 上升沿的作用下按照 $D_{SR} \to Q_0 \to Q_1 \to Q_2 \to Q_3 \to D_{SR} \cdots$ 移动。

$M_1 M_0 = 10$：左移，在 CP 上升沿的作用下按照 $D_{SL} \to Q_3 \to Q_2 \to Q_1 \to Q_0 \to D_{SL} \cdots$ 移动。

$M_1 M_0 = 11$：并行输入，在 CP 上升沿到来时 $Q_3 Q_2 Q_1 Q_0 = D_3 D_2 D_1 D_0$。

（3）环形计数器如图 12.2 所示。

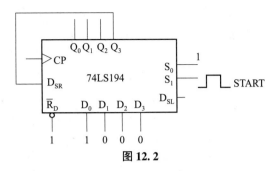

图 12.2

当启动信号 START 到来时，使 $S_1S_0 = 11$，从而不论移位寄存器 74LS194 的原状态如何，在 CP 作用下总是执行置数操作使 $Q_0Q_1Q_2Q_3 = 1000$。

当 START 由 1 变 0 之后，$S_1S_0 = 01$，在 CP 作用下移位寄存器进行右移 $1000 \rightarrow 0100 \rightarrow 0010 \rightarrow 0001$ 操作。状态转换在第四个 CP 到来之前 $Q_0Q_1Q_2Q_3 = 0001$，这样在第四个 CP 到来时，由于 $D_{SR} = Q_3 = 1$，故在该 CP 作用下输出回到 1000。

（4）扭环形计数器如图 12.3 所示。

为了增加有效计数状态，扩大计数器的模，将上述接成右移寄存器的 74LS194 的末级输出 Q_3 反相后，接到串行输入端 D_{SR}，就构成了扭环形计数器。

可见该电路有 8 个计数状态，为模 8 计数器。一般来说，N 位移位寄存器可以组成模 $2N$ 的扭环形计数器，只需将末级输出反相后接到串行输入端。转换过程如下：

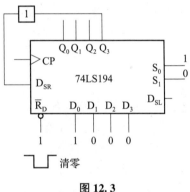

图 12.3

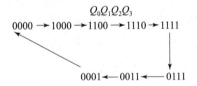

三、计数器

用以统计输入时钟脉冲 CP 个数的电路。

1. 计数器的分类

（1）按计数进制分。

二进制计数器：按二进制数运算规律进行计数的电路称作二进制计数器。

十进制计数器：按十进制数运算规律进行计数的电路称作十进制计数器。

任意进制计数器：二进制计数器和十进制计数器之外的其他进制计数器统称为任意进制计数器。

（2）按数字的变化规律。

加法计数器：随着计数脉冲的输入做递增计数的电路称作加法计数器。

减法计数器：随着计数脉冲的输入做递减计数的电路称作减法计数器。

可逆计数器：在加/减控制信号作用下，可递增计数，也可递减计数的电路，称作加/

减计数器，又称可逆计数器。

（3）按计数器工作方式。

异步计数器：计数脉冲只加到部分触发器的时钟脉冲输入端上，而其他触发器的触发信号则由电路内部提供，应翻转的触发器状态更新有先有后的计数器，称作异步计数器。

同步计数器：计数脉冲同时加到所有触发器的时钟信号输入端，使应翻转的触发器同时翻转的计数器，称作同步计数器。

2. 计数器的结论

（1）计数器在一个计数周期中有 N 种状态，它就是 N 进制计数器，它的模就是 N，可累计输入脉冲最大个数为 $N-1$ 个，它的最高位输出具有 N 分频功能。

（2） n 位二进制计数器在一个计数周期中有 $2n$ 种状态，它就是 $2n$ 进制计数器，它的模就是 $2n$，可累计输入脉冲最大个数为 $2n-1$ 个，它的最高位输出具有 $2n$ 分频功能。

四、同步计数器的分析步骤

1. 写方程式

（1）输出方程。时序逻辑电路的输出逻辑表达式，它通常为现态的函数。

（2）驱动方程。各触发器输入端的逻辑表达式。

（3）状态方程。将驱动方程代入相应触发器的特性方程中，便得到该触发器的次态方程。

2. 列状态转换真值表

将电路现态的各种取值代入状态方程和输出方程中进行计算，求出相应的次态和输出，从而列出状态转换真值表。当现态的起始值已给定时，则从给定值开始计算；当没有给定值时，则可设定一个现态起始值依次进行计算。

3. 画状态转换图和时序图

状态转换图是指电路由现态转换到次态的示意图。电路的时序图是在时钟脉冲 CP 作用下，各触发器状态变化的波形图。

4. 逻辑功能说明

根据状态转换真值表来说明电路的逻辑功能。

五、异步计数器

异步计数器：有的触发器直接受输入计数脉冲控制，有的触发器则是把其他触发器的输出信号作为自己的时钟脉冲，因此各个触发器状态变换的时间先后不一，故称为"异步计数器"。

优缺点：异步二进制加法计数器线路连接简单，各触发器不同步翻转，因而工作速度较慢。各级触发器输出相差大，译码时容易出现尖峰；但是如果同步计数器级数增加，对计数脉冲的影响不大。

异步二进制计数器一般由 D 触发器和 T 触发器组成 T' 触发器，连接规律如下：

（1）下降沿触发时，若低位触发器的 Q 端接高位触发器的 CP，则构成加法计数器；若低位触发器的 $\overline{Q}$ 端接高位触发器的 CP，则构成减法计数器。

（2）上升沿触发时，若低位触发器的 Q 端接高位触发器的 CP，则构成减法计数器；若低位触发器的 $\overline{Q}$ 端接高位触发器的 CP，则构成加法计数器。

六、异步计数器的分析步骤

（1）写出下列各逻辑方程式：
①时钟方程。
②驱动方程。
③状态方程。
④输出方程。
（2）列状态转换真值表。
（3）画状态转换图和时序图。
（4）逻辑功能说明注意：
①分析状态转换时必须考虑各触发器的时钟信号作用情况，有作用，则令 $CP_n = 1$，否则 $CP_n = 0$。根据激励信号确定 $CP_n = 1$ 的触发器的次态，$CP_n = 0$ 的触发器则保持原有状态不变。
②每一次状态转换必须从输入信号所能触发的第一个触发器开始逐级确定。
③每一次状态转换都有一定的时间延迟。

七、集成计数器

1. 集成异步计数 74LS290

1）引脚图

74LS290 为异步二－五－十进制加法计数器。其引脚排列、逻辑符号如图 12.4 所示。

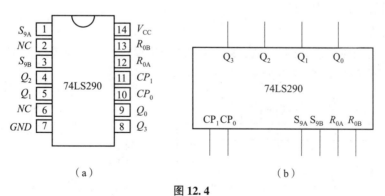

（a）　　　　　　　　　　　　　　　（b）

图 12.4

CP_0、CP_1 均为输入计数脉冲输入端，下降沿有效。S_{9A}、S_{9B} 为直接置 9（1001）端，R_{0A}、R_{0B} 为直接清零端，它们均不受时钟脉冲的控制，为异步控制端。

2）功能介绍（表 12.2）

表 12. 2

输入						输出			
S_{9A}	S_{9B}	R_{0A}	R_{0B}	CP_0	CP_1	Q_3	Q_2	Q_1	Q_0
1	1	×	×	×	×	1	0	0	1
0	×	1	1	×	×	0	0	0	0
×	0	1	1	×	×	0	0	0	0
$S_{9A} * S_{9B} = 0 R_{0A} * R_{0B} = 0$				CP	0	二进制			
				0	CP	五进制			
				CP	Q_0	8421 十进制			
				Q_3	CP	5421 十进制（双五进制）			

（1）异步清零。

当 $R_{0A} = R_{0B} = 1$，S_{9A}、S_{9B} 有一个为 0 时，$Q_3 Q_2 Q_1 Q_0 = 0000$，计数器清零。

（2）异步置 9。

当 $S_{9A} = S_{9B} = 1$ 时，$Q_3 Q_2 Q_1 Q_0 = 1001$，即置 "9"。

（3）计数功能。

当 R_{0A}、$R_{0B} = S_{9A}$、$S_{9B} = CP_1 = 0$ 时，计数脉冲在 CP_0 端输入，输出 Q_0 构成 1 位二进制计数器。

当 R_{0A}、$R_{0B} = S_{9A}$、$S_{9B} = CP_0 = 0$ 时，计数脉冲在 CP_1 端输入，输出 Q_3、Q_2、Q_1 构成五进制计数器。

当 R_{0A}、$R_{0B} = S_{9A}$、$S_{9B} = 0$ 时，把 CP_1 与 Q_0 连接，计数脉冲加在 CP_0 端输入，输出 Q_3、Q_2、Q_1、Q_0 构成 8421 码十进制计数器。

当 R_{0A}、$R_{0B} = S_{9A}$、$S_{9B} = 0$ 时，把 CP_0 与 Q_3 连接，计数脉冲加在 CP_1 端输入，输出 Q_0、Q_3、Q_2、Q_1 构成 5421 码十进制计数器。

2. 集成同步计数 74LS161

1）引脚图

74LS161 为四位二进制同步计数器，具有同步预置数、异步清零以及保持等功能。其引脚排列、逻辑符号如图 12. 5 所示。

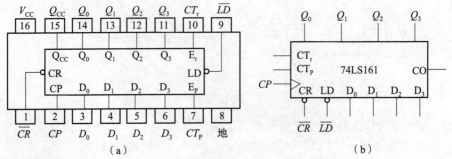

（a）　　　　　　　　　　　　　（b）

图 12. 5

2）74LS161 的功能表（表 12.3）

表 12.3

输入									输出			
$\overline{CR}$	$\overline{LD}$	CT_r	CT_p	CP	D_0	D_1	D_2	D_3	Q_0	Q_1	Q_2	Q_3
0	×	×	×	×	×	×	×	×	0	0	0	0
1	0	×	×	↑	d_0	d_1	d_2	d_3	d_0	d_1	d_2	d_3
1	1	1	1	↑	×	×	×	×	计数			
1	1	0	×	×	×	×	×	×	保持			
1	1	×	0	×	×	×	×	×	保持			

注：$C_0 = CT_r \cdot Q_0 \cdot Q_1 \cdot Q_2 \cdot Q_3$。

（1）从功能表 12.3 的第一行可知，当 $\overline{CR} = 0$（输入低电平）时，则不管其他输入端（包括 CP 端）状态如何，四个数据输出端全部清零。由于这一清零操作不需要时钟脉冲 CP 配合（即不管 CP 是什么状态都行），所以 CR 为异步清零端且低电平有效，也可以说该计数器具有"异步清零"功能。

（2）从功能表 12.3 的第二行可知，当 $\overline{CR} = 1$，$\overline{LD} = 0$ 时，时钟脉冲 CP 上升沿到达，四个数据输出端同时分别接收并行数据输入信号 a、b、c、d。由于这个置数操作必须有 CP 上升沿配合，并与 CP 上升沿同步，所以称为同步并行预置数，那么该芯片具有"同步置数"功能。

（3）从功能表 12.3 的第三行可知，当 $\overline{LD} = \overline{CR} = 1$，$CT_r = CT_p = 1$ 时，则对计数脉冲 CP 实现同步十六进制加计数；而从功能表的第四行和第五行又知道，当 $\overline{CR} = \overline{LD} = 1$ 时，只要 CT_r 和 CT_p 中有一个为 0，则不管 CP 状态如何（包括上升沿），计数器所有数据输出都保持原状态不变。因此，CT_r 和 CT_p 应该为计数控制端，当它们同时为 1 时，计数器执行正常同步计数功能；而当它们有一个为 0 时，计数器执行保持功能。

另外，进位输出 $C_0 = CT_r \cdot Q_0 \cdot Q_1 \cdot Q_2 \cdot Q_3$ 表明，进位输出端仅当计数控制端 $CT_r = 1$ 且计数器状态为 15 时它才为 1，否则为 0。

3. 74LS163

74LS163 是 4 位二进制（十六进制）同步加法计数器。74LS163 的引脚排列和 74LS161 相同，不同之处是 74LS163 清零、置数均采用同步方式，即采用同步清零同步置数方式。

4. 其他

集成十进制同步加法计数器，74LS160、74LS162 的引脚排列图、逻辑功能示意图分别与 74LS161、74LS163 相同，不同的是 74LS160 和 74LS162 是十进制同步加法计数器，而 74LS161 和 74LS163 是 4 位二进制（十六进制）同步加法计数器。此外，74LS160 和 74LS162 的区别是 74LS160 采用的是异步清零、同步置数方式，而 74LS162 采用的是同步清零、同步置数方式。74LS190 是单时钟集成十进制同步可逆计数器，其引脚排列图和逻辑功能示意图与 74LS191 相同。74LS192 是双时钟集成十进制同步可逆计数器，其引脚排列图和逻辑功能示意图与 74LS193 相同。

在前面介绍的集成计数器中，清零、置数均采用同步方式的有 74LS163；均采用异步方式的有 74LS193、74LS197、74LS192；清零采用异步方式、置数采用同步方式的有 74LS161、74LS160；有的只具有异步清零功能，如 CC4520、74LS190、74LS191；74LS90 则具有异步清零和异步置 9 功能。

八、集成计数器的应用

1. 计数器的级联

两个模为 N 的计数器级联，可实现模为 $N \times N$ 的计数器。

1）同步级联

如图 12.6 所示，用两片 4 位二进制加法计数器 74LS161 采用同步级联方式构成的 8 位二进制同步加法计数器，每当片（1）产生进位时（$C=1$），片（2）计数，实现模为 $16 \times 16 = 256$。

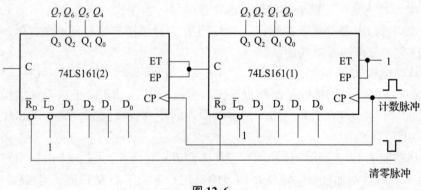

图 12.6

2）异步级联

用两片 74LS191 采用异步级联方式构成的 8 位二进制异步可逆计数器如图 12.7 所示。有的集成计数器没有进位/借位输出端，这时可根据具体情况，用计数器的输出信号 Q_3、Q_2、Q_1、Q_0 产生一个进位/借位。如用两片二—五—十进制异步加法计数器 74LS290，采用异步级联方式组成的二位 8421BCD 码十进制加法计数器如图 12.8 所示，模为 $10 \times 10 = 100$。

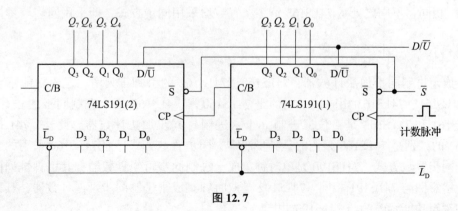

图 12.7

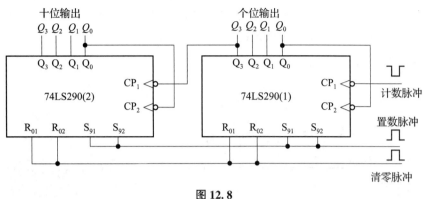

图 12. 8

2. 组成任意进制计数器

若有 M 进制计数器，欲构成 N 进制计数器，有两种情况：

当 $M > N$ 时，从 M 个状态中任选 N 个状态构成 N 进制计数器；当 $M < N$ 时，采用多片 M 进制计数器，构成 M' 计数器，使 $M' > N$。

利用集成计数器的清零端和置数端实现归零，从而构成按自然态序进行计数的 N 进制计数器的方法。

3. 异步清零法或置数端归零构成 N 进制计数器

（1）写出状态 S_N 的二进制代码。

（2）求归零逻辑，即求异步清零端或置数控制端信号的逻辑表达式。

（3）画接线图。

其适用于具有异步清零端的集成计数器，异步清零可以不顾时钟信号，只要清零信号到来就进行清零操作。如用集成计数器 74LS161 和与非门组成的六进制计数器，如图 12.9（a）所示。由于 74LS161 为异步清零，状态 0110 为暂态，其状态转换图如图 12.9（b）所示。

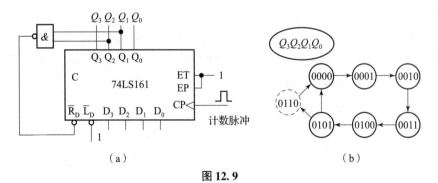

（a）　　　　　　　　　　（b）

图 12. 9

4. 同步清零法或置数端归零构成 N 进制计数器

（1）写出状态 $S_N - 1$ 的二进制代码。

（2）求归零逻辑，即求同步清零端或置数控制端信号的逻辑表达式。

（3）画接线图。

其适用于具有同步清零端的集成计数器，同步清零即使清零信号有效也要等时钟信号有效沿到来时才清零。如用集成计数器 74LS163 和与非门组成的六进制计数器，如图 12.10（a）所示。其状态转换图如图 12.10（b）所示。

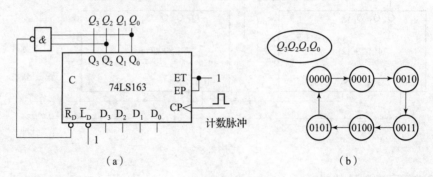

图 12.10

5. 异步预置数法

异步置零即时钟触发条件满足时检测清零信号是否有效，如果有效，无视触发脉冲立即置数。利用 74LS191 和与非门组成余 3 码计数器，如图 12.11 所示。

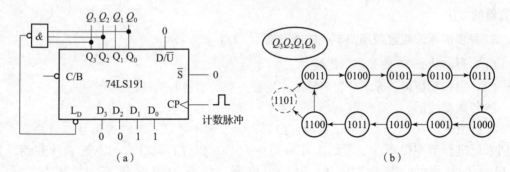

图 12.11

6. 同步预置数法

当适用于具有同步预置端的集成计数器，同步置数是输入端获得置数信号后，只是为置数创造了条件，还需要再输入一个计数脉冲 CP 计数器才能将预置数置入。如用集成计数器 74LS160 和与非门组成的七进制计数器，如图 12.12 所示。

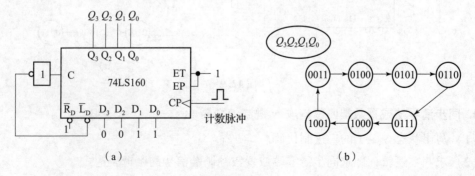

图 12.12

　　改变集成计数器的模可用反馈清零法，也可用预置数法。清零法比较简单，预置数法比较灵活。但不管用哪种方法，都应首先搞清所用集成组件的清零端或预置端是异步还是同步工作方式，根据不同的工作方式选择合适的清零信号或预置信号。

　　用集成计数器74LS163和集成3线–8线译码器74LS138构成的8输出顺序脉冲发生器，如图12.13所示。

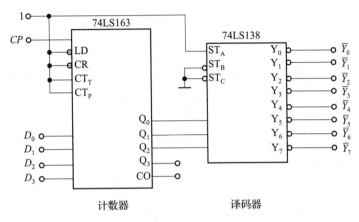

图 12.13

　　移位型顺序脉冲发生器由移位寄存器型计数器加译码电路构成。其中环形计数器的输出就是顺序脉冲，故可不加译码电路就可直接作为顺序脉冲发生器。

例题解析

　　【例12–1】　电路及时钟脉冲、输入端 D 的波形如图12.14所示，设起始状态为"000"。试画出各触发器的输出时序图，并说明电路的功能。

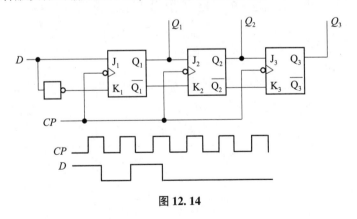

图 12.14

　　解：分析：（1）电路为同步的米莱型时序逻辑电路；

　　（2）各触发器的驱动方程：$J_1 = D$，$K_1 = \bar{D}$，$J_2 = Q_1^n$，$K_2 = \overline{Q_1^n}$，$J_3 = Q_1^n$，$K_3 = \overline{Q_2^n}$；
各触发器的次态方程：$Q_1^{n+1} = D^n$，$Q_2^{n+1} = Q_1^n$，$Q_3^{n+1} = Q_2^n$。

　　（3）根据上述方程，写出相应的逻辑功能真值表，如表12.4所示。

表 12.4

CP	D	$Q_1{}^n Q_2{}^n Q_3{}^n$	$Q_1{}^{n+1} Q_2{}^{n+1} Q_3{}^{n+1}$
1↓	0	0　0　0	0　0　0
2↓	1	0　0　0	1　0　0
3↓	0	1　0　0	0　1　0
4↓	0	0　1　0	0　0　1
5↓	0	0　0　1	0　0　0

从功能真值表 12.4 中可看出，该电路属于右移移位寄存器。

【例 12 – 2】 （2015 年真题）一个动态指示灯电路，LED 发光二极管 A ～ D 将被点亮，已知电路如图 12.15 所示，请根据给定的初始状态，填写 5 个时钟脉冲作用下 A ～ D 发光二极管点亮的状态。（设发光二极管亮为"1"，灭为"0"）初始序列（A ～ D）：0110 →＿＿→＿＿→＿＿→＿＿→＿＿。

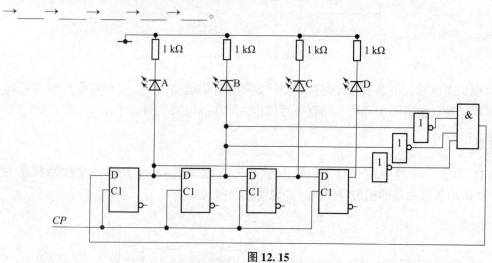

图 12.15

解： 由电路可知：该电路为右移寄存器 $D_0 = \overline{Q_0} \cdot \overline{Q_1} \cdot \overline{Q_2} \cdot Q_3$，初始状态为 0110，列出真值表如表 12.5 所示。

表 12.5

CP	Q_0	Q_1	Q_2	Q_3	D_0
0	0	1	1	0	0
1↑	0	0	1	1	0
2↑	0	0	0	1	1
3↑	1	0	0	0	0
4↑	0	1	0	0	0
5↑	0	0	1	0	0

根据真值表 12.5 可知初始序列（A～D）：0110→0011→0001→1000→0100→0010。

解析：分析电路可知该电路是右移寄存器，移动顺序为 $\overline{Q_0} \cdot \overline{Q_1} \cdot \overline{Q_2} \cdot Q_3 \to Q_0 \to Q_1 \to Q_2 \to Q_3$。要注意该电路的数据输入端是 $\overline{Q_0} \cdot \overline{Q_1} \cdot \overline{Q_2} \cdot Q_3$，可以列出真值表得到答案。

【例 12-3】 （2017 年真题）图 12.16 所示为一个简易密码锁电路，S0 是复位键，通过顺序按下 S1、S2、S3，使三个触发器依次更新为"1"，当 Q_3 为"1"时表示开锁，由 R_1、R_2、电容和非门所构成电路的功能是_____。

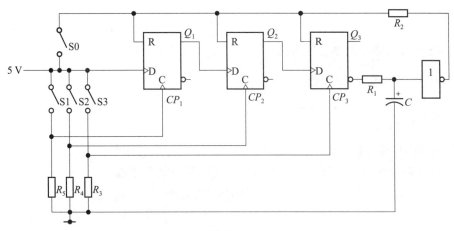

图 12.16

答案：产生复位信号。

解析：该密码锁电路实际上是一个右移寄存器。Q_1 接 5 V 电源，数据输入为固定"1"。按下 S1、S2、S3 时，相当于给三个触发器产生 CP，三个输出端依次输出 1。在 Q_3 = 0 时 $\overline{Q_3}$ = 1 经 R_1 给 C 充电，C 两端为高电平，经非门后触发器的 R 端为低电平，触发器不清零，密码可以输入。当输入正确密码 $\overline{Q_3}$ = 0 时，电容 C 很快放电，经非门后触发器的 R 端为高电平，触发器清零，清零后 $\overline{Q_3}$ = 1，C 两端又为高电平，触发器的 R 端为低电平，为下次密码输入做好准备。

【例 12-4】 已知计数器的输出端 Q_2、Q_1、Q_0 的输出波形如图 12.17 所示，试画出对应的状态转换图，并分析该计数器为几进制计数器。

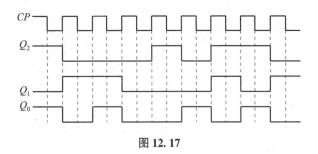

图 12.17

解：状态转换关系为：101→010→011→000→100→001→110，该计数器为七进制计数器。

【例 12-5】 （2012 高考真题）分析如图 12.18 所示电路：

（1）写出输出方程、驱动方程、次态方程；

（2）列出真值表与状态转换图；

（3）功能描述。

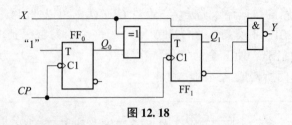

图 12.18

解：（1）该电路为同步触发方式

输出方程：$Y = \overline{X \overline{Q_1^n}} = \overline{X} + Q_1^n$

驱动方程：$\begin{cases} T_1 = X \oplus Q_0^n \\ T_0 = 1 \end{cases}$

T 触发器的特性方程：$Q^{n+1} = T \oplus Q^n$

将各触发器的驱动方程代入特性方程，即得电路的状态方程

$$\begin{cases} Q_1^{n+1} = T_1 \oplus Q_1^n = X \oplus Q_0^n \oplus Q_1^n \\ Q_0^n = T_0 \oplus Q_0^n = 1 \oplus Q_0^n = \overline{Q_1^n} \end{cases}$$

（2）真值表如表 12.6 所示，状态转换图如图 12.19 所示。

表 12.6

输入	现态		次态		输出
X	Q_1^n	Q_0^n	Q_1^{n+1}	Q_0^{n+1}	Y
0	0	0	0	1	1
0	0	1	1	0	1
0	1	0	1	1	1
0	1	1	0	0	1
1	0	0	1	1	0
1	0	1	0	0	0
1	1	0	0	1	1
1	1	1	1	0	1

（3）功能描述。

由状态图可以看出，当输入 $X = 0$ 时，在时钟脉冲 CP 的作用下，电路的 4 个状态按递增规律循环变化，即 $00 \rightarrow 01 \rightarrow 10 \rightarrow 11 \rightarrow 00 \rightarrow \cdots$

当输入 $X = 1$ 时，在时钟脉冲 CP 的作用下，电路的 4 个状态按递减规律循环变化，即 $00 \rightarrow 11 \rightarrow 10 \rightarrow 01 \rightarrow 00 \rightarrow \cdots$

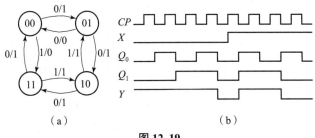

图 12. 19

可见，该电路既具有递增计数功能，又具有递减计数功能，是一个 2 位二进制同步可逆计数器。当 $X=0$ 时，该电路是同步四进制加法计数器；当 $X=1$ 时，该电路是同步四进制减法计数器。

分析电路结构：该电路是由下降沿 T 触发器构成，采用的是同步触发方式；按照同步分析步骤写出驱动方程和特性方程，在列出状态转换表时注意 X 端的作用，分 $X=0$ 和 $X=1$ 两种情况列表，最后总结功能也分两种情况。

【例 12 –6】　分析如图 12. 20 所示电路功能。

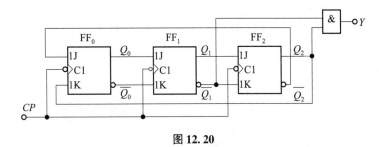

图 12. 20

解：（1）写方程式

时钟方程：$CP_2 = CP_1 = CP_0 = CP$（同步时序电路的时钟方程可省去不写）

输出方程：$Y = \bar{Q}_1^n Q_2^n$

驱动方程：
$$\begin{cases} J_2 = Q_1^n & K_2 = \bar{Q}_1^n \\ J_1 = Q_0^n & K_1 = \bar{Q}_0^n \\ J_0 = Q_2^n & K_0 = Q_2^n \end{cases}$$

（2）求状态方程

JK 触发器的特性方程：$Q^{n+1} = J\bar{Q}^n + \bar{K}Q^n$

将各触发器的驱动方程代入，即得电路的状态方程：

$$\begin{cases} Q_2^{n+1} = J_2\bar{Q}_2^n + \bar{K}_2 Q_2^n = Q_1^n\bar{Q}_2^n + Q_1^n Q_2^n = Q_1^n \\ Q_1^{n+1} = J_1\bar{Q}_1^n + \bar{K}_1 Q_1^n = Q_0^n\bar{Q}_1^n + Q_0^n Q_1^n = Q_0^n \\ Q_0^{n+1} = J_0\bar{Q}_0^n + \bar{K}_0 Q_0^n = Q_2^n\bar{Q}_0^n + \bar{Q}_2^n Q_0^n = \bar{Q}_2^n \end{cases}$$

（3）计算、列状态表，如表 12.7 所示。

表 12.7

现态			次态			输出
Q_2^n	Q_1^n	Q_0^n	Q_2^{n+1}	Q_1^{n+1}	Q_0^{n+1}	Y
0	0	0	0	0	1	0
0	0	1	0	1	1	0
0	1	0	1	0	1	0
0	1	1	1	1	1	0
1	0	0	0	0	0	1
1	0	1	0	1	0	1
1	1	0	1	0	0	0
1	1	1	1	1	0	0

$$\begin{cases} Q_2^{n+1} = Q_1^n \\ Q_1^{n+1} = Q_0^n \\ Q_0^{n+1} = \overline{Q_2^n} \end{cases}$$

$$Y = \overline{Q_1^n} Q_2^n$$

（4）画状态图、时序图，分别如图 12.21 和图 12.22 所示。

状态图

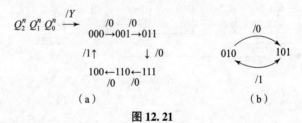

(a)　　　　　　　　　　(b)

图 12.21

时序图

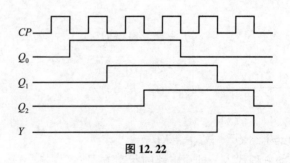

图 12.22

（5）逻辑功能

有效循环的 6 个状态分别是 0～5 这 6 个十进制数字的格雷码，并且在时钟脉冲 CP 的作用下，这 6 个状态是按递增规律变化的，即

$$000 \rightarrow 001 \rightarrow 011 \rightarrow 111 \rightarrow 110 \rightarrow 100 \rightarrow 000 \rightarrow \cdots$$

所以这是一个用格雷码表示的六进制同步加法计数器。当对第 6 个脉冲计数时，计数器又重新从 000 开始计数，并产生输出 $Y = 1$。

【例 12 − 7】　　试用 JK 触发器和少量门设计一个模 6 可逆同步计数器。计数器受 X 输入信号控制，当 $X=0$ 时，计数器做加法计数；当 $X=1$ 时，计数器做减法计数。

解：

由题意可得如下的状态图（图 12.23）和状态表（表 12.8）：

表 12.8

X	Q_2^n	Q_1^n	Q_0^n	Q_2^{n+1}	Q_1^{n+1}	Q_0^{n+1}
0	0	0	0	0	0	1
0	0	0	1	0	1	0
0	0	1	0	0	1	1
0	0	1	1	1	0	0
0	1	0	0	1	0	1
0	1	0	1	0	0	0
0	1	1	0	×	×	×
0	1	1	1	×	×	×
1	0	0	0	1	0	1
1	0	0	1	0	0	0
1	0	1	0	0	0	1
1	0	1	1	0	1	0
1	1	0	0	0	1	1
1	1	0	1	1	0	0
1	1	1	0	×	×	×
1	1	1	1	×	×	×

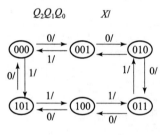

图 12.23

分离 Q_2^{n+1}、Q_1^{n+1}、Q_0^{n+1} 的卡诺图，如图 12.24 所示，得

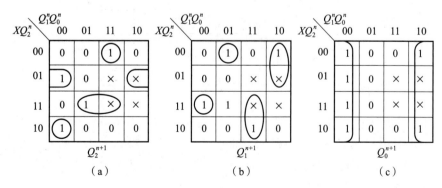

图 12.24

$$Q_2^{n+1} = (\overline{X} Q_1^n Q_0^n + X \overline{Q_1^n} \, \overline{Q_0^n}) \cdot \overline{Q_2^n} + (\overline{X} \, \overline{Q_0^n} + X Q_0^n) \cdot Q_2^n$$

$$Q_1^{n+1} = (X Q_2^n \overline{Q_0^n} + \overline{X} \, \overline{Q_2^n} Q_0^n) \cdot \overline{Q_1^n} + (\overline{X} \, \overline{Q_0^n} + X Q_0^n) \cdot Q_1^n$$

$$Q_0^{n+1} = \overline{Q_0^n}$$

所以，　$J_2 = X \overline{Q_1^n} \, \overline{Q_0^n} + \overline{X} Q_1^n Q_0^n$　　　　$K_2 = \overline{X} Q_0^n + X \overline{Q_0^n} = X \oplus Q_0^n$

　　　　$J_1 = \overline{X} \, \overline{Q_2^n} Q_0^n + X Q_2^n \overline{Q_0^n}$　　　　$K_1 = \overline{X} Q_0^n + X \overline{Q_0^n} = X \oplus Q_0^n$

　　　　$J_0 = K_0 = 1$

电路能自启动。（图略）

【例 12 – 8】　试用 4 位同步二进制计数器 74LS163 实现十二进制计数器。74LS163 功能表如表 12.9 所示。

表 12.9

输入									输出			
C_R	CP	L_D	EP	ET	D_3	D_2	D_1	D_0	Q_3	Q_2	Q_1	Q_0
0	↑	×	×	×	×	×	×	×	0	0	0	0
1	↑	0	×	×	D	C	B	A	D	C	B	A
1	↑	1	0	×	×	×	×	×	Q_3	Q_2	Q_1	Q_0
1	↑	1	×	0	×	×	×	×	Q_3	Q_2	Q_1	Q_0
1	↑	1	1	1	×				状态码加 1			

解： 可采取同步清零法实现，电路如图 12.25 所示。

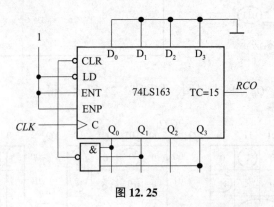

图 12.25

【例 12 – 9】　（2017 年高考真题）红外线遥控器的数据格式由引导码、用户码和数据码组成，其中用户码是 8 位，现在已知用户码的格式如图 12.26 所示，设计一个由 74LS160（十进制计数器）、74LS138（3 线 – 8 线译码器）和部分门电路来模拟产生用户码。画出该电路，并简述工作原理。

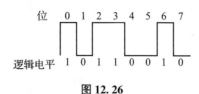

图 12.26

答案： 电路如图 12.27 所示。

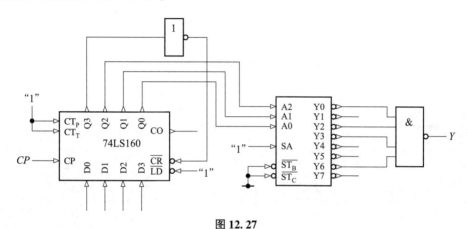

图 12.27

工作原理：该电路由十进制计数器 74LS160 构成八进制计数器，在 CP 的作用下，Q_2、Q_1、Q_0 输出端产生 000 ~ 111 的 8 个循环序列，将其作为 74LS138 的地址信号。在 74LS138 正常译码时，$\overline{Y_0}$ ~ $\overline{Y_7}$ 依次输出 "0"，把 $\overline{Y_0}$、$\overline{Y_2}$、$\overline{Y_3}$、$\overline{Y_6}$ 通过与非门作为输出端，将依次产生 "10110010" 8 位用户码。

解析： 分析题意可知，该电路实际上是要产生一个 8 位序列码 "10110010"，"8 位" 可以理解为八种情况，即八进制。构成八进制计数器可以用十进制计数器 74LS160 实现，可以用反馈清零法或反馈置数法实现。在八进制的作用下要产生 "10110010" 逻辑电平，可以通过 74LS138 实现，真值表如表 12.10 所示。

表 12.10

A_2	A_1	A_0	Y
0	0	0	1
0	0	1	0
0	1	0	1
0	1	1	1
1	0	0	0
1	0	1	0
1	1	0	1
1	1	1	0

输出表达式为 $Y = \overline{A_2}\,\overline{A_1}\,\overline{A_0} + \overline{A_2}A_1\,\overline{A_0} + \overline{A_2}A_1A_0 + A_2A_1\,\overline{A_0}$，将 74LS138 的 $\overline{Y_0}$、$\overline{Y_2}$、$\overline{Y_3}$、$\overline{Y_6}$ 通过与非门即可实现。

【例 12 – 10】 试用 4 位同步二进制计数器 74LS163 和门电路设计一个编码可控计数器，当输入控制变量 $M = 0$ 时，电路为 8421BCD 码十进制计数器，当 $M = 1$ 时电路为 5421BCD 码十进制计数器，5421BCD 码计数器状态图如图 12.28 所示。74LS163 功能表如表 12.11 所示。

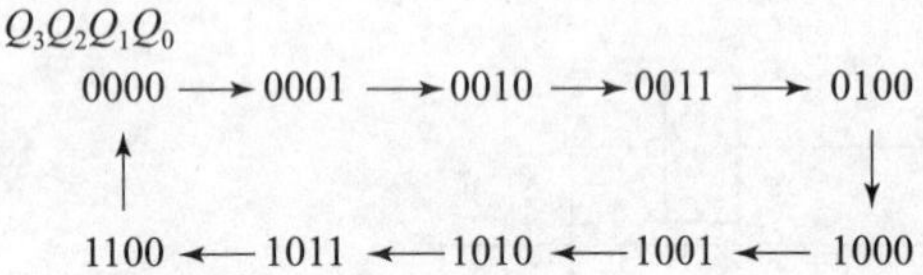

$$Q_3Q_2Q_1Q_0$$

$$0000 \longrightarrow 0001 \longrightarrow 0010 \longrightarrow 0011 \longrightarrow 0100$$

$$1100 \longleftarrow 1011 \longleftarrow 1010 \longleftarrow 1001 \longleftarrow 1000$$

图 12.28

表 12.11

输入									输出			
C_R	CP	L_D	EP	ET	D_3	D_2	D_1	D_0	Q_3	Q_2	Q_1	Q_0
0	↑	×	×	×	×	×	×	×	0	0	0	0
1	↑	0	×	×	D	C	B	A	D	C	B	A
1	↑	1	0	×	×	×	×	×	Q_3	Q_2	Q_1	Q_0
1	↑	1	×	0	×	×	×	×	Q_3	Q_2	Q_1	Q_0
1	↑	1	1	1	×	×	×	×	状态码加 1			

解： 实现 8421BCD 码计数器，可采取同步清零法；5421BCD 码计数器可采取置数法实现，分析 5421BCD 码计数规则可知，当 $Q_2 = 1$ 时需置数，应置入的数为：$D_3D_2D_1D_0 = \overline{Q_3}000$。加入控制信号 M 即可完成电路设计，电路如图 12.29 所示。

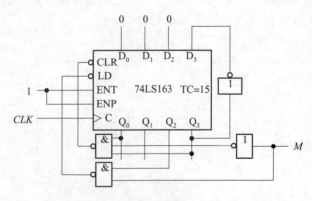

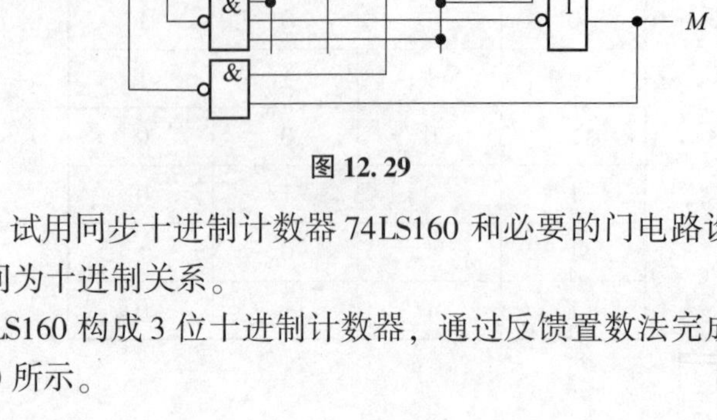

图 12.29

【例 12 – 11】 试用同步十进制计数器 74LS160 和必要的门电路设计一个 365 进制计数器，要求各位之间为十进制关系。

解： 用 3 片 74LS160 构成 3 位十进制计数器，通过反馈置数法完成 365 进制计数器设计。电路如图 12.30 所示。

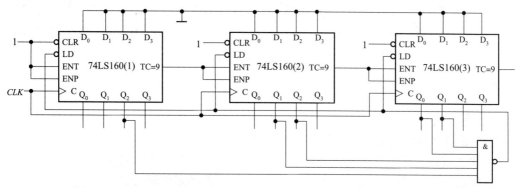

图 12.30

【例 12 – 12】　（2018 年高考真题）74LS160 的功能表如表 12.12 所示，请用两片该集成电路和适当的门电路连接成一个 35 s 计时电路，要求第 35 个秒脉冲到来时计数器复位并送出一个报警信号，如图 12.31 所示。

低电平有效，设计数器初始状态为零。

表 12.12

输入									输出			
$\overline{CR}$	$\overline{LD}$	CT_r	CT_p	CP	D_0	D_1	D_2	D_3	Q_0	Q_1	Q_2	Q_3
0	×	×	×	×	×	×	×	×	0	0	0	0
1	0	×	×	↑	d_0	d_1	d_2	d_3	d_0	d_1	d_2	d_3
1	1	1	1	↑	×	×	×	×	计数			
1	1	0	×	×	×	×	×	×	保持			
1	1	×	0	×	×	×	×	×	保持			

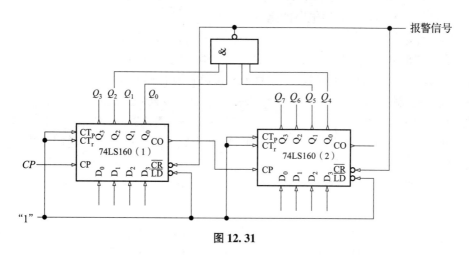

图 12.31

解：因为 $N = 35$，而 74LS160 为模 10 计数器，所以要用两片 74LS160 构成此计数器。先将两芯片采用同步级联方式连接成一百进制计数器。然后再借助 74LS160 异步清零功能，当计数值为 35（十进制）时（此时计数器输出状态为 00110101），即当高位片（2）

的 Q_1、Q_0 和低位片（1）的 Q_2、Q_0 同时为 1，将这四个输出端通过与非门产生清零信号和报警信号，当 $\overline{CR}=0$ 时计数器立即返回 00000000 状态。状态 00110101 仅在极短的瞬间出现，为过渡状态，这样就组成了三十五进制计数器。

知识精练

一、选择题

1. 描述时序逻辑电路功能的两个必不可少的重要方程式是（   ）。

A. 次态方程和输出方程   B. 次态方程和驱动方程

C. 驱动方程和时钟方程   D. 驱动方程和输出方程

2. 用 8421BCD 码作为代码的十进制计数器，至少需要的触发器个数是（   ）。

A. 2   B. 3   C. 4   D. 5

3. 按各触发器的状态转换与时钟输入 CP 的关系分类，计数器可分为（   ）计数器。

A. 同步和异步   B. 加计数和减计数   C. 二进制和十进制

4. 能用于脉冲整形的电路是（   ）。

A. 双稳态触发器   B. 单稳态触发器   C. 施密特触发器

5. 四位移位寄存器构成的扭环形计数器是（   ）计数器。

A. 模 4   B. 模 8   C. 模 16

6. 下列叙述正确的是（   ）。

A. 译码器属于时序逻辑电路   B. 寄存器属于组合逻辑电路

C. 555 定时器属于时序逻辑电路   D. 计数器属于时序逻辑电路

7. 一个 5 位的二进制加法计数器，初始状态为 00000，问经过 201 个输入脉冲后，此计数器的状态为（   ）。

A. 00111   B. 00101   C. 01000   D. 01001

8. 下列电路中不属于时序电路的是（   ）。

A. 同步计数器   B. 异步计数器

C. 组合逻辑电路   D. 数据寄存器

9. 下列各种电路结构的触发器中哪种能构成移位寄存器。（   ）

A. 基本 RS 触发器   B. 同步 RS 触发器

C. 主从结构触发器   D. SR 锁存器

10. 把一个五进制计数器与一个四进制计数器串联可得到（   ）进制计数器。

A. 4   B. 5   C. 9   D. 20

11. 如图 12.32 所示，判断电路为（   ）计数器。

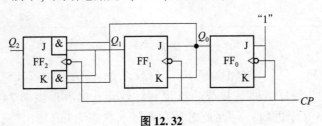

图 12.32

A. 异步二进制减法　　　　　　　　　B. 同步二进制减法

C. 异步二进制加法　　　　　　　　　D. 同步二进制加法

12. 如图 12.33 所示，74LS161 计数器电路的模是（　　　）。

A. 7　　　　　　　B. 8　　　　　　　C. 9　　　　　　　D. 10

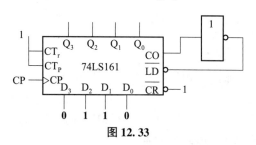

图 12.33

13. 欲设计 0、1、2、3、4、5、6、7 这几个数的计数器，如果设计合理，采用同步二进制计数器最少应使用（　　　）级触发器。

A. 2　　　　　　　B. 3　　　　　　　C. 4　　　　　　　D. 8

14. 某数字钟需要一个分频器将 32 768 Hz 的脉冲转换为 1 Hz 的脉冲，欲构成此分频器至少需要（　　　）个触发器。

A. 10　　　　　　B. 15　　　　　　C. 32　　　　　　D. 32 768

15. 用二进制异步计数器从 0 做加法，计到十进制数 178，则最少需要（　　　）个触发器。

A. 6　　　　　　　B. 7　　　　　　　C. 8　　　　　　　D. 10

16. N 个触发器可以构成能寄存（　　　）位二进制数码的寄存器。

A. $N-1$　　　　　B. N　　　　　　C. $N+1$　　　　　D. $2N$

17. 8 位移位寄存器串行输入时经（　　　）个脉冲后，8 位数码全部移入寄存器中。

A. 1　　　　　　　B. 2　　　　　　　C. 4　　　　　　　D. 8

18. 下列电路中，常用于数据串并行转换的电路为（　　　）。

A. 加法器　　　　　B. 计数器　　　　　C. 移位寄存器　　　D. 数值比较器

19. 如图 12.34 所示，判断电路为（　　　）。

A. 并行输入数码寄存器　　　　　　　B. 左移位寄存器

C. 右移位寄存器　　　　　　　　　　D. 串并行输入移位数码寄存器

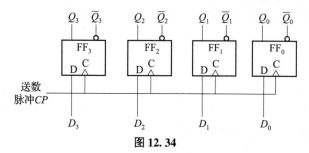

图 12.34

20. 设计一个把十进制转换成二进制的编码器，则输入端数 M 和输出端数 N 分别为（　　　）。

A. $M = N = 10$　　　　　　　　　　　B. $M = 10$，$N = 2$

C. $M = 10$，$N = 4$　　　　　　　　　D. $M = 10$，$N = 3$

21. 时序逻辑电路中一定是含（　　　）。

A. 触发器　　　　　　　　　　　　　B. 组合逻辑电路

C. 移位寄存器　　　　　　　　　　　D. 译码器

22. 五个 D 触发器构成环形计数器，其计数长度为（　　　）。

A. 5　　　　　　　B. 10　　　　　　　C. 25　　　　　　　D. 32

23. 同步时序电路和异步时序电路比较，其差异在于后者（　　　）。

A. 没有触发器　　　　　　　　　　　B. 没有统一的时钟脉冲控制

C. 没有稳定状态　　　　　　　　　　D. 输出只与内部状态有关

24. 如图 12.35 所示，判断电路为何种计数器？（　　　）

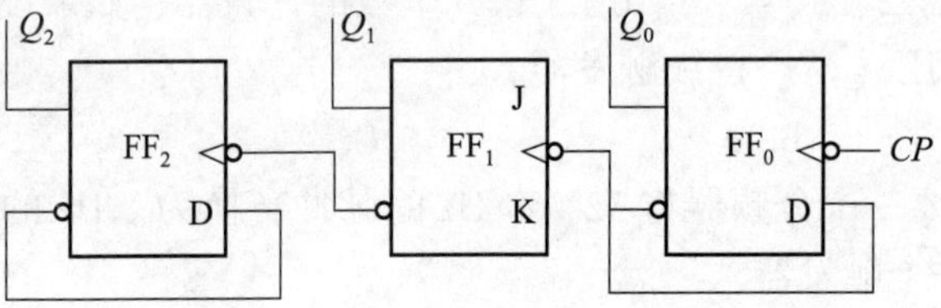

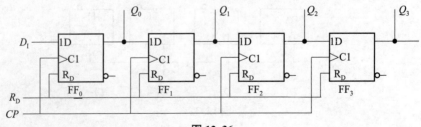

图 12.35

A. 异步二进制减法　　　　　　　　　B. 同步二进制减法

C. 异步二进制加法　　　　　　　　　D. 同步二进制加法

25. 同步计数器和异步计数器比较，同步计数器的显著优点是（　　　）。

A. 工作速度高　　　　　　　　　　　B. 触发器利用率高

C. 电路简单　　　　　　　　　　　　D. 不受时钟 CP 控制

二、填空题

1. 如果某计数器中的触发器不是同时翻转，这种计数器称为_____计数器，n 进制计数器中的 n 表示计数器的_____，最大计数值是_____。

2. 构成能记最大十进制数为 999 的计数器，至少需要_____片十进制加法计数器，或_____片 4 位二进制加法计数器芯片。

3. 图 12.36 所示为由触发器构成的时序逻辑电路。试问此电路的功能是_____，是_____时序电路（填同步还是异步），当 $R_D = 1$ 时，$Q_0 Q_1 Q_2 Q_3 =$_____；当 $R_D = 0$，$D_I = 1$，第二个 CP 脉冲到来后，$Q_0 Q_1 Q_2 Q_3 =$_____。

图 12.36

4. 电路如图 12.37 所示（为上升沿 JK 触发器），触发器当前状态 $Q_3 Q_2 Q_1$ 为"100"，请问在时钟作用下触发器下一状态（$Q_3 Q_2 Q_1$）为_____。

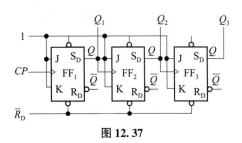

图 12.37

5. 时序逻辑电路中一定是含_____。

6. 要组成模 15 计数器，至少需要采用_____个触发器。

7. 一个 4 位移位寄存器，经过_____个时钟脉冲 CP 后，4 位串行输入数码全部存入寄存器；再经过_____个时钟脉冲 CP 后可串行输出 4 位数码。

8. 移位寄存器既能_____数据，又能完成_____功能。

9. 某计数器的状态变化为 000→001→010→011→000，则该计数器的功能是_____进制_____法计数器。

10. 用具有同步清零端的四位二进制计数器，通过清零反馈（可引入门电路）构成十进制计数器，则当 $Q_3Q_2Q_1Q_0 =$ _____时，清零信号有效。

11. 6 位二进制加法计数器所累计的输入脉冲数最大为_____。

12. 8421BCD 码的二–十进制计数器当计数状态是_____时，再输入一个计数脉冲，计数状态为 0000，然后向高位发出_____信号。

13. 在异步二进制计数器中，要求从 0 开始计数，计到十进制数 12 需要_____个触发器。

三、综合题

1. 图 12.38 所示为时序逻辑电路，假设触发器的初始状态均为 "0"，试分析：

（1）写出驱动方程、状态方程、输出方程。

（2）画出状态转换表、状态图，指出是几进制计数器。

（3）说明该计数器能否自启动。

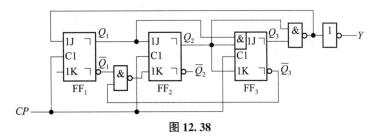

图 12.38

2. 试用 JK 触发器和门电路设计一个十三进制的计数器，并检查设计的电路能否自启动。

3. 利用集成计数器构成如图 12.39 所示两个电路，试分析各电路为几进制计数器？并画出状态转换图。

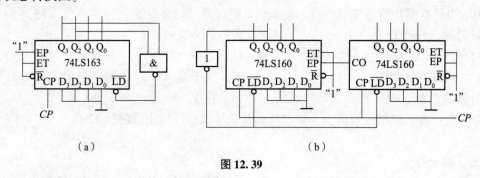

（a）　　　　　　　　　　（b）

图 12.39

4. 电路如图 12.40 所示，假设 $Q_2 Q_1 Q_0 = 000$，问：若不考虑 FF_2，试分析 FF_1、FF_0 构成几进制计数器；

说明整个电路为几进制计数器，列出电路的状态转换，画出 CP 脉冲作用下的输出波形图。

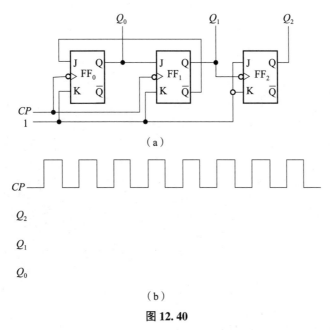

图 12.40

5. 试用 74LS161 集成芯片构成十二进制计数器，要求采用反馈预置法实现。

6. 用 74LS161 设计一个九进制计数器。

（1）同步预置法，已知 $S_0 = 0001$。

（2）异步清零法。

7. 已知一天有 24 小时，试利用 74LS160 设计一个二十四进制计数器。

8. 图 12.41 所示为利用 74LS163 构成的 N 进制计数器，请分析其为几进制计数器？

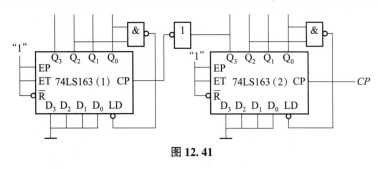

图 12.41

9. 如图 12.42 所示，试分析电路写出其驱动方程、输出方程、状态方程，画出状态转换表、状态转换图，说明其逻辑功能。

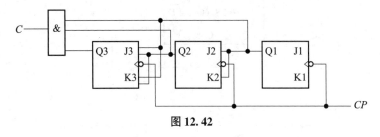

图 12.42

10. 试用移位寄存器 79LS194 和少量门设计一个能产生序列信号为 00001101 的移存型序列信号发生器，如图 12.43 所示。

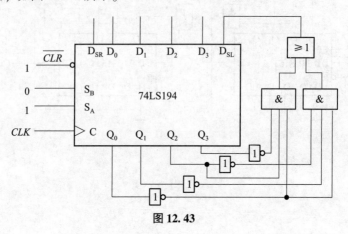

图 12.43

11. 如图 12.44 所示，试分析各是多少进制的计数器，电路的分频比是多少？

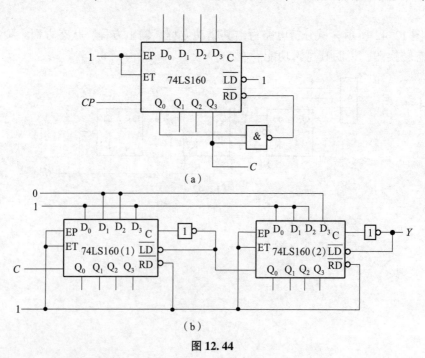

（a）

（b）

图 12.44

12. 如图 12.45 所示，分析电路的逻辑功能。要求写出驱动方程、状态方程、输出方程，填写状态转换表，画状态转换图，判断电路能否自启动并说明电路功能。

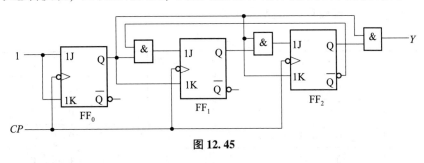

图 12.45

13. 图 12.46 所示为时序逻辑电路，假设触发器的初始状态均为"0"，试分析：

（1）写出驱动方程、状态方程、输出方程。

（2）画出状态转换图，指出是几进制计数器。

（3）说明该计数器能否自启动。

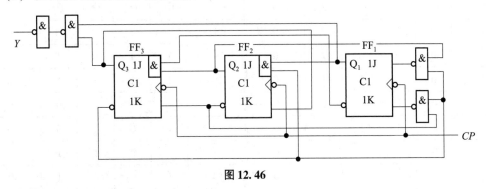

图 12.46

14. 设计一个灯光控制逻辑电路。要求红、绿、黄三种颜色的灯在时钟信号作用下按表 12.13 规定的顺序转换状态。表 12.13 中的 1 表示"亮"，0 表示"灭"。要求电路能自启动，并尽可能采用中规模集成电路芯片。

表 12.13

CP 顺序	红	黄	绿	CP 顺序	红	黄	绿
0	0	0	0	4	1	1	1
1	1	0	0	5	0	0	1
2	0	1	0	6	0	1	0
3	0	0	1	7	1	0	0

15. 用 JK 触发器和门电路设计一个 4 位循环码计数器，它的状态转换表如表 12.14 所示。

表 12.14

计数顺序	电路状态				进位输出 C	计数顺序	电路状态				进位输出 C
	Q_4	Q_3	Q_2	Q_1			Q_4	Q_3	Q_2	Q_1	
0	0	0	0	0	0	8	1	1	0	0	0
1	0	0	0	1	0	9	1	1	0	1	0
2	0	0	1	1	0	10	1	1	1	1	0
3	0	0	1	0	0	11	1	1	1	0	0
4	0	1	1	0	0	12	1	0	1	0	0
5	0	1	1	1	0	13	1	0	1	1	0
6	0	1	0	1	0	14	1	0	0	1	0
7	0	1	0	0	0	15	1	0	0	0	1

16. 用 D 触发器和门电路设计一个十一进制计数器，并检查设计的电路能否启动。

17. 设计一个控制步进电动机三相六状态工作的逻辑电路，如果用 1 表示电动机绕组导通，0 表示电动机绕组截止，则 3 个绕组 ABC 的状态转换图如图 12.47 所示，M 为输入控制变量，当 $M=1$ 时为正转，当 $M=0$ 时为反转。

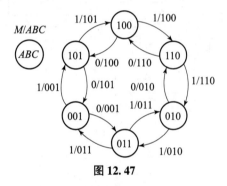

图 12.47

18. 设计一个序列信号发生器电路，使之在一系列 CP 信号作用下能周期性地输出"0010110111"序列信号。

19. 试利用同步 4 位二进制计数器 74LS161 和 4 线 – 16 线译码器 74LS154 设计节拍脉冲发生器，要求从 12 个输出端顺序、循环地输出等宽的负脉冲。

20. 图 12.48 所示为一个移位寄存器型计数器，试画出它的状态转换图，说明这是几进制计数器，能否自启动。

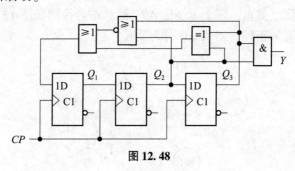

图 12.48

21. 试用同步十进制可逆计数器 74LS190 和二 – 十进制优先编码器 74LS147 设计一个工作在减法计数状态的可控分频器。要求在控制信号 A、B、C、D、E、F、G、H 分别为 1 时分频比对应为 1/2、1/3、1/4、1/5、1/6、1/7、1/8、1/9。

第十三章　脉冲波形的产生和整形电路

考纲要求

（1）元器件的识别与应用：认识 555 定时器的符号。

（2）会根据实际要求使用 555 定时器。

（3）典型电路的连接与应用：会分析用 555 定时器构成的多谐振荡器、单稳态触发器及施密特触发器的输出波形及简单计算。

考点汇总

年度	考点	题型	分值
2011	555 定时器简单计算	综合题	15 分
2013	555 定时器的应用电路的识读	选择题	6 分
2014	单稳态触发器的输出波形	选择题	6 分
2015	555 定时器简单计算	综合题	15 分
2016	单稳态触发器的输出波形 555 定时器简单计算	选择题 综合题	6 分 15 分
2017	555 定时器简单计算	综合题	15 分
2018	555 定时器的应用电路的识读	选择题	6 分
2019	555 定时器输出波形及简单的计算	综合题	15 分
2020	555 定时器的应用电路的识读 555 定时器输出波形	选择题 综合题	6 分 15 分

必考点：用 555 定时器构成的多谐振荡器、单稳态触发器及施密特触发器的输出波形及简单计算。

重点难点：用 555 定时器构成的多谐振荡器、单稳态触发器及施密特触发器的输出波形及简单计算。

本章知识

一、脉冲波形与 RC 波形变换电路

1. 脉冲的概念

脉冲：瞬间突变、作用时间极短的电压或电流信号称为脉冲。广义上讲，凡是非正弦规律变化的电压或电流都可称为脉冲。

2. 矩形脉冲波形主要参数

矩形脉冲波形如图 13.1 所示。

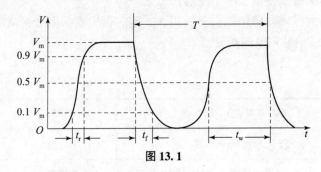

图 13.1

（1）脉冲幅度 V_m——脉冲电压的最大变化幅度。

（2）脉冲宽度 t_w——脉冲前、后沿 $0.5V_m$ 处的时间间隔，说明脉冲持续时间的长短。

（3）脉冲上升沿时间 t_r——脉冲上升沿从 $0.1V_m$ 上升到 $0.9V_m$ 的时间。

（4）脉冲下降沿时间 t_f——脉冲上升沿从 $0.9V_m$ 下降到 $0.1V_m$ 的时间。

（5）脉冲周期 T——指周期性脉冲中，相邻的两个脉冲波形对应点之间的时间间隔。

（6）占空比 D（也有用 q 表示）——是指矩形波脉冲宽度与其周期之比，即 $D = t_w/T$。

3. RC 微分电路

1）电路组成

电路组成如图 13.2 所示。

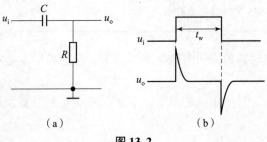

（a）　　　　　　　　　　　　（b）

图 13.2

电路应具有如下条件：

（1）输出信号取自 RC 电路中电阻 R 的两端，即 $u_o = u_R$。

（2）电路的时间常数 $\tau = RC$ 应远小于输入的矩形波脉冲宽度 t_w，即 $\tau \ll t_w$。

2）电路特点

微分电路能对输入脉冲起到"突出变化量，压低恒定量"的作用。

帮助理解：微分中的"微"可理解为细小之意，微分电路的作用是将信号的变化突显出来，变化越快波形越陡峭。

4. RC 积分电路

1）电路组成

电路组成如图 13.3 所示。

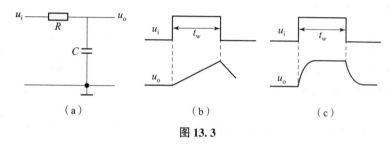

（a）　　　　　　　　（b）　　　　　　　　（c）

图 13.3

图 13.3（a）电路应具有如下条件：

（1）输出信号取自 RC 电路中电容 C 的两端，即 $u_o = u_C$。

（2）电路的时间常数 τ 应远大于输入的矩形波脉冲宽度 t_w，即 $\tau \gg t_w$。

帮助理解：积分电路实际是利用 RC 充电曲线起始端近似线性的一小段，所以要满足 $RC \gg t_w$。$\ll$ 或 $\gg$ 往往取 5 倍以上。

图 13.3（b）（$RC \gg t_w$，是积分电路）积分电路可将矩形波变换为三角波。

图 13.3（c）（$RC \ll t_w$，即不满足积分电路的条件）输出波形 u_o 的边沿变差了。

2）电路特点

积分电路能对输入脉冲起到"突出恒定量，压低变化量"的作用。

帮助理解：积分中"积"字可理解为"积累"，即积累过程量，由于电容两端电压不能突变，故输出波形往往变化缓慢。

二、单稳态触发器

1. 电路组成

常由门电路和 RC 电路组成，如图 13.4 所示。

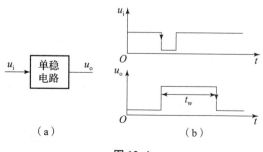

（a）　　　　　　　　（b）

图 13.4

2. 电路特点

（1）它有稳态和暂稳态两个不同的工作状态。

（2）在外加脉冲触发下，触发器能从稳态翻转到暂稳态；在暂稳态维持一段时间后，将自动返回稳态。

（3）暂稳态维持时间的长短取决于电路本身的 RC 参数，与外加触发信号无关。

3. 应用

主要应用是整形、定时和延时。

三、多谐振荡器

1. 电路特点

（1）多谐振荡器没有稳定状态，只有两个暂稳态，所以又叫无稳态电路。

（2）通过电容的充电和放电，使两个暂稳态相互交替，从而产生自激振荡，无须外触发。

（3）输出周期性的矩形脉冲信号，由于含有丰富的谐波分量，故称为多谐振荡器。

2. 类型

与门基本多谐振荡器、环形多谐振荡器、石英晶体多谐振荡器（频率稳定性好）。

3. 应用

常用于产生矩形波脉冲。

四、施密特触发器

1. 逻辑符号

逻辑符号如图 13.5 所示。

2. 电路特性

施密特触发器有两个稳定状态，电路状态的维持和翻转，由外加的输入电平决定。两个翻转的触发电平不同，形成回差电压。施密特触发器这种固有的特点称为回差特性，也称为滞回特性。

帮助理解：回差电压，上升触发电平 V_{T+}，下降触发电平 V_{T-}。两次触发电平的差值称为回差电压 ΔV（$\Delta V = V_{T+} - V_{T-}$）。

施密特触发器的回差特性曲线，也称电压传输特性曲线，如图 13.6 所示。

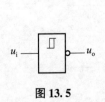

图 13.5

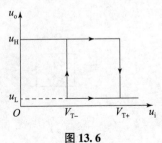

图 13.6

3. 应用

波形变换、脉冲整形、幅度鉴别等。

三种电路比较如表 13.1 所示。

表 13.1

电路名称	稳态	暂稳态	所需触发信号种类	常见应用
多谐振荡器	0 个	2 个	无须触发信号	产生矩形波脉冲
单稳态触发器	1 个	1 个	一种触发信号	整形、定时和延时
施密特触发器	2 个	0 个	高、低两种触发信号	波形变换、脉冲整形、幅度鉴别

五、555 集成定时器

1. 内部电路结构

内部电路如图 13.7 所示。

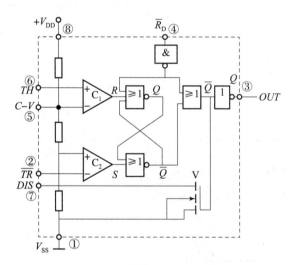

图 13.7

说明：

（1）图 13.7 中引脚标号上打一横线，表示"非"意思，意思是低电平有效。

（2）电阻分压器由三个等值电阻 R 组成，对电源电压 V_{DD} 分压为三等分。

（3）比较器 C_1 的"－"端：$2/3V_{DD}$；比较器 C_2 的"＋"端：$1/3V_{DD}$。

2. 外形及引脚功能

其外形如图 13.8 所示，引脚功能如表 13.2 所示。

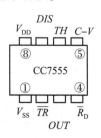

图 13.8

表 13.2

引脚号	标号	引脚功能	备注
①	V_{SS}	地端	电源负极端
②	$\overline{TR}$	低触发端	当电压小于 $1/3V_{DD}$，3 脚输出高电平
③	OUT	输出端	输出高/低电平
④	$\overline{R}_D$	复位端	（低）电平复位
⑤	$C-V$	控制端	往往外接电容或悬空
⑥	TH	高触发端	当电压大于 $2/3V_{DD}$，3 脚变回低电平
⑦	DIS	放电端	3 脚为低电平时内部放电管导通
⑧	V_{DD}	电源正极端	可接 3～15 V 电压

3. 功能表

555 集成定时器功能表如表 13.3 所示。

表 13.3

复位 $\overline{R}_D$	高触发端 TH	低触发端 $\overline{TR}$	输出 OUT	放电管 V
0	×	×	0	导通
1	$>2/3V_{DD}$	$>1/3V_{DD}$	0	导通
1	$<2/3V_{DD}$	$>1/3V_{DD}$	不变	不变
1	$<2/3V_{DD}$	$<1/3V_{DD}$	1	截止

4. 555 定时器的典型应用

（1）可构成单稳态电路，如图 13.9 所示。

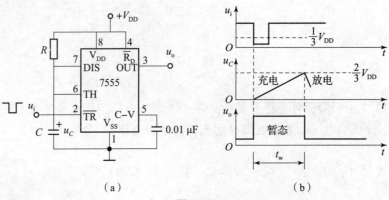

（a）　　　　　　　　　　（b）

图 13.9

输出脉冲宽度 t_w：（即暂态延时时间） $t_w = 1.1RC$。

（2）可构成多谐振荡器，如图 13.10 所示。

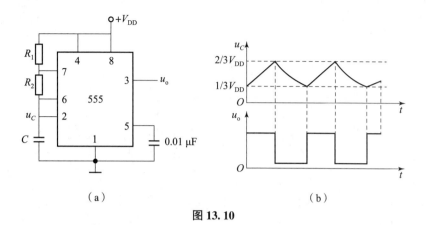

（a）　　　　　　　　　　（b）

图 13.10

①工作原理。

高电平时间：当电容两端电压小于 $1/3V_{DD}$ 时，2 脚低阈值触发，此时 3 脚输出高电平，电源通过 R_1、R_2 串联给电容 C 充电，脉冲宽度为 $0.7(R_1+R_2)\cdot C$。

低电平时间：当电容充电电压上升到高于 $2/3V_{DD}$ 时，6 脚高阈值触发，此时 3 脚变回高电平（7 脚内部三极管导通），电容 C 通过 R_2 放电，时间宽度为 $0.7R_2\cdot C$，这样周而复始进行着。

②振荡周期 T 和振荡频率 f。

输出高电平宽度 $t_1\approx 0.7(R_1+R_2)C$；

输出低电平宽度 $t_2\approx 0.7R_2C$；

多谐振荡器周期 $T=t_1+t_2=0.7(R_1+2R_2)C$；

多谐振荡器振荡频率 $f=\dfrac{1}{T}=\dfrac{1.44}{(R_1+2R_2)C}$。

（3）可构成施密特触发器，如图 13.11 所示。

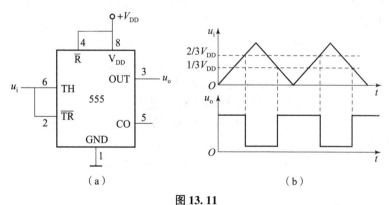

（a）　　　　　　　　　　（b）

图 13.11

结论：高于 $2/3V_{DD}$ 输出低电平，低于 $1/3V_{DD}$ 输出高电平，中间回差电压 $1/3V_{DD}$。

例题解析

【例 13－1】　图 13.12 所示为矩形脉冲信号，根据波形请回答以下问题：

（1）脉冲幅度 V_m 为_____。

（2）脉冲宽度 t_w 为_____。

（3）脉冲周期 T 为_____。

（4）占空比 D 为_____。

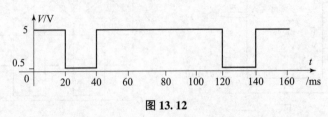

图 13.12

答案：

（1）脉冲幅度 V_m 为____4.5 V____。

解析： 最高值减去最小值 $5 - 0.5 = 4.5$（V），单位看纵坐标所标单位，单位往往是 V。

（2）脉冲宽度 t_w 为____80 ms____。

解析： 取一个完整波形，看幅度大于 50% 以上的持续时间，$120 - 40 = 80$（ms）。

（3）脉冲周期 T 为____100 ms____。

解析： 完成一个周期性变化所用时间，往往选转折点为起始点。

（4）占空比 D 为____0.8____。

解析： $q = t_w/T = 80$ ms$/100$ ms $= 0.8$。注意是比值，不超过 1，没有单位。

【例 13 - 2】（2018 年第 20 题）555 时基电路构成的振荡器如图 13.13 所示，输出波形的占空比（高电平与全周期的比）约为（　　）。

A. 大于 50%

B. 小于 33.3%

C. 等于 50%

D. 等于 33.3%

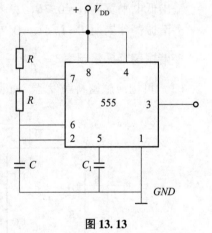

图 13.13

答案： A

解析： 分析电路 555 构成多谐振荡器。高电平持续时间内，电容 C 充电通过 2 个电阻 R 串联而充电，充电时间约为 $0.7 \cdot 2RC$；低电平持续时间内，IC 的 7 脚内部三极管导通，电容 C 通过下面的电阻 R 放电，放电时间约为 $0.7 \cdot RC$，故振荡周期约为 $0.7 \cdot 3RC$，故输出波形占空比应为 $2/3$，故选 A。

【例 13 - 3】　如图 13.14 所示，电路中 $R = 20$ kΩ，$C = 200$ pF，若输入 $f = 10$ kHz 的连续方波，问此电路是 RC 微分电路，还是一般的 RC 耦合电路？

解析： 组成微分电路应满足两个条件：

（1）输出信号取自 RC 电路中电阻 R 的两端，即 $u_o = u_R$。

（2）电路的时间常数 τ 应远小于输入的矩形波脉冲宽度 t_w，即 $\tau \ll t_w$。

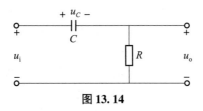

图 13.14

解：先求电路的时间常数 τ

$$\tau = RC = 20 \times 10^3 \times 200 \times 20^{-12} = 4 \times 10^{-6} (s) = 4\ \mu s$$

再求方波的脉宽 t_w。因为方波脉宽为周期的一半，即

$$t_w = T/2 = 1/2f = 1/2 \times 10 \times 10^3 = 5 \times 10^{-5} (s) = 50\ \mu s$$

由上面计算知，$\tau < 1/5 t_w$，这是微分电路。

答案：是 RC 微分电路。

【例 13-4】（2016 年高考题第 18 题）某电路的输入波形 u_i 和输出波形 u_o 如图 13.15 所示，则该电路是（　　）。

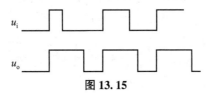

图 13.15

A. 施密特触发器　　　　　　　　　　B. 反向器

C. 单稳态触发器　　　　　　　　　　D. JK 触发器

答案：C

解析：由输入波形可知：脉冲周期不变，脉冲宽度有变化；输出波形和输入波形的上升沿是平齐的，说明是上升沿触发，输出波形的脉冲宽度是相同的，说明由自身电路延时决定，电路应该是"单稳态触发器"。当然也可以用排除法得出答案。

【例 13-5】（2014 年第 17 题）某电路的输入波形 u_i 和输出波形 u_o 如图 13.16 所示，则该电路是（　　）。

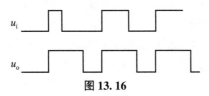

图 13.16

A. 施密特触发器　　　　　　　　　　B. 反向器

C. 单稳态触发器　　　　　　　　　　D. D 触发器

答案：C

【例 13-6】（2016 年高考真题第 36 题）已知一个传感器包含 10 个相同的并联的电容器，该传感器被放置在一个 555 构成的振荡电路中，即电路中的 C_1，电路和参数如图 13.17 所示。通过示波器测量该振荡电路的信号周期为 14 ms，请问单个电容器的容量为多少？现传感器发生了断路故障，示波器测量该振荡电路的信号周期为 2.8 ms，请问传感器断开了几个电容器？

解析：

解法一：根据电路图可看出该电路组成是多谐振荡器。由题意可知：传感器 10 个电容正常并联接入时，对应振荡周期是 14 ms，这样可算出总容量，也可以算出每个电容的容量（1/10），现传感器发生了断路故障，对应振荡周期是 2.8 ms，可计算出还没有断开的电容的容量及个数，用总个数减去还在工作的个数就可知道断开的个数。

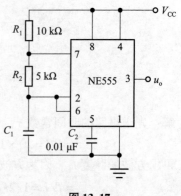

图 13.17

解法二：分析可知，电路元件变化的只是电容 C_1，是 C_1 的变化影响振荡周期变化的，可以通过比例计算出来。

解： 解法一：此电路为多谐振荡器，振荡周期 $T \approx 0.7(R_1 + 2R_2)C_1$。

10 个电容正常并联接入时，设容量为 C_1，周期是 14 ms，有

$$0.7(10 \times 10^3 + 2 \times 5 \times 10^3) \times C_1 = 14 \times 10^{-3} \qquad (1)$$

得
$$C_1 = 1 \ \mu F$$

则每个电容的容量为 0.1 μF。

部分电容并联接入时，设容量为 C_1'，周期是 2.8 ms，有

$$0.7(10 \times 10^3 + 2 \times 5 \times 10^3) \times C_1' = 2.8 \times 10^{-3} \qquad (2)$$

得
$$C_1' = 0.2 \ \mu F$$

接入电路的是 2 个电容，则断路的有 8 个电容。

答：传感器断开了 8 个电容器。

解法二：因为 $0.7(R_1 + 2R_2)C_1 = 14 \times 10^{-3}$

所以 $C_1 = 1 \ \mu F$

因为：$T/T' = C_1/C_1'$

即
$$14/2.8 = 1/C_1'$$

得
$$C_1' = 0.2 \ \mu F$$

每个电容的容量为 0.1 μF，即接入电路的是 2 个电容，则断路的有 8 个电容。

答：传感器断开了 8 个电容器。

【例 13 - 7】 由集成定时器 555 构成的电路如图 13.18 所示，请回答下列问题：

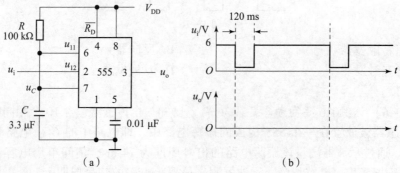

(a)　　　　　　　　　　　　　(b)

图 13.18

（1）构成电路的名称；

（2）已知输入信号波形 u_i，画出电路中 u_o 的波形（标明 u_o 波形的脉冲宽度）。

解析：555 的 2 脚悬空，需外部信号触发，故不是多谐振荡器，6、7 脚外接 RC 延时电路，故电路为单稳态触发器。555 构成单稳态触发器，2 脚为低电平触发。

解：（1）555 组成的是单稳态触发器。

（2）u_i、u_o 波形如图 13.19 所示。输出脉冲宽度由下式求得：

$$t_w = 1.1 \cdot RC = 1.1 \times 100 \times 10^3 \times 3.3 \times 10^{-6} = 363 \, (\text{ms})$$

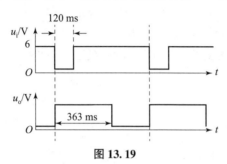

图 13.19

【例 13−8】 图 13.20 所示为一路灯照明自动控制电路，试说明工作原理。

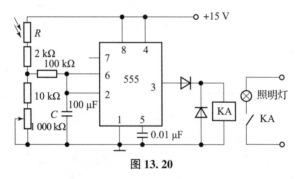

图 13.20

答：白天受到光照，光敏电阻阻值变小，555 定时器输出为低电平，不足以使继电器 KA 动作，照明灯熄灭；夜间无光照或光照减弱，R 光敏电阻增大，555 定时器输出为高电平，使继电器 KA 动作，照明灯接通。

【例 13−9】 （2017 年高考真题第 40 题）设计一个由 555 定时器构成的延时灯开关的部分电路，受到外来声音的触发，电路将产生一个很短的负脉冲作为输入，延时灯开关电路将输出 10 s 高电平，控制可控硅导通，照明灯亮 10 s。

（1）在答题卡上画出 555 构成延时灯开关的部分电路。

（2）已知电路中电容均为 1 μF，计算电路中电阻的大小。

解：（1）电路如图 13.21 所示。

（2）$t_w = 1.1RC$。

即　　　　　　$10 = 1.1 \times R \times 1 \times 10^{-6}$

得　　　　　　$R = 9.09 \, \text{k}\Omega$

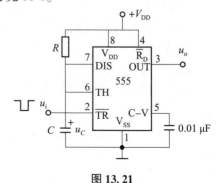

图 13.21

知识精练

一、填空题

1. 占空比是脉冲_____与_____的比值。

2. RC 电路可组成耦合电路_____和_____等电路。

3. RC 充电过程是一个_____过程，在此过程中电容的两端电压_____。RC 的乘积称为_____，t 越大，说明电容充放电过程越_____。

4. 施密特触发器有_____个阈值电压，分别称作_____和_____。施密特触发器具有_____现象，又称_____特性。

5. 如图 13.22 所示，根据波形求出波形参数值：脉冲幅度 V_m 为_____，脉冲周期 T 为_____。

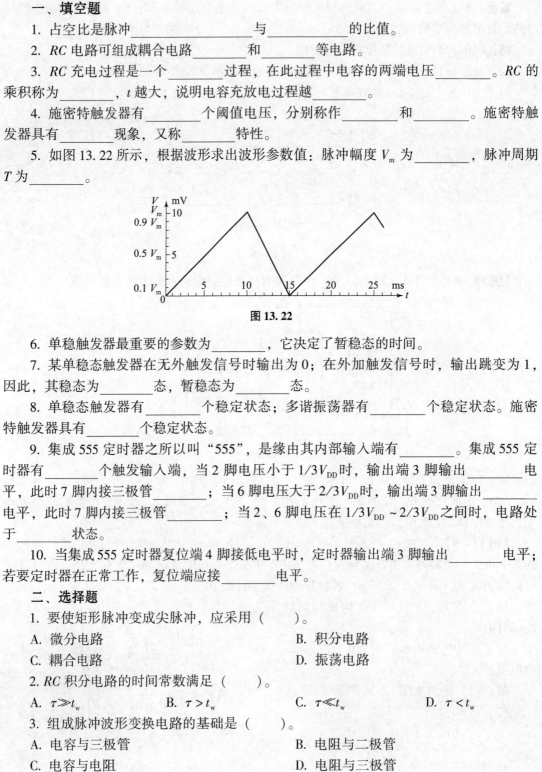

图 13.22

6. 单稳触发器最重要的参数为_____，它决定了暂稳态的时间。

7. 某单稳态触发器在无外触发信号时输出为 0；在外加触发信号时，输出跳变为 1，因此，其稳态为_____态，暂稳态为_____态。

8. 单稳态触发器有_____个稳定状态；多谐振荡器有_____个稳定状态。施密特触发器具有_____个稳定状态。

9. 集成 555 定时器之所以叫"555"，是缘由其内部输入端有_____。集成 555 定时器有_____个触发输入端，当 2 脚电压小于 $1/3V_{DD}$ 时，输出端 3 脚输出_____电平，此时 7 脚内接三极管_____；当 6 脚电压大于 $2/3V_{DD}$ 时，输出端 3 脚输出_____电平，此时 7 脚内接三极管_____；当 2、6 脚电压在 $1/3V_{DD} \sim 2/3V_{DD}$ 之间时，电路处于_____状态。

10. 当集成 555 定时器复位端 4 脚接低电平时，定时器输出端 3 脚输出_____电平；若要定时器在正常工作，复位端应接_____电平。

二、选择题

1. 要使矩形脉冲变成尖脉冲，应采用（　　　）。

A. 微分电路　　　　　　　　　　　　　B. 积分电路

C. 耦合电路　　　　　　　　　　　　　D. 振荡电路

2. RC 积分电路的时间常数满足（　　　）。

A. $\tau \gg t_w$　　　　　　B. $\tau > t_w$　　　　　　C. $\tau \ll t_w$　　　　　　D. $\tau < t_w$

3. 组成脉冲波形变换电路的基础是（　　　）。

A. 电容与三极管　　　　　　　　　　　B. 电阻与二极管

C. 电容与电阻　　　　　　　　　　　　D. 电阻与三极管

4. 如图 13.23 所示，RC 电路中输入方波频率为 25 kHz，$R = 10$ kΩ，$C = 2$ μF，该电路为（　　）。

　　A. 振荡电路

　　B. 积分电路

　　C. 耦合电路

　　D. 微分电路

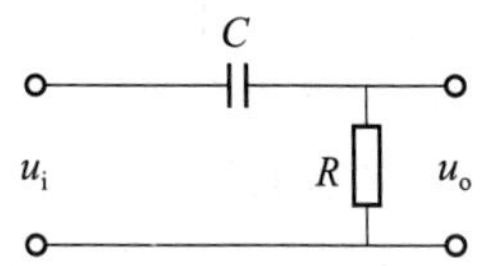

图 13.23

5. 如图 13.23 所示，电路已知 $R = 200$ kΩ，$C = 200$ pF，若输入 $f = 10$ kHz 方波，则该电路是（　　）。

　　A. 微分电路　　　　　　B. 积分电路　　　　　　C. 耦合电路　　　　　　D. 振荡电路

6. 多谐振荡器可产生（　　）。

　　A. 正弦波　　　　　　　B. 矩形脉冲　　　　　　C. 三角波　　　　　　　D. 锯齿波

7. 石英晶体多谐振荡器的突出优点是（　　）。

　　A. 速度高　　　　　　　　　　　　　　B. 电路简单

　　C. 振荡频率稳定　　　　　　　　　　　D. 输出波形边沿陡峭

8. 能将正弦波变成同频率矩形波的电路为（　　）。

　　A. 稳态触发器　　　　　　　　　　　　B. 施密特触发器

　　C. 双稳态触发器　　　　　　　　　　　D. 无稳态触发器

9. 能把 2 kHz 正弦波转换成 2 kHz 矩形波的电路是（　　）。

　　A. 多谐振荡器　　　　　　　　　　　　B. 施密特触发器

　　C. 单稳态触发器　　　　　　　　　　　D. 二进制计数器

10. 能把三角波转换为矩形脉冲信号的电路为（　　）。

　　A. 多谐振荡器　　　　　　　　　　　　B. DAC

　　C. ADC　　　　　　　　　　　　　　　D. 施密特触发器

11. 由 CMOS 门电路构成的单稳态电路的暂稳态时间 t_w 为（　　）。

　　A. $0.7RC$　　　　　　B. RC　　　　　　C. $1.1RC$　　　　　　D. $2RC$

12. 用来鉴别脉冲信号幅度时，应采用（　　）。

　　A. 稳态触发器　　　　　　　　　　　　B. 双稳态触发器

　　C. 多谐振荡器　　　　　　　　　　　　D. 施密特触发器

13. 输入为 2 kHz 矩形脉冲信号时，欲得到 500 Hz 矩形脉冲信号输出，应采用（　　）。

　　A. 多谐振荡器　　　　　　　　　　　　B. 施密特触发器

　　C. 单稳态触发器　　　　　　　　　　　D. 二进制计数器

14. 以下各电路中，（　　）可以产生脉冲定时。

　　A. 多谐振荡器　　　　　　　　　　　　B. 单稳态触发器

　　C. 施密特触发器　　　　　　　　　　　D. 石英晶体多谐振荡器

15. 关于单稳态触发器说法错误的是（　　）。

　　A. 单稳态触发器通常处于稳态

　　B. 触发器触发后一定输出高电平

　　C. 若触发脉冲宽度不宽，触发后进入暂稳态，触发信号不再起作用

　　D. 若触发脉冲宽度太宽（大于延时宽度）易产生空翻或重复触发

16. 用 555 定时器组成基本的施密特触发器，电源电压是 9 V，电路回差电压为（　　）。

A. 3 V　　　　　　　B. 5 V　　　　　　　C. 6 V　　　　　　　D. 9 V

17. 555 定时器不可以组成（　　）。

A. 多谐振荡器　　　　　　　　　　B. 单稳态触发器

C. 施密特触发器　　　　　　　　　D. 计数器

18. 由 555 定时器构成的单稳态触发器，其输出脉冲宽度取决于（　　）。

A. 电源电压　　　　　　　　　　　B. 触发信号幅度

C. 触发信号宽度　　　　　　　　　D. 外接 R、C 的数值

19. 由 555 定时器构成的电路如图 13.24 所示，电容 $C = 1$ μF，$R_1 = R_2 = 100$ kΩ，电路上电后瞬间该电路输出（　　）。

A. 低电平

B. 高电平

C. 振荡脉冲信号

D. 不能确定

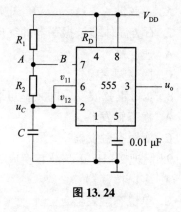

图 13.24

20. 集成 555 定时器外接 R、C 元件构成多谐振荡器时，现将电容 C 容量变小，以下说法不正确的是（　　）。

A. 振荡频率升高

B. 振荡周期变短

C. 脉冲宽度不变

D. 占空比不变

三、综合题

1. 如图 13.25 所示，说明用 555 定时器构成的电路功能，求出 V_{T+}、V_{T-} 和 ΔV_T，并画出其输出波形。

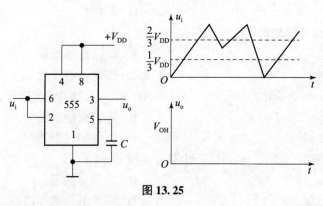

图 13.25

2. 用 555 定时器及电阻 R_1、R_2 和电容 C 构成一个多谐振荡器电路，如图 13.26 所示。画出电路图并写出脉冲周期 T 的计算公式。

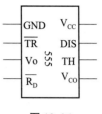

图 13.26

3. 用集成定时器 555 所构成的施密特触发器电路及输入波形 u_i 如图 13.27 所示，试画出对应的输出波形 u_o。

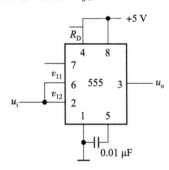
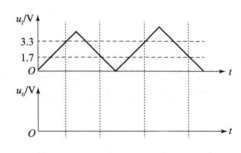

图 13.27

4. 用 555 定时器组成的施密特触发器电路如图 13.28（a）所示，若输入信号 u_i 如图 13.28（b）所示，请画出 u_o 的波形。

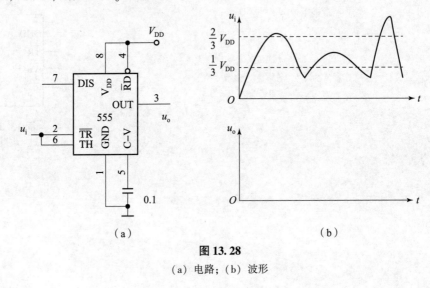

图 13.28

（a）电路；（b）波形

5. 如图 13.29 所示，某同学设计了一个 LED 延时熄灭电路，要求延时时间为 33 s，现手头有一个 100 μF 的电容作为定时电容，请为他计算电阻 R 阻值应该选多大?

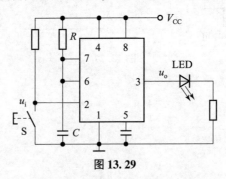

图 13.29

6. 由 555 定时器构成的电路如图 13.30 所示，电路中电容 $C = 1$ μF，$R_1 = R_2 = 100$ kΩ，请回答以下问题：

（1）当 S 断开时，请为该电路计算出电路产生的脉冲宽度？

（2）当 S 断开后，可否能重复触发？

（3）当 S 闭合后，该电路构成什么电路？

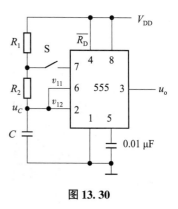

图 13.30

7. 用 555 定时器设计一个多谐振荡器，电路参数 $R_1 = 10$ kΩ，$R_2 = 40$ kΩ，$C = 0.1$ μF，如图 13.31 所示。

（1）请计算输出脉冲的振荡频率。

（2）请计算输出脉冲的占空比。

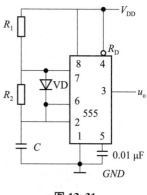

图 13.31

8. 图 13.32 所示为一水位报警器，试说出它的控制原理。

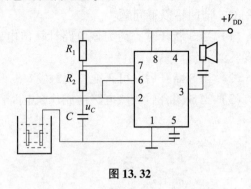

图 13.32

9. 如图 13.33 所示，分析电路并回答问题：

（1）该电路是单稳态触发器还是无稳态触发器？

（2）当 $R = 1\ \text{k}\Omega$、$C = 20\ \mu\text{F}$ 时，请计算电路的相关参数（对单稳态触发器而言计算脉宽，对无稳态触发器而言计算周期）。

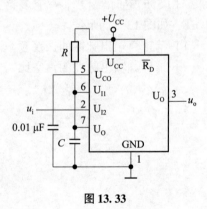

图 13.33

10. 逻辑电路如图 13.34 所示，试画出输出波形图。

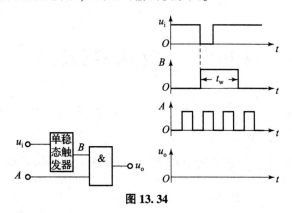

图 13.34

第十四章 数模/模数转换

考纲要求

元器件的识别与应用：了解常用 DAC 和 ADC 集成电路的作用和主要技术指标。

本章知识

一、基本概念

（1）模数转换（或称为 A/D 转换）：把模拟信号转换成数字信号。
（2）数模转换（或称为 D/A 转换）：把数字信号转换成模拟信号。
（3）实现 A/D 转换的电路称为 A/D 转换器，简称 ADC。
（4）实现 D/A 转换的电路称为 D/A 转换器，简称 DAC。

二、数模转换

1. 数模转换器的分类

分为：权电阻 D/A 转换器、T 型电阻网络 D/A 转换器、权电流 D/A 转换器。

2. T 型电阻网络 DAC 的组成

T 型电阻网络 D/A 转换器的电路主要由基准电压 V_{REF}、T 型电阻网络、双向模拟开关和运算放大器等部分组成。

3. T 型电阻网络 DAC 的工作原理

（1）电路组成如图 14.1 所示。

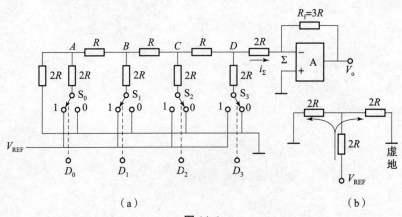

（a）　　　　　　　　　　　　　（b）

图 14.1

$S_0 \sim S_3$：4 个电子模拟开关，分别受输入的数字信号 $D_0 \sim D_3$ 控制。当 $D_i = 0$ 时，开关 S_i 切换到接地端；当 $D_i = 1$ 时，开关接向基准输出，模拟电压 V_o 与输入数字量成正比，比例系数为 $-V_{REF}/2^n$。

（2）电路特点：从任一个输入端看进去（其余端接地时）的电阻均等于 $3R$。

（3）计算输出电压：V_o

$$V_o = -\frac{V_{REF}}{2^4}(2^3 \cdot d_3 + 2^2 \cdot d_2 + 2^1 \cdot d_1 + 2^0 \cdot d_0)$$

推广：对于 n 位 T 型电阻网络 DAC

$$V_o = -\frac{V_{REF}}{2^n}\sum(2^{n-1} \cdot d_{n-1} + 2^{n-2} \cdot d_{n-2} + \cdots + 2^1 \cdot d_1 + 2^0 \cdot d_0)$$

由上式可见，输出模拟电压 V_o 与输入数字量二进制数成正比，比例系数为 $-\dfrac{V_{REF}}{2^n}$。

三、D/A 转换器主要技术指标

1. 分辨率

说明分辨最小电压的能力称为分辨率。

分辨率可表示为

$$分辨率 = \frac{1}{2^n - 1}$$

2. 转换精度

输出模拟电压的实际值与理想值之差称为转换精度。

3. 转换时间

转换时间是指 D/A 转换器在输入数字信号开始转换到输出电压达到稳定值所需要的时间，它是反映 D/A 转换器工作速度的指标，转换时间越小，工作速度越快。

四、模数转换的基本原理

模数转换的框图如图 14.2 所示。

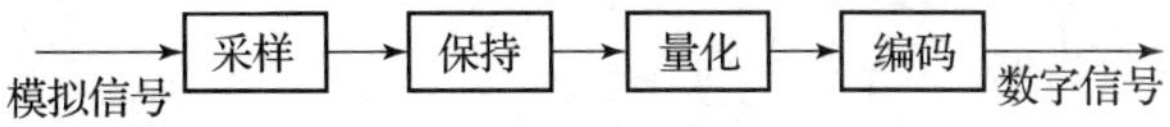

图 14.2

采样：就是对连续变化的模拟信号定时进行测量，抽取样值。通过采样，一个在时间上连续变化的模拟信号就转换为随时间断续变化的脉冲信号。

保持：为了便于量化和编码，需要将每次采样取得的样值暂存，保持不变，直到下一个采样脉冲的到来。

量化：就是把采样电压转换为以某个最小单位电压的整数倍的过程。分成的等级称为量化级，D 称为量化单位。

编码：就是用二进制代码来表示量化后的量化电平。

五、并行比较型 ADC

由电阻分压器、电压比较器及编码器组成。

电阻分压器：确定量化电压。

电压比较器：用来确定采样电压的量化。

编码器：对比较器的输出进行编码，然后输出二进制代码。

六、逐位比较型 ADC

1. 逐位比较型 ADC 的电路组成

一般由顺序脉冲发生器、逐位比较寄存器、数 – 模转换器和电压比较器等几部分组成。

2. 工作过程（以 4 位 ADC 为例）

（1）转换开始先将数码寄存器清零。开始转换后，时钟信号将数码寄存器的最高位置 1，使输出数字 $d_3 d_2 d_1 d_0$ 为 1000，这个数码被 D/A 转换成相应的模拟电压 U_F，送入比较器中与输入模拟量 U_i 比较，若 $U_F > U_i$，说明数字过大了，故将最高位的 1 清除；若 $U_F < U_i$，说明数字还不够，应将最高位的 1 保留。

（2）接着控制器将次高位置 1，使数码寄存器输出数字 $d_3 d_2 d_1 d_0$ 为 1000，以同样的方法确定这个 1 是否保留。

（3）再按同样的方法将第三个数码置 1，使数码寄存器输出数字 $d_3 d_2 d_1 d_0$ 为 ×× 10，并且经过比较后确定这个 1 是否保留。

（4）最后将最低位数码置 1，比较完毕后寄存器中保留的数码就是 ADC 转换的结果。

理解：逐位比较型 A/D 转换器的转换原理与天平称物的过程十分相似。假设天平有 10 g、5 g、2.5 g、1.25 g 和 0.625 g 五种砝码，欲称一质量为 15.76 g 的物体，用天平称的过程是将砝码从大到小依次加入并与物重逐次比较：比较结果为物重 > 砝码重的和，保留加入的这个砝码，记作 1；比较结果为物重 < 砝码重的和，去掉加入的这个砝码，记作 0。这样，将所有的砝码比较一遍后，得到了用二进制代码表示的物体质量 11001。所称的物体的质量为 10 + 5 + 0.625 = 15.625（g），与物体实际质量 15.76 g 相差 0.135 g。砝码越多，用二进制表示物体质量的位数越多，误差就越小。

这种用已知砝码质量逐次与未知物体质量进行比较，使天平上砝码的总质量逐次逼近称物体质量的方法，叫逐位比较法。

七、ADC 主要技术指标

1. 分辨率

ADC 的分辨率指 A/D 转换器对输入模拟信号的分辨能力，常以输出二进制数码的位数 n 来表示。

$$分辨率 = \frac{1}{2^n} V_{FSR}$$

式中，V_{FSR} 为输入的满量程模拟电压。

2. 转换速度

转换速度是指完成一次 A/D 转换所需的时间，转换时间是从接到模拟信号开始，到输出端得到稳定的数字信号所经历的时间，转换时间越短，转换速度越快。逐位比较型

ADC 的转换较快，需几十微秒，并联型 ADC 的转换速度最快仅需几十纳秒时间。

3. 相对精度

在理想情况下，所有的转换点应在一条直线上，相对精度是指实际的各个转换点偏离理想特性的误差，一般用最低有效位来表示。

八、集成数模转换器 DAC0832

DAC0832 是 8 分辨率的 D/A 转换集成芯片，与微处理器完全兼容。这个 DA 芯片以其价格低廉、接口简单、转换控制容易等优点，在单片机应用系统中得到广泛应用。D/A 转换器由 8 位输入锁存器、8 位 D/A 寄存器、8 位 D/A 转换电路及转换控制电路构成。

九、集成模数转换器 ADC0809

ADC0809 是 8 位逐位比较型 A/D 模数转换器；其内部有一个 8 通道多路开关，它可以根据地址码锁存译码后的信号，只选通 8 路模拟输入信号中的一个进行 A/D 转换；是目前国内应用最广泛的 8 位通用 A/D 芯片。

例题解析

【例 14 - 1】　（2014 年高考真题）一个 8 位 D/A 转换器的最小电压增量为 0.01 V，当输入代码为 10011010 时，输出电压为（　　）。

　　A. 1.28 V　　　　　B. 1.54 V　　　　　C. 1.45 V　　　　　D. 1.56 V

答案：B

解析：根据 8 位 D/A 转换器输出电压 $V_o =$ 最小电压增量 $\times (2^7 D_7 + 2^6 D_6 + \cdots + 2^1 D_1 + 2^0 D_0)$ 可知，$V_o = 0.01 \times (2^7 + 2^4 + 2^3 + 2^1) = 1.54$（V）。

【例 14 - 2】　（2019 年高考真题）如果一个 8 位 D/A 转换器 $V_{REF} = 10$ V，当输入代码为"10011010"时，那么其输出电压为（保留两位小数）（　　）。

　　A. 1.54 V　　　　　B. 3.96 V　　　　　C. 6.04 V　　　　　D. 8.46 V

答案：C

【例 14 - 3】　已知某 DAC 电路输入 10 位二进制数，最大满刻度输出电压 $V_m = 5$ V，试求分辨率和最小分辨电压。

答案：其分辨率为

$$1/(2^{10} - 1) = 0.001 = 0.1\%$$

因为最大满刻度输出电压为 5 V，所以，10 位 DAC 能分辨的最小电压为

$$V_{LSB} = 1/(2^{10} - 1) \times 5 = 1/1\,023 \times 5 = 0.005(V) = 5\ mV$$

解析：　DAC 分辨率为（$1/2^n - 1$），最小分辨电压为分辨率乘以最大输出电压。

【例 14 - 4】　（2011 年高考真题）图 14.3 所示为电路方框图，若传感器的最大输出电压为 1 mV，ADC 的电源为 5 V，基准电压为 2.5 V，则 ADC 的位数为（　　）。

图 14.3

A. 11 位　　　　　　B. 12 位　　　　　　C. 13 位　　　　　　D. 14 位

答案：B

解析：由题意可知：传感器的最大输出电压为 1 mV，表示该 ADC 的分辨最小模拟电压就是 1 mV，则分辨率 $=(1/2^n)$ V < 1 mV，n 最小为 12。

【例 14 – 5】（2018 年高考真题）8 位 A/D 转换器基准电压为 5 V，当输入电压为 3.11 V 时输出应为_____。

答案：10011111

解：因为

$$V_o = V_{REF}/2^n \times N$$

所以，当输入电压为 3.11 V 时，$N = 3.11 \times 2^8/5 = 159.23 \approx 159$（采用四舍五入法）转换成二进制数为 10011111。

解析：8 位 A/D 转换器分辨率 $= 1/2^n = 1/2^8 = 0.003\,9$，基准电压为 5 V，则最小电压增量为 $0.003\,9 \times 5 = 0.019\,5$，用输入电压除以最小电压增量得到输出的十进制数约为 159，再转换为二进制 10011111。

【例 14 – 6】（2020 年高考真题）一个基准电压为 5 V 的 8 位 A/D 转换器，当输入电压为 2.8 V 时输出为_____。

A. 00110011　　　　B. 10001111　　　　C. 10011111　　　　D. 11110001

答案：B

解：因为

$$V_o = V_{REF}/2^n \times N$$

所以，当输入电压为 2.8 V 时，$N = 2.8 \times 2^8/5 = 143.36 \approx 143$（采用四舍五入法）转换成二进制数为 10001111，选 B。

知识精练

一、填空题

1. DAC 电路的作用是将_____量转换成_____量。ADC 电路的作用是将_____量转换成_____量。

2. DAC 电路的主要技术指标有_____、_____和_____及_____；ADC 电路的主要技术指标有_____、_____和_____等。

3. DAC 通常由_____、_____和_____三个基本部分组成。为了将模拟电流转换成模拟电压，通常在输出端外加_____。

4. D/A 转换器的分辨率越高，分辨_____的能力越强；A/D 转换器的分辨率越高，分辨_____的能力越强。

5. 理想的 DAC 转换特性应是使输出模拟量与输入数字量成_____。转换精度是指 DAC 输出的实际值和理论值_____。

6. 在模/数转换过程中，只能在一系列选定的瞬间对输入模拟量_____后再转换为输出的数字量，通过_____、_____、_____和_____四个步骤完成。

7. _____型 ADC 换速度较慢，_____型 ADC 转换速度快。

8. 将模拟量转换为数字量，采用_____转换器；将数字量转换为模拟量，采用_____转换器。

9. _____型 ADC 内部有数模转换器，因此_____快。

10. ADC0809 采用_____工艺制成的_____位 ADC，内部采用_____结构形式。DAC0832 采用的是_____工艺制成的双列直插式单片_____位数模转换器。

二、选择题

1. ADC 的转换精度取决于（　　）。

A. 分辨率　　　　　　　　B. 转换速度　　　　　　　　C. 分辨率和转换速度

2. 对于 n 位 DAC 的分辨率来说，可表示为（　　）。

A. $\dfrac{1}{2^n}$　　　　　　　　B. $\dfrac{1}{2^{n-1}}$　　　　　　　　C. $\dfrac{1}{2^n-1}$

3. $R-2R$ T 型电阻网络 DAC 中，基准电压源 U_R 和输出电压 u_o 的极性关系为（　　）。

A. 同相　　　　　　　　B. 反相　　　　　　　　C. 无关

4. 采样保持电路中，采样信号的频率 f_S 和原信号中最高频率成分 f_{imax} 之间的关系是必须满足（　　）。

A. $f_S \geqslant 2f_{imax}$　　　　　　　　B. $f_S < f_{imax}$　　　　　　　　C. $f_S = f_{imax}$

5. 在 D/A 转换电路中，数字量的位数越多，分辨输出最小电压的能力（　　）。

A. 越稳定　　　　　　　　　　　　　B. 越弱

C. 越强　　　　　　　　　　　　　D. 越不稳定

6. DAC0832 是属于（　　）网络的 DAC。

A. $R-2R$ 倒 T 型电阻　　　　B. T 型电阻　　　　C. 权电阻

7. 和其他 ADC 相比，双积分型 ADC 转换速度（　　）。

A. 较慢　　　　　　　　B. 很快　　　　　　　　C. 极慢

8. 一个 8 位 D/A 转换器的最小电压增量为 0.01 V，当输入代码为 10010001 时，输出电压为（　　）V。

A. 1.28　　　　　　B. 1.54　　　　　　C. 1.45　　　　　　D. 1.56

9. ADC0809 输出的是（　　）。

A. 8 位二进制数码　　　　B. 10 位二进制数码　　　　C. 4 位二进制数码

10. ADC0809 是属于（　　）的 ADC。

A. 双积分型　　　　　　　　　　　　B. 逐次比较型

三、综合题

1. 在倒 T 型电阻网络 DAC 中，若 $U_R = 10$ V，输入 10 位二进制数字量为 1011010101，试求其输出模拟电压为何值？（已知 $R_F = R = 10$ kΩ）

2. 如图 14.4 所示，电路中 $R = 8\ \text{k}\Omega$，$R_F = 1\ \text{k}\Omega$，$U_R = -10\ \text{V}$，试求：

（1）在输入 4 位二进制数 $D = 1001$ 时，网络输出 u_o 为多大？

（2）若 $u_o = 1.25\ \text{V}$，则可以判断输入的四位二进制数 D 为多大？

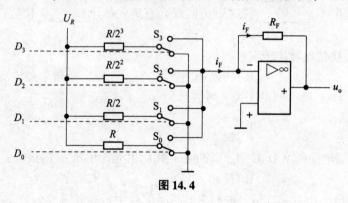

图 14.4

3. 已知某一 DAC 电路的最小分辨电压 $V_{LSB} = 40\ \text{mV}$，最大满刻度输出电压 $V_m = 0.28\ \text{V}$，试求该电路输入二进制数字量的位数 n 应是多少？

4. 要求某 DAC 电路输出的最小分辨电压 V_{LSB} 约为 $5\ \text{mV}$，最大满刻度输出电压 $V_m = 10\ \text{V}$，试求该电路输入二进制数字量的位数 n 应是多少？

5. 设 $V_{REF} = +5$ V，试计算当 DAC0832 的数字输入量分别为 7FH、81H、3FH 时（后缀 H 的含义是指该数为十六进制数）的模拟输出电压值。

6. 某 8 位 D/A 转换器，试问：

（1）若最小输出电压增量为 0.02 V，当输入二进制 01001101 时，输出电压为多少 V？

（2）若其分辨率用百分数表示，则为多少？

（3）若某一系统中要求的精度为 0.25%，则该 D/A 转换器能否使用？

7. 如图 14.5 所示的权电阻网络 DAC 电路中，若 $n=4$，$U_R=5$ V，$R=100$ Ω，$R_F=50$ Ω，试求此电路的电压转换特性。若输入 4 位二进制数 $D=1001$，则它的输出电压 u_o 为多少？

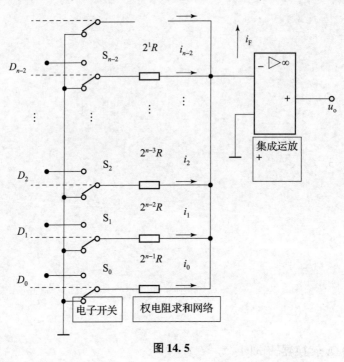

图 14.5

8. 图 14.6 所示为权电阻 D/A 转换器，其输入数字信号列表如表 14.1 所示，若数字 1 代表 5 V，数字 0 代表 0 V，试计算 D/A 转换器输出电压 V_o。

表 14.1

D_3	D_2	D_1	D_0	V_o
0	0	0	1	
0	0	1	1	
0	1	0	0	
0	1	0	1	
0	1	1	0	

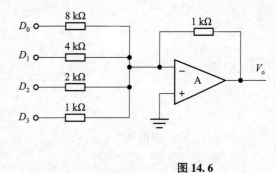

图 14.6

参 考 答 案

第一章　半导体二极管及其应用电路

一、选择题

1. A　2. B　3. C　4. C　5. D　6. A　7. B　8. B　9. B　10. D　11. C　12. D　13. C　14. C　15. B　16. B

二、判断题

1. ×　2. √　3. √　4. √　5. ×　6. ×　7. ×

三、填空题

1. 升高　增大　左

2. 反向击穿时二极管电流在很大的范围内变化而两端的电压却基本上稳定

3. 正　负　单向导电

4. 五　三

5. 正偏　反偏　单向导电性

6. 光　电　反向

7. 电　光　正向

8. 点接触　面接触

9. 电击穿　热击穿

10. 自由电子　空穴　空穴　自由电子

11. N 自由电子　空穴

12. 高于

13. 降低　增大

14. 反向击穿区　反向击穿区

15. 电阻

16. 本征半导体　掺杂半导体

17. 外电场　内电场

18. 阻碍　促进

19. 正向电压　光电流

20. 高　小

21. 正向　反向

22. 饱和　截止

23、导通　u_i　截止　E　图略

四、计算题

1. 略

2. $U_{o1} = 6$ V　　$U_{o2} = 5$ V

3. 图（a）VD_1导通，VD_2截止，$U_o = 0$ V；图（b）VD_2导通，VD_1截止，$U_o = -9$ V

4. $240 \ \Omega \leqslant R \leqslant 1.2 \ k\Omega$

5. （1）开关 S 闭合　　（2）$267 \ \Omega \leqslant R \leqslant 800 \ \Omega$

6. 略

7. 1 mA

8. 图（a）VD 导通，$U_o = -6.7$ V；图（b）VD 截止，$U_o = -6$ V

9. 略

10. （1）开关 S 闭合时，V：8.6 V；A_1：4.2 mA；A_2：4.2 mA

（2）开关 S 断开时，V：12 V；A_1：3.6 mA；A_2：0 mA

11. $I_D = 3.25$ mA　　$V_A = 6.7$ V

12. $V_A = 3.95$ V　　$I_D = 1.6$ mA

13.

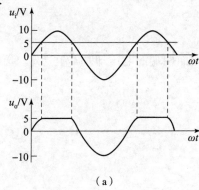　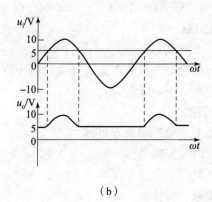

（a）　　　　　　　　　　　　（b）

14. $U_{o1} = 10$ V

　　$U_{o2} = 10.5$ V

　　$U_{o3} = 5$ V

第二章　半导体三极管

一、选择题

1. D　2. B　3. B　4. A　5. C　6. C　7. A　8. D　9. B　10.　　11. C　12. C
13. C　14. A

二、判断题

1. ×　2. ×　3. √　4. ×　5. ×　6. ×　7. √　8. ×　9. ×　10. √　11. ×
12. ×

三、填空题

1. NPN　PNP

2. 静　动

3. 增大　增大　减小

4. B   A   C   PNP   50

5. 放大

6. 控制输入回路的电场

7. 10   20   20

8. 正向   反向

9. 图解   估算

10. 91.7

11. 直流   交流

12. 栅源   漏极

13. 放大   饱和

14. 耗尽   增强

15. 3   1   2   PNP

16. 基极   集电极

17. 大   强

18. 锗   PNP   E

19. P   N

20. 发射   集电   基   NPN

四、计算题

1. （1） $I_{BQ} = 22 \ \mu A$ $I_{CQ} = 1.76 \ mA$ $U_{CEQ} = 4.43 \ V$

（2） $u_{BE} = 5.3 \ V$ $i_B = 31 \ \mu A$ $i_C = 2.48 \ mA$ $u_{CE} = 7.53 \ V$ 图略

2. 图（a）耗尽型 P – MOS 场效应管 $U_{GS(off)} = 2 \ V$ $I_{DSS} = 4 \ mA$；图（b）增强型 N – MOS 场效应管 $U_{GS(th)} = 1 \ V$ 电路符号略

3. $I_C = 1.65 \ mA$ $U_{CE} = 3.75 \ V$

4. $I_B = 0.1 \ mA$ $I_C = 10 \ mA$ $U_{CE} < 0$ 三极管工作在饱和状态。

5. 图（a）耗尽型 N – MOS 场效应管 $U_{GS(off)} = -8 \ V$、$I_{DSS} = 4 \ mA$；

图（b）耗尽型 N 沟道结型场效应管 $U_{GS(off)} = -5 \ V$ $I_{DSS} = 5 \ mA$ 电路符号略

6. $I_B = 0 \ A$ $I_C = 0 \ A$ $U_{CE} = 5 \ V$ 三极管工作在截止状态

7. $u_o = -115 \ V$

8. 图（a）$I_C = 0$ $U_{CE} = 18 \ V$ $U_o = 12 \ V$

图（b）$I_C = 1.66 \ mA$ $U_{CE} = -3.72 \ V$ $U_o = 10.98 \ V$

9. $I_B = 0.09 \ mA$ $I_C = 9 \ mA$ $U_{CE} = 3 \ V$ 三极管工作在放大状态

10. 图（a）耗尽型 N – MOS 场效应管 $U_{GS(off)} = -1.5 \ V$ $I_{DSS} = 0.75 \ mA$；图（b）增强 N – MOS 场效应管 $U_{GS(th)} = 2 \ V$ 电路符号略

第三章   三极管放大电路

一、选择题

1. B   2. D   3. D   4. B   5. D   6. C   7. B   8. A   9. B   10. D   11. A   12. A
13. D   14. B   15. C   16. D

二、判断题

1. ×　2. ×　3. ×　4. ×　5. √　6. ×　7. ×　8. ×　9. ×　10. ×　11. √
12. ×　13. √　14. √　15. ×

三、填空题

1. 饱和　截止　静态工作点

2. 增大

3. 源极　漏极

4. 发射集电　基　发射

5. 波形失真

6. 输入　输出

7. 发射集电　基

8. 40　40　40

9. 共射极　共基极　共集电极

10. 共射极放大电路　共集电极放大电路

11. 发射　基　集电极

12. 反　相同

13. 小于等于1　大　小

14. 下限　上限　通频带

15. 大　小

16. 集电　基　集电

四、计算题

1. （1）$I_{BQ} = 10\ \mu A$　$I_{CQ} = 1\ mA$　$U_{CEQ} = 4.6\ V$

（2）略

（3）$A_v = -90$　$R_i = 1.6\ \Omega$　$R_o = 5.1\ k\Omega$

（4）静态工作点不变，输入电阻增大，电压放大倍数减小

2. （1）N–MOS 耗尽型场效应管

（2）略

（3）$A_v = -13.4$、$R_i = 51.1\ M\Omega$、$R_o = R_D = 20\ k\Omega$

3. （1）$I_{BQ} = 28\ \mu A$　$I_{CQ} = 1.4\ mA$　$U_{CEQ} = 6.4\ V$

（2）$A_v = -4$　$A_{vS} = -3.7$　$R_i = 11\ K\Omega$　$R_o = 2\ k\Omega$

（3）截止失真　减小 R_B 的值

4. （1）$I_{BQ} = 15.5\ \mu A$　$I_{CQ} = 1.55\ mA$　$U_{CEQ} = 2.19\ V$

（2）略

（3）$A_v = -15.8$、$R_i = 9.2\ k\Omega$、$R_o = 8.2\ k\Omega$

（4）$u_o = -10.5\ \sin\ (\omega t - 180°)$

5. 图（a）共集电极放大电路　图（b）共基极放大电路　图（c）源极电路　图略

6. （1）$I_{BQ} = 11\ \mu A$　$I_{CQ} = 1.35\ mA$　$U_{CEQ} = 0.425\ V$

（2）略

（3）$A_v = -120$、$R_i = 2.5\ k\Omega$、$R_o = 5\ k\Omega$

（4）饱和失真　图略

7. 图（a）不能放大

图（b）、（c）能放大

8. （1）$I_{BQ} = 24\ \mu A$　$I_{CQ} = 2\ mA$　$U_{CEQ} = 5.2\ V$

（2）$u_{o1} = 0.4\ V$、$u_{o2} = 0.1\ V$；u_{o1}与u_i反相，u_{o2}与u_i同相

（3）输入电阻$R_i = R_B /\!/ (r_{bb'} + \beta R_E)$

输出电阻$R_{o1} = R_C$

$$R_{o2} = \frac{r_{bb'}}{\beta}$$

9. （1）$A_v = -3$、$R_i = 103\ k\Omega$、$R_o = 3\ k\Omega$　图略

（2）静态工作点不变，A_v会变小，输出电阻r_o不变

10. 图（a）能放大

图（b）、图（c）不能放大

11. （1）图（a）不能放大

图（b）可以放大　（1）$I_{BQ} = 22\ \mu A$　$I_{CQ} = 1.1\ mA$　$U_{CEQ} = -7.8\ V$　（2）图略

（3）$A_v = -71$，$r_i = 1.4\ k\Omega$，$r_o = 2\ k\Omega$

12. （1）$I_{BQ} = 10\ \mu A$　$I_{CQ} = 0.8\ mA$　$U_{CEQ} = 4\ V$　图略

（2）略

（3）$A_v = -1\ 935$、$R_i = 200\ \Omega$、$R_o = 9.4\ k\Omega$

13. （1）$I_B = 40\ \mu A$、$U_{BE} = 0.2\ V$；$I_C = 2\ mA$、$U_{CE} = 6\ V$　图略

（2）

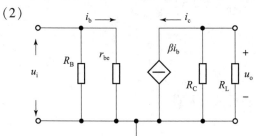

（3）$r_i \approx 1\ k\Omega$、$r_o = 3\ k\Omega$

（4）$A_v = -150$、$A_v' = -100$

14. （1）静态工作点

$$U_B = \frac{R_{B2}}{R_{B1} + R_{B2}} V_{CC} = 5.58\ V$$

$$I_E = \frac{U_B - U_{BE}}{R_E} = 3.25\ mA$$

$$I_B = \frac{I_E}{1 + \beta} = 0.072\ 2\ mA$$

$$I_c = \beta I_B = 44 \times 0.072\ 2 = 3.178\ (mA)$$

$$U_{CE} = U_{CC} - R_C I_C - R_E I_E = 24 - 3.3 \times 3.178 - 3.25 \times 1.5 = 8.638\ (V)$$

（2）微变等效电路

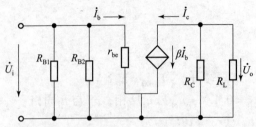

（3）$r_{be} = 200 + 44 \times 26 \div 3.178 = 600$（$\Omega$）$= 0.6$ kΩ

$R'_L = R_C /\!/ R_L = 2$ kΩ

$r_i = R_{B1} /\!/ R_{B2} /\!/ r_{be} = 0.52$ kΩ

$r_0 = R_C = 3.3$ kΩ

$A_u = -\beta \dfrac{R'_L}{r_{be}} = -44 \times 2 \div 0.6 = -147$

15. 静态工作点不合适，电路处于饱和状态

$I_{CQ} = 4.1$ mA

16. （1）$I_{BQ} = 73$ μA　$I_{CQ} = 2.2$ mA　$U_{CEQ} = 6.5$ V

（2）R_{B1} 的阻值比较大、分压也比较大。调节的时候变化比较慢，可以调的比较细，比较准

17. （1）$r_{be} = 989$ Ω

（2）$r_i = 989$ Ω　　$r_o = 6.6$ kΩ

（3）$V_0 = 0.6$ V

18. （1）$I_{BQ} = 33$ μA　$I_{CQ} = 1.65$ mA　$U_{CEQ} = 5.4$ V

（2）略

（3）$A_v = -61$

（4）$r_i = 1.1$ kΩ　　$r_0 = 2$ kΩ

第四章　负反馈放大器

一、选择题

1 ~ 5　DBBBC　6 ~ 10　CBBAB　11 ~ 15　BCDBC　16 ~ 20　BDADA　21 ~ 25　AAD-CC　26 ~ 30　BDDDB

二、填空题

1. 电压、电流

2. 输出、输入

3. 串联、电流

4. 输入、增大、减小

5. 输出、减小、增大

6. 开环、闭环

7. 正、负

8. 10

9. 零、反馈信号

10. 正、负

11. 基本放大、反馈

12. 提高、展宽、减小、改善

13. 电压、电流、串联、并联

14. 小、大

15. 电压、电流、串联、并联

16. 负反馈、正反馈

17. 60 dB

18. 虚短、虚断

19. 16.7

20. 电压串联负反馈

三、综合题

1. 解：(a) R_2 直流负反馈；(b) R_4 交直流负反馈，R_2 交直流正反馈；(c) R_2、R_3 直流负反馈；(d) R_3 交直流负反馈，V_o 到 R_1 反馈线交直流正反馈；(e) R_3 交直流负反馈；(f) R_2、C 交直流正反馈；(g) R_2 交直流负反馈

2. 解：R_4 电压串联交直流负反馈，R_1 电流并联交直流负反馈。

3. 解：R_{S1} 电流串联交直流负反馈，R_f 电压并联交直流负反馈。

4. 解：R_4 电压并联交直流负反馈，R_f 电压串联交直流负反馈。

5. 解：R_3、R_7 电压并联直流负反馈，R_4、C_5 电流串联交流负反馈。

6. 解：图 (a) R_f 电压并联负反馈 $A_v f = R_f/R_S$

(b) 反馈元件 R_5、电压并联负反馈 $A_v f = R_5/(R_5 + R_4)$

7. 电压串联负反馈，$U_o/U_i = 1 + R_3/R_4$

第五章 正弦波振荡器

一、填空题

1. 正弦波振荡器、过零比较器、锯齿波发生器、施密特触发器

2. A B C

3. (1) BAC (2) BCA (3) B

4. 反馈信号的相位必须与输入信号同相位，即反馈极性必须是正反馈

反馈信号 V_f 的振幅应等于输入信号的振幅 V_i，即 $A_v \cdot F = 1$。

5. 串联谐振、并联谐振

6. 容性、容性、感性

7. LC、RC、石英晶体

8. 同性质符号、相反的

9. 基本放大器、正反馈网络

10. 稳定、小

11. LC、RC、石英晶体

12. 变压器反馈式、电感三点式、电容三点式

13. 小、好

14. 谐振、电感、电容三点式

15. 电阻、不、石英晶振的串联谐振频率

16. RC、基本放大器、RC、串并联选频网络

二、选择题

1. B　2. B　3. D　4. D　5. B　6. D　7. B　8. A　9. B　10. D　11. C　12. C　13. C
14. B

三、计算题

1. 上"－"、下"＋"（分析：$\varphi_F = 0° \sim 270°$，欲使 $\varphi_A + \varphi_F = 0°$，要求 $\varphi_A = -180°$，故 A 上"－"、下"＋"）

2. $\varphi_A = -180°$、$\varphi_F = 0° \sim 270°$，存在一个 f_0，使 $\varphi_A + \varphi_F = 0°$，满足相位条件，故有可能产生正弦波振荡。

3. 图（a）：不能振荡。因为 $\varphi_A = -180°$，$\varphi_F = -90° \sim +90°$，不可能满足振荡的相位平衡条件。

图（b）：不能振荡。$|\dot{F}|_{f-f_0} = \dfrac{1}{3}$，而 $|\dot{A}_v| = 1$，不满足振荡的幅值平衡条件。

4. （1）$U_- = I_{R_1} \cdot R_2 = U_+ = \dfrac{1}{3}U_o$，故 $U_o = 3I_{R_1} \cdot R_2 = 2.7 \text{ V}$

（2）$U_o = I_{R_1}(R_1 + R_2)$，故 $R_1 = 3 \text{ k}\Omega$

5. （1）$U_- = I_{R_1} \cdot R_2 = U_+ = \dfrac{1}{3}U_o$，故 $R_2 = \dfrac{U_o}{3I_{R_1}} = 1.5 \text{ k}\Omega$

（2）$U_o = I_{R_1}(R_1 + R_2)$，故 $R_1 = 3 \text{ k}\Omega$

6. （1）$U_- = I_{R_1} \cdot R_2 = U_+ = \dfrac{1}{3}U_o$，故 $I_{R_1} = \dfrac{U_o}{3R_2} = 0.6 \text{ mA}$

（2）$U_o = I_{R_1}(R_1 + R_2)$，故 $R_1 = 3 \text{ k}\Omega$

7. 电阻 R_1 和 R_2 阻值选择有误，不满足起振条件，可将它们的阻值互换。（图略）

8. 集成运放 A 输入端正、负极性有误，可将其极性互换。（图略）

9. 1. 图（a）：$R_t \geqslant 2R_f = 940 \ \Omega$，温度系数为负，

图（b）：$R_t \leqslant \dfrac{R_f}{2} = 375 \ \Omega$，温度系数为正；

（2）图（a）：$f_0 = \dfrac{1}{2\pi RC} \approx 100 \text{ Hz}$；图（b）：$f_0 \approx 79.6 \text{ Hz}$

10. 答案（1）上"－"、下"＋"振荡频率 f_0 的表达式为 $f_0 = \dfrac{1}{2\pi RC}$

（2）R_t 取代 R_1

（3）R_t 取代 R_f

（4）由于 A_2 的负反馈深度小，放大倍数 $|A_v|$ 大，故产生电路输出波形上下两边被削平现象。可以调整电阻 R_f，减小其阻值，或调整电阻 R_1，增大其阻值，均可增强其负反馈深度。

（5）可能电压放大倍数太小，不满足振荡的幅值条件。可以调整电阻 R_f，增大其阻值或调整电阻 R_1，减小其阻值。

11. （1）R_t 的温度系数是负的

（2）$R_t = 2\ \text{k}\Omega$，$I_t = 1\ \text{mA}$　　（3）$U_o = I_t(R_t + R_3) = 3\ \text{V}$

12. （1）R_t 的温度系数是正的

（2）$R_t = 1\ \text{k}\Omega$，$I_t = 1\ \text{mA}$　　（3）$U_o = I_t(R_t + R_3) = 3\ \text{V}$

13. （1）①接④接⑨，②接⑧，⑤接⑦，③接⑥（图略）

（2）$R_f \geqslant 2R_1 = 40\ \text{k}\Omega$　　（3）$C \approx 0.1\ \mu\text{F}$　　（4）替换 R_f

14. （1）①接④接⑨，②接⑧，⑤接⑦，③接⑥（图略）

（2）$R_1 \leqslant \dfrac{R_f}{2} = 20\ \text{k}\Omega$　　（3）$R \approx 15.9\ \text{k}\Omega$（或 16 k\Omega）　　（4）替换 R_1

15. （1）$U_- = I_{R_1} \cdot R_2 = U_+ = \dfrac{1}{3}U_o$，故 $U_o = 3I_{R_1} \cdot R_2 = 2.7\ \text{V}$

（2）$U_o = I_{R_1}(R_1 + R_2)$，故 $R_1 = 3\ \text{k}\Omega$

16. （1）上 " + "、下 " – "　　（2）$R_2 + R_3 > 2R_1 = 60\ \text{k}\Omega$

17. （1）①接④，②接⑥，③、⑦接⑤　　（2）$A_v = 3$

18. （1）①接⑨，②接⑧，③、⑩接⑤　　（2）$A_v = 3$

19. （1）电路图如下图所示

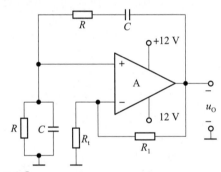

　　（2）$R_1 \approx 2R_t = 3.6\ \text{k}\Omega$

20. R_P 最小值 $R_{P\min}$ 由起振的幅值条件确定，即

$$R_{P\min} + R_2 = 2R_1 = 20\ \text{k}\Omega$$

故 $R_{P\min} = 2R_1 - R_2 = 8\ \text{k}\Omega$

R_P 最大值 $R_{P\max}$ 受运放 A 最大输出电压的限制，

即 $\dfrac{3R_1}{2R_1 - R_{P\max}} \cdot U_Z = U_{om} = 15\ \text{V}$

代入已知参数，解得 $R_{P\max} = 12\ \text{k}\Omega$。

当 R_P 在 8～12 k\Omega 范围内调节时，

由公式：$U_{om} = \dfrac{3R_1}{2R_1 - R_P}U_Z$，可解得

U_{om} 在 10～15 V 范围内变化。

21. 解：图（a）变压器反馈式；图（b）电感三点式；图（c）电容三点式。

22. 解：（1）交流通路略；（2）电容三点式；（3）0.7 μH；（4）$F = 0.68$。

23. 解：（1）交流通路略；（2）电感三点式；（3）15.9 kHz；（4）L_2 匝数减少使得反馈量减少，电路可能会停振。

第六章　集成运算放大电路

一、选择题

1. C　2. B　3. B　4. D　5. A　6. B　7. D　8. D　9. D　10. A　11. A

二、判断题

1. ×　2. ×　3. ×　4. √　5. √　6. ×　7. √　8. √　9. √　10. √

11. √　12. ×　13. √　14. √

三、填空题

1. ∞　∞　0　∞　0

2. 电压串联　∞　11　11　1　1　5　1

3. 反相　同相

4. 0　30 mV　40 mV　20 mV　－20 mV

5. ∞　0　同相输入端　反相输入端

6. ∞　∞　0

7. 零漂　抑制

8. 0.02　1.99

9. 50　50　1

10. 对称　稳流

11. 30 mV　20 mV　－2

12. 对称　抑制　差　共

四、计算题

1. -2.5 V　$R_\mathrm{P} = \dfrac{10}{7}$ kΩ

2. 100 kΩ

3. 0.6 mA

4. 闭合时，$A_{vf} = 1$　断开时，$A_{vf} = -1$

5. （1）略

（2）$R_\mathrm{f} = 380$ kΩ

6. $u_\mathrm{o1} = U_1 = 1$ V

$$u_\mathrm{o2} = -\frac{u_\mathrm{o1}}{100\ \mathrm{k\Omega} \times 10\ \mathrm{\mu F}}t$$

$u_\mathrm{o3} = 6$ V

7. 图（a）$U_\mathrm{o} = 30$ mV；图（b）$U_\mathrm{o} = -15$ mV

8. $A_\mathrm{f} = \left(\dfrac{R_7 + R_8}{R_7} \cdot \dfrac{R_6 + R_7}{R_6} - \dfrac{R_8}{R_7} \right) \cdot \dfrac{R_5}{R_4 + R_5}$ 电流串联负反馈

9. $u_\mathrm{o} = \dfrac{2R_\mathrm{f}}{R_1}\left[\dfrac{R_\mathrm{f}}{R_1}u_\mathrm{i2} - (u_\mathrm{i1} - u_\mathrm{i2}) \right]$

$u_\mathrm{o} = 4.2$ V

10. （1）$U_\mathrm{o1} = -10.4$ V　$U_\mathrm{o2} = -10$ V　$U_\mathrm{o3} = 0.4$ V

（2）$t = 0.015$ s

11. 图（a）$U_o = -6$ V；图（b）$U_o = 2$ V；图（c）$U_o = -6$ V；图（d）$U_o = -10$ V

12. （1）电流并联负反馈

（2）稳定电流

（3）$A_{vf} = -2.5$

13. 5

14. $V_o = \dfrac{R_4}{R_3}\left(1 + \dfrac{2R_2}{R_1}\right)(v_{i2} - v_{i1})$，输入电阻大、输出电阻小、共模抑制地大

15. 图（a）$A_{vf} = -\dfrac{R_2}{R_1}$ 图（b）$A_{vf} = \dfrac{R_2}{R_1 + R_2}$

16. （1）$A_{vf} = 260$

（2）$R_5 = \infty$

17. $U_{o1} = 0.5$ V $U_{o2} = -7$ V $U_{o3} = -6.7$ V

18. $\dfrac{u_o}{u_{o1}} = 2$ $\dfrac{u_o}{u_i} = -1$

19. 略

20. （1）$I_{CQ1} = 1$ mA、$U_{CEQ1} = 5.7$ V、$I_{CQ2} = 1$ mA、$U_{CEQ2} = 5.7$ V

（2）略

（3）$u_o = -8.5 \sin\omega t$ V

21. （1）$I_{CQ1} = 0.565$ mA、$U_{CEQ1} = 7.05$ V、$I_{CQ2} = 0.565$ mA、$U_{CEQ2} = 7.05$ V

（2）$A_{vd} = -146$

（3）$r_{id} = 13.7$ kΩ $r_o = 20$ kΩ

22. （1）$I_{CQ1} = 1$ mA、$U_{CEQ1} = 7.6$ V、$I_{CQ2} = 1$ mA、$U_{CEQ2} = 7.6$ V

（2）$u_i = -15 \sin\omega t$ mV

23. （1）$I_{CQ1} = 0.565$ mA、$U_{CEQ1} = 7.05$ V、$I_{CQ2} = 0.565$ mA、$U_{CEQ2} = 7.05$ V

（2）$A_{vd} = -206$

（3）$r_{id} = 9.7$ kΩ $r_o = 20$ kΩ

24. （1）$I_{CQ1} = 1.1$ mA、$U_{CEQ1} = 7.1$ V、$I_{CQ2} = 1.1$ mA、$U_{CEQ2} = 7.1$ V

（2）$A_{vd} = -197$ $r_{id} = 5.174$ kΩ $r_o = 10.2$ kΩ

（3）在两管特性不太一致时调平衡之用，以保证输入为零时双端输出为零

25. （1）$I_{CQ1} = 0.83$ mA、$U_{CEQ1} = 5.9$ V、$I_{CQ2} = 0.83$ mA、$U_{CEQ2} = 5.9$ V

（2）$A_{vd} = -97$ $r_{id} = 7.453$ kΩ $r_o = 16.4$ kΩ

26. （1）$I_{CQ1} = 0.52$ mA、$U_{CEQ1} = 1.3$ V

（2）$A_{vd} = -68$ $r_{id} = 5.5$ kΩ $r_o = 20$ kΩ

（3）$A_{vc} = 0.37$ K_{CMR}的分贝值为51.4

27. VT_1：共集电极电路

VT_2：共射极电路

$A_u = -\beta_2 \dfrac{R_4}{r_{be2}}$

$$r_i = R_1 \parallel [r_{\text{be1}} + (1+\beta)(R_2 \parallel R_3)]$$

$$r_o = R_4$$

28. $A_v = 5\ 689$

$r_i = 1.5\ \text{k}\Omega$

$r_o = 2\ \text{k}\Omega$

29. （1）静态工作点相互独立

（2）VT_1：共基极电路

VT_2：共射极电路

阻容耦合

（3）R_E 开路三极管 VT_1 发射极没有接入电路，三极管不能处于放大状态。R_1 短路会导致基极电压为 0 则三极管 VT_1 不能处于放大状态

31. $V_{C_1} = 1.125\ \text{V}$

第七章　功率放大电路

一、选择题

1. A　2. B　3. B　4.（1）C　（2）B　（3）C　（4）C　（5）A　5. D　6. B

二、综合题

1. 解：（1）最大输出功率 $P_{\text{omax}} = 32\ \text{W}$；（2）$VT_1$ 和 VT_2 共集电极连接方式。

2. 解：（1）输出电压幅值和最大输出功率分别为 $U_{\text{omax}} = 13\ \text{V}$，$P_{\text{omax}} = 14\ \text{W}$；（2）电压串联负反馈；电路图如下图（3）在深度负反馈的条件下，电压放大倍数为 $A_v = 1 + R_f/R_1 = 50$　$R_1 = 1\ \text{k}\Omega$，$R_f = 49\ \text{k}\Omega$

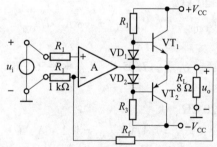

3. 解：电路会产生交越失真，在 VT_2 和 VT_3 基极之间接入串联的两个二极管，输出功率增大 2 倍。

4. 解：（1）电位器 R_1 的作用：调节中点电位；（2）电位器 R_E 的作用：消除交越失真；（3）电容 C_4 的作用：自举升压电容，提高电路的动态范围。

第八章　直流稳压电源

一、选择题

1. B　2. C　3. A　4. D　5. D　6. B　7. D　8. A　9. C　10. C　11. A　12. B　13. C　14. B　15. C　16. D

二、填空题

1. 电网电压、负载

2. 输出电压可调、稳压效果好、带负载能力强

3. 比较放大器、基准电压、调整管

4. 放大倍数

5. 限流式、截流式

6. 零漂、温度

7. 输入端、输出端、接地端　输入端、输出端、调整端

8. 40 V、1.2 ~ 37 V、1.5 A

9. 9 V、1.5 A、15 V　0.1 A

10. VT_1；R_1、R_2、R_3；VT_2　VT_3　R_o

$$V_{omin} = \frac{R_1 + R_2 + R_3}{R_2 + R_3} \, (V_Z + V_{BEQ})$$

$$V_{omax} = \frac{R_1 + R_2 + R_3}{R_3} \, (V_Z + V_{BEQ})$$

三、分析与计算

1. $R_2 = R_P = 100 \ \Omega$

2. （1）$C_2 = 10 \ \mu F$，等效到输出端的大小为 10 000 μF；（2）R_P 的调节臂的位置为正中位置；（3）输出电压的调节范围为 8 ~ 24 V。

3. （1）$R_P = 100 \ \Omega$；（2）$V_0 = 10$ V；（3）V_2 的有效值至少为 15.84 V。

（4）$V_A = 12.7$ V、$V_B = 6$ V、$V_C = 24$ V　$V_D = 12$ V。

4. 输出电压的调节范围为 5 ~ 25 V。

5. $V_o = 12$ V

6. （1）$U'_o = 17$ V；（2）$I = 12$ mA；（3）$U_o = 17$ V；（4）$I_o = 1.7$ mA。

7. （1）6.64 ~ 13.27 V；（2）当输入电压 U_i 或输出电流 I_o 变化引起输出电压 U_o 增加时，取样电压 U_F 相应增大，使 VT_2 管的基极电流 I_{B2} 和集电极电流 I_{C2} 随之增加，VT_2 管的集电极电位 U_{C2} 下降，因此 VT_1 管的基极电流 I_{B1} 下降，使得 I_{C1} 下降，U_{CE1} 增加，U_o 下降，使 U_o 保持基本稳定。

（3）R_1 阻值增加 U_o 增加，R_2 阻值增加 U_o 下降，V_Z、VT_2 击穿，U_o 下降，VT_1 击穿，U_o 增加

8. （1）$R_P = 1 \ k\Omega$　（2）$U_o = 10$ V

9. ①接④，②接⑥，⑤接⑦接⑨，③接⑧接⑪⑬，⑩接⑫

第九章　数字逻辑基础

一、选择题

1. B　2. B　3. B　4. A　5. A　6. B　7. A　8. B　9. B　10. A　11. B　12. D　13. A　14. C、B　15. A　16. B　17. B　18. B　19. C　20. B　21. C　22. A　23. A　24. C　25. A　26. A　27. C　28. B

二、填空题

1. 完成下列数制转换

$(101011111)_2 = (\underline{15F})_{16} = (\underline{431})_{8421BCD}$，

$(3B)_{16} = (\underline{59})_{10} = (\underline{01011001})_{8421BCD}$

$(255)_{10} = (\underline{11111111})_2 = (\underline{FF})_{16} = (\underline{001001010101})_{8421BCD}$

$(3FF)_{16} = (\underline{001111111111})_2 = (\underline{1023})_{10} = (\underline{0001000000100011})_{8421BCD}$

2. 完成下列数制转换

$(11110.11)_2 = (\underline{31.75})_{10} = (\underline{36.6})_8 = (\underline{1E.C})_{16} = (\underline{00110001.01110101})_{8421BCD}$

$(45.378)_{10} = (\underline{101101.011})_2$

$(0.742)_{10} = (\underline{0.101111})_2$

$(11001.01)_2 = (\underline{15.25})_{10}$

$(6DE.C8)_{16} = (\underline{011011011110.11001000})_2 = (\underline{3336.62})_8 = (\underline{1758.78125})_{10}$

$(11001011.101)_2 = (\underline{313.5})_8 = (\underline{CB.A})_{16} = (\underline{203.625})_{10}$

$(45.378)_{10} = (\underline{101101.011})_2$

$(45C)_{16} = (\underline{010001011100})_2 = (\underline{2134})_8 = (\underline{1116})_{10}$

$(374.51)_{10} = (\underline{001101110100.01010001})_{8421BCD} = (\underline{101110110.1})_2 = (176.8)_{16}$

3. 从低位到高位，十六进制；

4. $Y = \overline{A \cdot (\overline{A} + \overline{B})(\overline{A} + \overline{C} \cdot \overline{D})}$，$Y' = \overline{A \cdot \overline{A} + B \cdot (A + CD)}$；

5. $A + BC$，$\overline{A \cdot \overline{B}C}$

6. A

7. $F = \overline{A}\,\overline{B}\,\overline{C} + \overline{A}\,\overline{B}C + \overline{A}BC + ABC$

8. 逻辑电路图、逻辑函数式、真值表、

9. 8

三、综合题

1. 解：（1）$F = ABC + A\,\overline{B}C + AB\,\overline{C} + A\,\overline{B}\,\overline{C} + \overline{A}\,B\,\overline{C}$

（2）$F = \overline{A}\,\overline{B}CD + \overline{A}\,\overline{B}C\,\overline{D} + \overline{A}\,\overline{B}\,\overline{C}D + \overline{A}\,B\,\overline{C}D + AB\,\overline{C}D + ABCD + ABC\,\overline{D} + \overline{A}BCD + \overline{A}BC\,\overline{D}$

（3）$F = \overline{A}\,\overline{B}CD + \overline{A}\,\overline{B}C\,\overline{D} + \overline{A}\,\overline{B}\,\overline{C}D + \overline{A}B\,\overline{C}\,\overline{D}$

2. 解：（1）$F = \overline{A}C + \overline{B}C = \overline{AB} \cdot C$

（2）$F = AB + \overline{A}\,\overline{C} + AC$

（3）$F = B + D$

（4）$F = \overline{B}C$

（5）$F = A\,\overline{B}\,\overline{C} + \overline{A}C + BC$

（6）$F = \overline{A}\,\overline{B}C + \overline{A}\,\overline{B}D + \overline{B}C\,\overline{D}$

3. 解：（1）$F_1 = \overline{A}C + \overline{A}BD + \overline{A}\,\overline{B}C$

（2）$F_2 = C\overline{D} + \overline{A}C + A\overline{D}$

（3）$F_3 = \bar{B} + \bar{D}$

（4）$F_4 = \bar{B}\bar{D} + A\bar{C}D + \bar{B}C$

4. 解：$Y = \bar{A} \cdot \bar{C} + \bar{A} \cdot \bar{D}$，卡诺图略

5. 解：（1）$F = \bar{A}C + A\bar{B}$　且 A，B，C 不能同时为 0 或同时为 1

$F = \bar{B} + C$

（2）$F(A,B,C) = \sum m(3,5,6,7) + \sum d(2,4)$

$F = A + B$

（3）$F(A,B,C,D) = \sum m(0,4,6,8,13) + \sum d(1,2,3,9,10,11)$

$F = \bar{A}\bar{D} + A\bar{C}D + \bar{B}$

（4）$F(A,B,C,D) = \sum m(0,1,8,10) + \sum d(2,3,4,5,11)$

$F = \bar{B}\bar{D} + \bar{A}\bar{B}$ 或 $F = \bar{B}\bar{D} + \bar{A}\bar{C}$

（5）$F(A,B,C,D) = \sum m(3,5,8,9,10,12) + \sum d(0,1,2,13)$

$F = \bar{B}\bar{D} + \bar{A}\bar{B} + \bar{C}D + A\bar{C}$

（6）$F = \bar{A}\bar{B}D + \bar{A}C$

（7）$F = A\bar{C} + A\bar{B}D + \bar{A}C\bar{D}$

（8）$F = \bar{A}\bar{C} + \bar{B} + D$

6. 解：（1）$F = \bar{A} + \bar{B} + \bar{C} + D$

（2）$Y = C\bar{D} + \bar{C}D$

（3）$Y = AB + \bar{A}\bar{C} + \bar{D}$

（4）$Y = \bar{B}D + B\bar{C} + \bar{A}\bar{C}D + B\bar{C}D$

（5）$Y = \bar{A}B + BC + B\bar{E} + \bar{A}D + C\bar{D} + \bar{D}\bar{E} + CE$

7.（1）$Y = A + \bar{C}\bar{D}$

（2）$Y = B + \bar{A}D + AC$

8. $L = A \oplus B + C + \bar{A}\bar{D}$

9. 解：（1）$\bar{Y} = (\bar{A} + \bar{B})\bar{C}$　　　　$Y' = (A + B)C$

（2）$\bar{Y} = \bar{A}(\bar{B} + \bar{C}) \cdot (C + \bar{D})$　　　　　$Y' = A(B + C) \cdot (\bar{C} + D)$

（3）$\bar{Y} = \overline{AB + \bar{D}} \cdot [(A + B) \cdot (\bar{B} + \bar{D}) + C] \cdot (\bar{A} + C + \bar{B} + \bar{D}) \cdot D$

$Y' = \overline{\bar{A}\bar{B} + D} \cdot [(\bar{A} + \bar{B}) \cdot (B + D) + C] \cdot (A + \bar{C} + B + D) \cdot \bar{D}$

10. 解：$Y_1 = \overline{A \cdot B \cdot C}$

$Y_2 = \overline{A + B + C}$

11. 解：$F = AB \oplus (C + D)$

$F = (A + B) \cdot (\overline{B} + C)$

12. 解：逻辑函数表达式：

$F = \overline{A}BC + A\overline{B}C + AB\overline{C} + ABC$

　　$= AB + AC + BC$

逻辑电路图略

13. 解：逻辑函数式 $F = ABC + \overline{A}\,\overline{B}\,\overline{C}$，逻辑电路图略

14. 解：（1）逻辑函数式 $Y = \overline{A}\,\overline{B}\,\overline{C} + \overline{A}\,\overline{B}C + \overline{A}B\overline{C} + \overline{A}BC + A\overline{B}\,\overline{C}$

$= \overline{A} + \overline{B}\,\overline{C}$

（2）真值表

（3）逻辑电路图（略）

A	B	C	Y
0	0	0	1
0	0	1	1
0	1	0	1
0	1	1	1
1	0	0	1
1	0	1	0
1	1	0	0
1	1	1	0

第十章　组合逻辑电路

一、选择题

1. C　2. A　3. B　4. B　5. B　6. C　7. B　8. A　9. B　10. D　11. D　12. A
13. C　14. A　15. C　16. B　17. C　18. C　19. C　20. D

二、填空题

1. 8　2^n　2^n

2. 10　4　4

3. 二进制　1　N—1　一个输入信号　数字码

4. 8

5. 逻辑函数式　真值表　逻辑电路图

6. 初始　逻辑门

7. 共阴极　共阳极

8. 4

9. 二进制　编码　编码器　二进制　十进制　译码　译码器　组合逻辑电路　比较器

10. 8

11. 10111111

12. 两个　大于　小于　等于

13. 阳　阴　低　高

三、综合题

1. 根据题意可写出输出逻辑表达式，并列写真值表为：

$F = AB + \overline{A}\,\overline{B}$

该电路完成同或功能

A	B	F
0	0	1
0	1	0
1	0	0
1	1	1

2. 根据题意可写出输出逻辑表达式为：

$F_1 = A \oplus B \oplus C$　　$F_2 = AB + BC + AC$

列写真值表为：

A	B	C	F_1	F_2
0	0	0	0	0
0	0	1	1	0
0	1	0	1	0
0	1	1	0	1
1	0	0	1	0
1	0	1	0	1
1	1	0	0	1
1	1	1	1	1

该电路构成了一个全加器。

3. 解：设输入逻辑变量 A、B、C、D 分别表示 8421BCD 码的每一位输入。输入逻辑变量取 1，表示该位数字为 1，输入逻辑变量取 0，表示该位数字。输出逻辑变量为 $F = 1$，表示符合条件，$F = 0$，为不符合条件。

（1）根据要求可得真值表为

A	B	C	D	F
0	0	0	0	0
0	0	0	1	0
0	0	1	0	0
0	0	1	1	0
0	1	0	0	0
0	1	0	1	1
0	1	1	0	1
0	1	1	1	1
1	0	0	0	1
1	0	0	1	1
1	0	1	0	×
1	0	1	1	×
1	1	0	0	×
1	1	0	1	×
1	1	1	0	×
1	1	1	1	×

由真值表得逻辑函数式。根据卡诺图化简，得输出函数的最简表达式为

$$F = BD + A\bar{B} = \overline{\overline{BD} \cdot \overline{A\bar{B}}}$$

据此，画出逻辑电路图（略）。

（2）根据要求可得真值表为

A	B	C	D	F
0	0	0	0	1
0	0	0	1	1
0	0	1	0	1
0	0	1	1	0
0	1	0	0	0
0	1	0	1	0
0	1	1	0	0
0	1	1	1	1
1	0	0	0	1
1	0	0	1	1
1	0	1	0	×
1	0	1	1	×
1	1	0	0	×
1	1	0	1	×
1	1	1	0	×
1	1	1	1	×

由真值表得逻辑函数表达式。根据卡诺图化简，得输出函数的最简表达式为

$$F = \bar{B}\bar{C} + \bar{B}\bar{D} + BCD = \overline{\overline{\bar{B}\bar{C}} \cdot \overline{\bar{B}\bar{D}} \cdot \overline{BCD}}$$

据此，画出逻辑电路图（略）。

4. 解：根据题意取 A、B、C、D 为输入逻辑变量，Y 为输出逻辑变量。$A=1$，化学及格，$A=0$，不及格；$B=1$，生物及格，$B=0$ 不及格；$C=1$，几何及格，$C=0$，不及格；$D=1$，代数及格，$D=1$，不及格。$Y=1$，表示王强可以结业，$Y=0$ 表示王强不能结业。

根据以上规定，得真值表为

A	B	C	D	Y
0	0	0	0	0
0	0	0	1	0
0	0	1	0	0
0	0	1	1	1
0	1	0	0	0
0	1	0	1	0
0	1	1	0	0
0	1	1	1	1
1	0	0	0	0
1	0	0	1	0
1	0	1	0	0
1	0	1	1	1
1	1	0	0	0
1	1	0	1	1
1	1	1	0	0
1	1	1	1	1

由真值表得逻辑函数式，根据卡诺图化简，得函数的最简表达式为

$$Y = ABD + CD = \overline{\overline{ABD} \cdot \overline{CD}}$$

根据输出的最简与非式，可画出逻辑电路图（图略）。

5. 要求出入时为"1"，否则为"0"，有应急请求为"1"，否则为"0"；正常出入门为 F1，应急门为 F2，门打开为"1"，否则为"0"。

$$F_1 = \overline{A}BC + AB\overline{C} + ABC = AB + BC$$

$$F_2 = \overline{A}BC + ABC = BC$$

逻辑电路图略

A	B	C	F_1	F_2
0	0	0	0	0
0	0	1	0	0
0	1	0	0	0
0	1	1	1	1
1	0	0	0	0
1	0	1	0	0
1	1	0	1	0
1	1	1	1	1

6. 解：①逻辑抽象。根据给定问题，设 A、B、C 3 台设备的状态作为输入信号，电路的输出分别为 X 和 Y。定义 A、B、C 为 1 时，表示相应的设备运转；X，Y 为 0 时，则表示设备处于停止状态。X 和 Y 为 1 时，表示相应的发电机启动，为 0 时，则表示发电机停止发电。

②列真值表。根据设备功率和发电机输出功率可知，职业 A 或 B 运转时，只需要 X 发电；A、B、C 同时运转时，需要 X 和 Y 同时发电；其他情况只需 Y 发电. 由此列真值表如下。

③化简得：$X = ABC + ABC + ABC$，$Y = AB + C$

④根据以上 X 和 Y 的逻辑表达式，画出由门电路组成的逻辑图如下：

A	B	C	X	Y
0	0	0	0	0
0	0	1	0	1
0	1	0	1	0
0	1	1	0	1
1	0	0	1	0
1	0	1	0	1
1	1	0	0	0
1	1	1	1	1

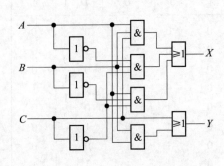

7. 解：（1）要求设计一个平方运算电路。输入 X 是一个两位二进制数，用 AB 表示，输出 Y 应是一个四位二进制数，用 $Y_3Y_2Y_1Y_0$ 表示。其真值表为

A	B	Y_3	Y_2	Y_1	Y_0
0	0	0	0	0	0
0	1	0	0	0	1
1	0	0	1	0	0
1	1	1	0	0	1

对于两输入变量逻辑函数，直接由真值表 写出逻辑函数。

$$Y_3 = AB = \overline{\overline{AB}}$$
$$Y_2 = A\overline{B} = \overline{\overline{A\overline{B}}}$$
$$Y_1 = 0$$
$$Y_0 = \overline{A}B + AB = \overline{\overline{B}}$$

由最简与非式画出逻辑电路图（图略）。

（2）要求设计一个立方运算电路。输入 X 是一个两位二进制数，用 AB 表示，输出 Y 应是一个五位二进制数，用 $Y_4Y_3Y_2Y_1Y_0$ 表示。其真值表为

A	B	Y_4	Y_3	Y_2	Y_1	Y_0
0	0	0	0	0	0	0
0	1	0	0	0	0	1
1	0	0	1	0	0	0
1	1	1	1	0	1	1

对于两输入变量逻辑函数，直接由真值表写出逻辑函数。

$$Y_4 = AB = \overline{\overline{AB}}$$
$$Y_3 = A\overline{B} + AB = A = \overline{\overline{A}}$$
$$Y_2 = 0$$
$$Y_1 = AB$$
$$Y_0 = \overline{A}B + AB = B = \overline{\overline{B}}$$

由最简与非式画出逻辑电路图（图略）。

8. 解：根据题意可得真值表为

y_1	y_0	x_1	x_0	z_1	z_0
0	0	0	0	1	1
0	0	0	1	0	1
0	0	1	0	0	1
0	0	1	1	0	1
0	1	0	0	1	0
0	1	0	1	1	1
0	1	1	0	0	1
0	1	1	1	0	1
1	0	0	0	1	0
1	0	0	1	1	0
1	0	1	0	1	1
1	0	1	1	0	1
1	1	0	0	1	0
1	1	0	1	1	0
1	1	1	0	1	0
1	1	1	1	1	1

从卡诺图得到最简与或式为

$z_1 = y_1 + \overline{x_1}\,\overline{x_0} + y_0\,\overline{x_1}$

$z_0 = \overline{x_1}\,\overline{y_0} + \overline{y_1}x_0 + x_1x_0 + \overline{y_0}x_1$

由最简与或式得逻辑电路图（图略）。

9. 解：用输入变量 A、B、C、D 表示四位二进制码，逻辑变量 Y 表示输出，真值表为

A	B	C	D	Y
0	0	0	0	0
0	0	0	1	1
0	0	1	0	1
0	0	1	1	0
0	1	0	0	1
0	1	0	1	0
0	1	1	0	0
0	1	1	1	1
1	0	0	0	1
1	0	0	1	0
1	0	1	0	0
1	0	1	1	1
1	1	0	0	0
1	1	0	1	1
1	1	1	0	1
1	1	1	1	0

输出的逻辑表达式为

$Y = \overline{A}\,\overline{B}\,\overline{C}D + \overline{A}\,\overline{B}C\overline{D} + \overline{A}B\overline{C}\,\overline{D} + \overline{A}BCD +$

$AB\overline{C}D + A\overline{B}\,\overline{C}\,\overline{D} + A\overline{B}CD$

10. 解：（1）设输入逻辑变量为 A、B、C，输出逻辑变量为 Y，得到真值表为

A	B	C	Y
0	0	0	0
0	0	1	1
0	1	0	1
0	1	1	1
1	0	0	1
1	0	1	1
1	1	0	1
1	1	1	0

对卡诺图上的"1"项合并。得

$$Y = A\bar{B} + \bar{B}C + \bar{A}B + B\bar{C}$$

$$= \overline{\overline{A\bar{B}} \cdot \overline{\bar{B}C} \cdot \overline{\bar{A}B} \cdot \overline{B\bar{C}}}$$

对卡诺图上的"0"项合并。得

$$\bar{Y} = \bar{A}\bar{B}\bar{C} + ABC$$

$$Y = \overline{\bar{A}\bar{B}\bar{C} + ABC} = (A + B + C)(\bar{A} + \bar{B} + \bar{C})$$

$$= \overline{\overline{(A + B + C)}\cdot\overline{(\bar{A} + \bar{B} + \bar{C})}}$$

$$= \overline{\overline{A + B + C} + \overline{\bar{A} + \bar{B} + \bar{C}}}$$

由以上函数的与非式和或非式可画出逻辑电路图（图略）。

（2）设输入逻辑变量为 A、B、C，输出逻辑变量为 Y，得到真值表为

A	B	C	Y
0	0	0	0
0	0	1	1
0	1	0	1
0	1	1	0
1	0	0	1
1	0	1	0
1	1	0	0
1	1	1	1

对卡诺图上的"1"项合并。得

$$Y = \bar{A}\bar{B}C + \bar{A}B\bar{C} + A\bar{B}\bar{C} + ABC$$

$$= \overline{\overline{\bar{A}\bar{B}C} \cdot \overline{\bar{A}B\bar{C}} \cdot \overline{A\bar{B}\bar{C}} \cdot \overline{ABC}}$$

对卡诺图上的"0"项合并。得

$$\bar{Y} = \bar{A}\bar{B}\bar{C} + \bar{A}BC + A\bar{B}C + AB\bar{C}$$

$$Y = \overline{\overline{A + B + C} + \overline{A + \bar{B} + \bar{C}} + \overline{\bar{A} + B + \bar{C}} + \overline{\bar{A} + \bar{B} + C}}$$

由以上函数的与非式和或非式可画出逻辑电路图（图略）。

（3）设输入逻辑变量为 A、B、C，输出逻辑变量为 Y，得到真值表为

A	B	C	Y
0	0	0	1
0	0	1	0
0	1	0	0
0	1	1	1
1	0	0	0
1	0	1	1
1	1	0	1
1	1	1	0

对卡诺图上的"1"项合并。得

$$Y = \bar{A}\bar{B}\bar{C} + \bar{A}BC + A\bar{B}C + AB\bar{C}$$

$$= \overline{\overline{\bar{A}\bar{B}\bar{C}} \cdot \overline{\bar{A}BC} \cdot \overline{A\bar{B}C} \cdot \overline{AB\bar{C}}}$$

对卡诺图上的"0"项合并。得

$$\bar{Y} = A\bar{B}\bar{C} + \bar{A}B\bar{C} + \bar{A}\bar{B}C + ABC$$

$$Y = \overline{\overline{\bar{A} + B + C} \cdot \overline{A + \bar{B} + C} \cdot \overline{A + B + \bar{C}} \cdot \overline{\bar{A} + \bar{B} + \bar{C}}}$$

由以上函数的与非式和或非式可画出逻辑电路图（图略）。

（4）可以用 $A_2A_1A_0$ 表示被减数，$B_2B_1B_0$ 表示减数，C_0 为低位的借位，$S_2S_1S_0$ 为差，C 为向高位的借位。根据减法的规则，得真值表，在进行化简并按要求画出电路图。也可以用另一种方法求解。

首先设计一位二进制全减器。设 A 为被减数，B 为减数，C_0 为低位的借位，S 为差，

C 为向高位的借位。真值表为

A	B	C_0	S	C
0	0	0	0	0
0	0	1	1	1
0	1	0	1	1
0	1	1	0	1
1	0	0	1	0
1	0	1	0	0
1	1	0	0	0
1	1	1	1	1

通过卡诺图化简，函数表达式为

$$S = \overline{A}\,\overline{B}C_0 + \overline{A}B\overline{C_0} + A\overline{B}\,\overline{C_0} + ABC_0$$
$$= \overline{\overline{A}\,\overline{B}C_0 \cdot \overline{A}B\overline{C_0} \cdot A\overline{B}\,\overline{C_0} \cdot \overline{ABC_0}}$$

$$C = \overline{A}C_0 + \overline{A}B + BC_0 = \overline{\overline{A}C_0 \cdot \overline{A}B \cdot \overline{BC_0}}$$

或非形式的表达式为

$$S = \overline{\overline{A + B + C_0} + \overline{A + \overline{B} + \overline{C_0}} + \overline{\overline{A} + B + \overline{C_0}} + \overline{\overline{A} + \overline{B} + C_0}}$$

$$C = \overline{\overline{B + C} + \overline{\overline{A} + B} + \overline{\overline{A} + C}}$$

由以上函数的与非式和或非式可画出逻辑电路图（图略）。

11. 解：（1）根据题意得真值表

A	B	C	D	Y
0	0	0	0	0
0	0	0	1	0
0	0	1	0	0
0	0	1	1	0
0	1	0	0	0
0	1	0	1	0
0	1	1	0	0
0	1	1	1	0
1	0	0	0	0
1	0	0	1	0
1	0	1	0	0
1	0	1	1	1
1	1	0	0	0
1	1	0	1	1
1	1	1	0	1
1	1	1	1	1

（2）根据真值表得逻辑函数式，并化简

$$Y = A\overline{B}CD + AB\overline{C}D + ABC\overline{D} + ABCD$$
$$= AD(B\oplus C) + ABC$$

（3）逻辑电路图（略）

12. 解：（1）由题意，C 信号不发生与其他条件是"与"的关系，A_1、A_2、A_3 之间是"与"的关系，B_1、B_2 是"与"的关系，而 A_1、A_2、A_3 和 B_1、B_2 是"或"的关系。据此，L 的表达式为

$$L = \overline{C}(A_1A_2A_3 + B_1B_2)$$
$$= A_1A_2A_3\overline{C} + B_1B_2\overline{C} = \overline{\overline{A_1A_2A_3\overline{C}} \cdot \overline{B_1B_2\overline{C}}}$$

电路图略。

（2）同样道理可得到

$$\overline{L} = A_1A_2A_3B_1B_2$$

$$L = \overline{A_1A_2A_3B_1B_2}$$

13. 解：用 A、B、C、D 分别表示 x 的各位，用 E、F、G、H 表示输出的每一位，真值表如下。

A	B	C	D		E	F	G	H
0	0	0	0		0	0	0	0
0	0	0	1		0	0	0	1
0	0	1	0		0	0	1	0
0	0	1	1		0	0	1	1
0	1	0	0		0	1	0	0
0	1	0	1		1	0	0	0
0	1	1	0		1	0	0	1
0	1	1	1		1	0	1	0
1	0	0	0		1	0	1	1
1	0	0	1		1	1	0	0
1	0	1	0		×	×	×	×
1	0	1	1		×	×	×	×
1	1	0	0		×	×	×	×
1	1	0	1		×	×	×	×
1	1	1	0		×	×	×	×
1	1	1	1		×	×	×	×

由真值表得出卡诺图，化简。

输出变量 E、F、G、H 的卡诺图

$$E = A\overline{B} + BD + BC = \overline{\overline{A\overline{B}} \cdot \overline{BD} \cdot \overline{BC}}$$

$$F = B\overline{C}\overline{D} + AD = \overline{\overline{B\overline{C}\overline{D}} \cdot \overline{AD}}$$

$$G = A\overline{D} + CD + \overline{A}BC = \overline{\overline{A\overline{D}} \cdot \overline{CD} \cdot \overline{\overline{A}BC}}$$

$$H = A\overline{D} + \overline{A}BD + BC\overline{D} = \overline{\overline{A\overline{D}} \cdot \overline{\overline{A}BD} \cdot \overline{BC\overline{D}}}$$

由以上表达式得到逻辑电路略。

14. 解：（1）由题意，C 信号不发生与其他条件是"与"的关系，A_1、A_2、A_3 之间是"与"的关系，B_1、B_2 是"与"的关系，而 A_1、A_2、A_3 和 B_1、B_2 是"或"的关系。据此，L 的表达式为

$$L = \overline{C}(A_1A_2A_3 + B_1B_2)$$

$$= A_1A_2A_3\overline{C} + B_1B_2\overline{C} = \overline{\overline{A_1A_2A_3\overline{C}} \cdot \overline{B_1B_2\overline{C}}}$$

逻辑电路图（略）

（3）同样道理可得到

$$\overline{L} = A_1 A_2 A_3 B_1 B_2$$

$$L = \overline{A_1 A_2 A_3 B_1 B_2}$$

15. 解：①真值表：

②$Y = AB + BC + AC$

③$Y = \overline{\overline{AB} \cdot \overline{BC} \cdot \overline{AC}}$

A	B	C	Y
0	0	0	0
0	0	1	0
0	1	0	0
0	1	1	1
1	0	0	0
1	0	1	1
1	1	0	1
1	1	1	1

逻辑图略

15. 解：输入变量为 A、B、C，输出变量为 Y_A、Y_B、Y_C，真值表为

A	B	C	Y_A	Y_B	Y_C
0	0	0	0	0	0
0	0	1	1	0	0
0	1	0	0	1	0
0	1	1	0	1	0
1	0	0	0	0	1
1	0	1	0	0	1
1	1	0	0	0	1
1	1	1	0	0	1

根据真值表得逻辑函数式：$Y_A = \overline{A}\,\overline{B}C$

$$Y_B = \overline{A}B\overline{C} + \overline{A}BC$$

$$Y_C = A\overline{B}\,\overline{C} + A\overline{B}C + AB\overline{C} + ABC$$

化简后的逻辑函数式；$Y_A = \overline{A}\,\overline{B}C$，$Y_B = \overline{A}B$，$Y_C = A$

逻辑图略

16. 解：74LS148 时优先编码器，输入 $\overline{I}_i$（$\overline{I}_0$，$\overline{I}_1$，…，$\overline{I}_7$）低电平有效，$\overline{I}_7$优先级别最高，输出 $\overline{Y}_2 \overline{Y}_1 \overline{Y}_0$是反码形式；$\overline{EI}$是选通输入端，低电平有效，$\overline{EO}$是选通输出端，$\overline{GS}$是扩展输出端，这三个信号主要用于扩展编码器的容量。在本题中只使用一片 74LS148，$\overline{EI}$接地，

$\overline{I_7}$、$\overline{I_6}$、$\overline{I_5}$、$\overline{I_4}$分别接 1 号病房、2 号病房、3 号病房、4 号病房的按钮，按下按钮输入低电平，其余四个输入直接接高电平（+5 V）。四个输出变量 A_1、A_2、A_3、A_4 代表四个指示灯，高电平为灯亮。A_1、A_2、A_3、A_4 由编码器的输出组合而成。可得真值表为

Y_2	Y_1	Y_0	A_1	A_2	A_3	A_4
0	0	0	1	0	0	0
0	0	1	0	1	0	0
0	1	0	0	0	1	0
0	1	1	0	0	0	1
1	0	0	×	×	×	×
1	0	1	×	×	×	×
1	1	0	×	×	×	×
1	1	1	0	0	0	0

表中最后一行表示没有按钮按下的情况，有"×"的行是不可能出现的情况，由真值表可得逻辑表达式为

$$
\begin{cases}
A_1 = \overline{\overline{Y_1}}\,\overline{\overline{Y_0}} \\
A_2 = \overline{\overline{Y_1}}\,\overline{Y_0} \\
A_3 = \overline{Y_1}\,\overline{\overline{Y_0}} \\
A_4 = \overline{\overline{Y_2}}\,\overline{Y_1}\,\overline{Y_0}
\end{cases}
$$

17. 解：根据 74LS148 的功能表，五片 74LS148 以串联的方式连接。芯片（1）的 $\overline{I_E}$ 端直接接地，$\overline{O_E}$ 端接芯片（2）的 $\overline{I_E}$ 端，其他芯片依次连接，表明芯片（1）有最高的优先编码权，而芯片（4）优先级别最低。若高一级芯片有编码信号输入，则第级别的芯片被封锁。只有当芯片（1）无编码信号输入时，芯片（1）的 $\overline{EO}$ 出现低电平，使芯片（2）的 $\overline{EI}=0$，芯片（2）才能实现编码，即高一级芯片无编码信号输入，第级别的芯片才能编码。四个芯片每片有 8 个输入端，构成 32 个输入。从电路输出看，四个芯片的 $\overline{G_S}$ 端组合产生编码高位 Y_4Y_3。而四片的 $\overline{A_2}\,\overline{A_1}\,\overline{A_0}$ 均经由与非门变成 $Y_2Y_1Y_0$ 的输出，和高位 Y_4Y_3 一起构成五位原码输出。由此可以看出该电路实现了 8 线－3 先编码器到 16 线－4 线优先编码器的扩展。

18. 解：首先把表达式转化为最小项之和的形式

$$
F_1 = A\overline{B}C + \overline{A}BC + AB\overline{C} + \overline{A}\,\overline{B}\,\overline{C} = m_0 + m_3 + m_5 + m_6
$$
$$
= \overline{\overline{m_0} \cdot \overline{m_3} \cdot \overline{m_5} \cdot \overline{m_6}}
$$

$$
F_2 = ABC + AB\overline{C} + ABC + \overline{A}BC + ABC + A\overline{B}C = m_3 + m_5 + m_6 + m_7
$$
$$
= \overline{\overline{m_3} \cdot \overline{m_5} \cdot \overline{m_6} \cdot \overline{m_7}}
$$

只要令 74LS138 的输入 $A_2 = A$，$A_1 = B$，$A_0 = C$，则它的输出 $\overline{Y_0} \sim \overline{Y_7}$ 就是上式中的 $\overline{m_0} \sim \overline{m_7}$。电路图略

19. 解：

（1） $Y = AB + \overline{A}C = \overline{\overline{AB} \cdot \overline{\overline{A}C}}$

（2） 令 $A_1 = A$，$A_0 = B$，则 $D_0 = D_1 = C$，$D_2 = 0$，$D_3 = 1$

（3） 令 $A_2 = A$，$A_1 = B$，$A_0 = C$

则 $Y = m_1 + m_3 + m_6 + m_7 = \overline{\overline{m_1} \ \overline{m_3} \ \overline{m_6} \ \overline{m_7}}$

逻辑图略

20. $Z(A、B、C) = AB + BC = AB(C + \overline{C}) + BC(A + \overline{A})$

$= ABC + AB\overline{C} + \overline{A}BC + ABC$

$= m_3 + m_6 + m_7$

$= \overline{\overline{m_3} \cdot \overline{m_6} \cdot \overline{m_7}}$

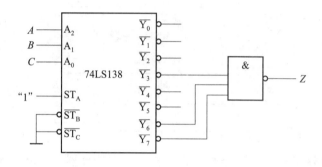

21.

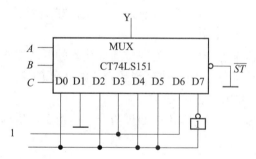

22. $F = \overline{A}\,\overline{B}\,\overline{C}\,\overline{D} + \overline{A}\,\overline{B}C + \overline{A}BC\overline{D} + \overline{A}BCD + A\overline{B}\,\overline{C} + A\overline{B}CD + ABC\overline{D}$

$= \overline{B}\,\overline{C}\,\overline{D} + \overline{A}\,\overline{B}C + \overline{A}BD + A\overline{B}D + ABC\overline{D}$

图略

23.

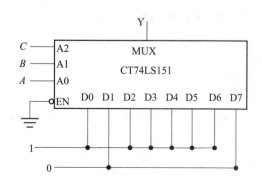

24. 解：

$$Y(A,B,C,D) = \sum m(4,5,10,12,13)$$

$$= \overline{A}B\overline{C}\overline{D} + \overline{A}B\overline{C}D + A\overline{B}C\overline{D} + AB\overline{C}\overline{D} + AB\overline{C}D$$

$$= \overline{A}B\overline{C} \cdot 1 + A\overline{B}C \cdot 1 + AB\overline{C} \cdot \overline{D}$$

图略

25. 解：

$$F(A,B,C,D) = \sum m(0,2,4,5,6,7)$$

$$= \overline{A}\,\overline{B}\,\overline{C}\,\overline{D} + \overline{A}\,\overline{B}C\overline{D} + \overline{A}B\overline{C}\overline{D} + \overline{A}B\overline{C}D + \overline{A}BC\overline{D}$$

$$= \overline{A}\,\overline{B}\,\overline{C} \cdot \overline{D} + \overline{A}\,\overline{B}C \cdot \overline{D} + \overline{A}B\overline{C} \cdot 1 + \overline{A}BC \cdot \overline{D}$$

26. 解：74LS153 芯片含有两个相同的 4 选 1 数据选择器。使能端各自独立，低电平有效；地址线 A_1A_0 公用；输出为原码，具有三态结构。扩展后的 16 选 1 数据选择器应具有四位地址输入，一位输出。连接方式为

（1）两个 74LS153 芯片连在一起作为四位地址输入的低两位 A_1A_0；

（2）四位地址输入的高两位 A_3A_2 接到译码器 74LS138 的输入端，译码器相应的四个译码输出信号接到两个 74LS153 芯片的是能端；

（3）两个 74LS153 芯片的四个输出端通过与或非门组合产生输出 Y。

图略

第十一章　集成触发器

一、选择题

1. B　2. C　3. B　4. A　5. A　6. D　7. C　8. A　9. BD　10. BD　11. C　12. D
13. D　14. B　15. C　16. C　17. B　18. A　19. C

二、填空题

1. 置 0、置 1、保持，0

2. 空翻、RS 触发器、时钟

3. 上升沿、下降沿、JK；

4. 置 0、置 1、保持、计数；

5. 2、置 0、置 1；

6. 特性方程、真值表、逻辑图、波形图；

7. $Q^{n+1} = J\overline{Q^n} + \overline{K}Q^n$、$Q^{n+1} = D$；

8. 置 1、置 0；

9. 1、$Q^{n+1} = S + \overline{R}Q^n$、$RS = 0$；

10. 1、$Q^{n+1} = S + \overline{R}Q^n$、$RS = 0$；

11. JK 端连在一起、置 0、置 1；

12. T、计数。

三、综合题

1. 解：先将 B、C 进行与运算得到 BC 信号，再将 BC 作为或非门的一个输入端对应于 RS 触发器的功能表，即可得到输出 Q 的波形。

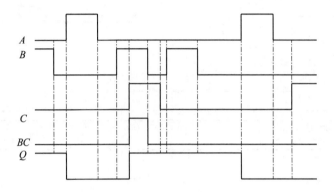

2. 解：

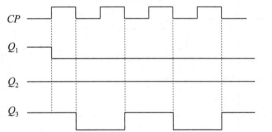

3. 解：图（a）：$Q^{n+1} = A$ 图（b）：$Q^{n+1} = D^n$ 图（c）：$Q^{n+1} = \overline{Q^n}$

图（d）：$Q^{n+1} = \overline{Q^n}$ 图（e）：$Q^{n+1} = \overline{Q^n}$ 图（f）：$Q^{n+1} = Q^n$

4. 解：图中两个 D 均为上升沿触发，输入信号 D 始终为 1，且两个 D 触发器的 R_d 端为高电平有效。由于初始状态均为 0，故当 CP_1 到来时，Q_1 首先由 0 变成 1，使得 $\overline{Q}1$ 由 1 变成 0，当 CP_2 到来时，Q_2 也由 0 变成 1，而此时的 $Q_2 = 1$ 又使得 Q_1 由 1 变成 0 并使 D_2 触发器 Q_2 直接置 0，故 Q_2 的输出始终被钳制为 0。

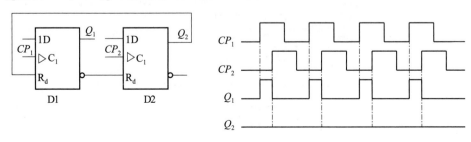

5. 解：根據圖示電路和已知條件，寫出各觸發器輸出端 Q^{n+1} 的表達式，可畫出 Q_1、Q_2 端輸出波形。

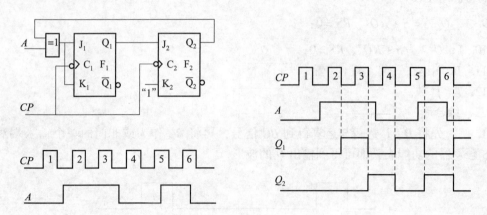

6. 解：

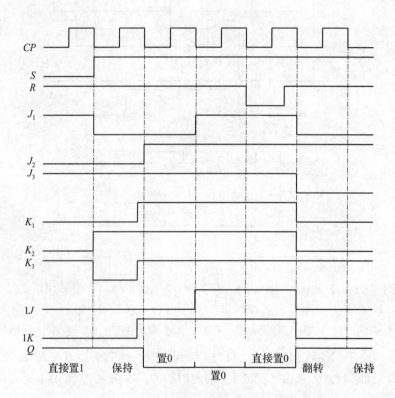

7. 解：

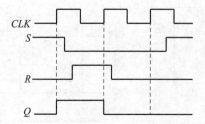

8. 解：

$$Y = \overline{A\overline{B} + \overline{A}B} = A \otimes B$$

$$Q_{n+1} = \overline{Q_n}$$

A	B	Y_1	Q_1	Q_2
0	0	1	1	1
0	1	0	1	1
1	0	1	0	0
1	1	1	0	0

波形图略

9. 解： （1）  二位二进制加法计数器

CP	Q_1	Q_2
0	0	0
1	1	0
2	0	1
3	1	1
4	0	0

$$J_2 = Q_1{}^n, \quad K_2 = \overline{Q_1^n}$$

10. 解： $Q_2{}^{n+1} = JQ^n + K\overline{Q^n}$

$$= Q_1\overline{Q_2} + Q_1Q_2$$

CP	Q_1	Q_2
0	0	0
1	1	1
2	0	0
3	0	0
4	1	1
5	0	0

11. 解： $Q_1{}^{n+1} = \overline{Q_2^n}$

$$Q_2^{n+1} = Q^n$$

CP	Q_1	Q_2
0	0	0
1	1	1
2	0	0
3	0	0
4	1	1

12. 解：
$$Q = J\,\overline{Q_n} + \overline{K}Q_n$$
$$F = \overline{CP \cdot Q_n}$$
　　图略

13. 解：略

14. （1）特性表为：

CLK	X	Y	Q^n	Q^{n+1}
×	×	×	×	Q^n
⊓	0	0	0	0
⊓	0	0	1	1
⊓	0	1	0	0
⊓	0	1	1	0
⊓	1	0	0	1
⊓	1	0	1	1
⊓	1	1	0	1
⊓	1	1	1	0

（2）特性方程为

$$Q^{n+1} = X\overline{Q^n} + \overline{Y}Q^n$$

（3）状态转换图为：

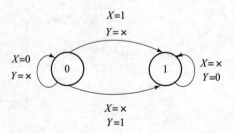

（4）该电路是一个下降边沿有效的主从 JK 触发器。

15. 解：

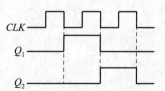

16. （1）驱动方程为：

$$J_0 = X\,\overline{Q_1^n} \qquad K_0 = 1\,;$$

$$J_1 = XQ_0^n \qquad K_1 = \overline{X}\,;$$

输出方程为：$Z = XQ_1^n$

（2）各触发器的状态方程分别为：

$$Q_0^{n+1} = X\,\overline{Q_1^n}\,\overline{Q_0^n}; \qquad Q_1^n = XQ_0^n\,\overline{Q_1^n} + XQ_1^n$$

（3）状态表为：

X	Q_1^n	Q_0^n	Q_1^{n+1}	Q_0^{n+1}	Z
0	0	0	0	0	0
0	0	1	0	0	0
0	1	0	0	0	0
0	1	1	0	0	0
1	0	0	0	1	0
1	0	1	1	0	0
1	1	0	1	0	1
1	1	1	1	0	1

（4）状态转换图为：

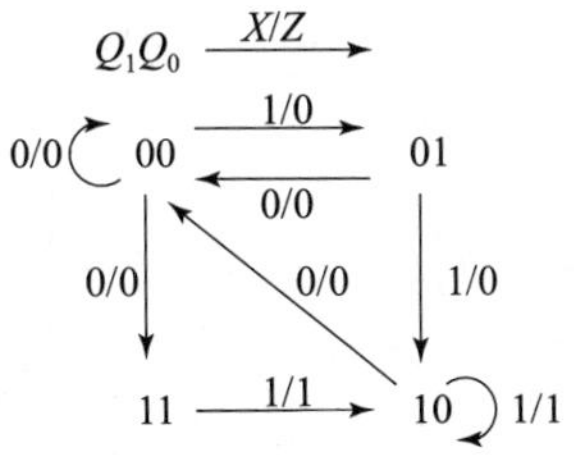

第十二章　时序逻辑电路

一、选择题

1. B　2. C　3. A　4. C　5. C　6. D　7. D　8. C　9. C　10. D　11. D　12. D
13. B　14. B　15. C　16. B　17. D　18. C　19. A　20. C　21. A　22. B　23. B
24. A　25. A

二、填空题

1. 异步、位数、$2n$；

2. 3、3；

3. 存放数码、同步、0000、1000

4. 101

5. 触发器

6. 4

7. 4、4

8. 储存、计数

9. 四、加

10. 1010

11. 64

12. 1001、进位

13. 4

三、综合题

1. 解：

（1）驱动方程

$$J_1 = \overline{Q_1 Q_3} \qquad K_1 = 1$$
$$J_2 = Q_1 \qquad K_2 = \overline{\overline{Q_1} \,\overline{Q_3}}$$
$$J_3 = Q_1 Q_2 \qquad K_3 = Q_2$$

状态方程

$$Q_1^{n+1} = \overline{Q_1 Q_3} \cdot \overline{Q_1}$$
$$Q_2^{n+1} = Q_1 \overline{Q_2} + \overline{Q_1} \cdot \overline{Q_3} Q_2$$
$$Q_3^{n+1} = Q_1 Q_2 \overline{Q_3} + \overline{Q_2} Q_3$$

输出方程　　$Y = Q_3 Q_2$

CLK	Q_3	Q_2	Q_1	Y
0	0	0	0	0
1	0	0	1	0
2	0	1	0	0
3	0	1	1	0
4	1	0	0	0
5	1	0	1	0
6	1	1	0	1
7	0	0	0	0
0	1	1	1	1
1	0	0	0	0

（2）七进制计数器

（3）能自启动。

2. 解：根据题意，得状态转换图如下：

$Q_3 Q_2 Q_1 Q_0$

$$Q_3^{n+1} = Q_3 \overline{Q_2} + \overline{Q_3} Q_2 Q_1 Q_0$$
$$Q_2^{n+1} = \overline{Q_3} Q_2 \overline{Q_1 Q_0} + \overline{Q_2} Q_1 Q_0$$
$$Q_1^{n+1} = \overline{Q_1} Q_0 + Q_1 \overline{Q_0}$$
$$Q_0^{n+1} = \overline{Q_0} \ \overline{Q_3 Q_2}$$

$J_3 = Q_2 Q_1 Q_0$, $K_3 = Q_2$

$J_2 = Q_1 Q_0$, $K_2 = Q_3 + Q_1 Q_0$

$J_1 = K_1 = Q_0$

所以：$J_0 = \overline{Q_3 Q_2}$, $K_0 = 1$

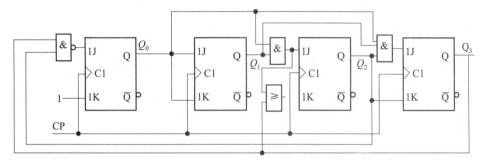

能自启动。因为：

$$Q_3 Q_2 Q_1 Q_0$$

$$1111 \longrightarrow 0000 \longrightarrow 0001 \longrightarrow \underset{\underset{1101\quad 1110}{\uparrow}}{0010} \longrightarrow 0011 \longrightarrow 0100 \longrightarrow 0101$$

$$1100 \longleftarrow 1011 \longleftarrow 1010 \longleftarrow 1001 \longleftarrow 1000 \longleftarrow 0111 \longleftarrow 0110$$

3. 解：图（a）十三进制

图（b）五十进制

$$Q_0^{n+1} = \overline{Q_0^n} \; \overline{Q_1^n}$$

4. 解：特征方程：$Q_1^{n+1} = Q_0^n \overline{Q_1^n}$

$$Q_2^{n+1} = \overline{Q_2^n}, \; CP = Q_1^{\,n} \downarrow$$

（1）三进制

（2）六进制，波形图略

CP	Q_2	Q_1	Q_0
0	0	0	0
1	0	0	1
2	0	1	0
3	1	0	0
4	1	0	1
5	1	1	0
6	0	0	0

5. 用同步置数端$\overline{LD}$归零 $S11 = 1011$ $\overline{LD} = \overline{Q_3^n Q_1^n Q_0^n}$

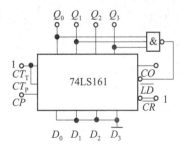

6. （1）同步预置法，已知 $S_0 = 0001$。

（2）异步清零法。

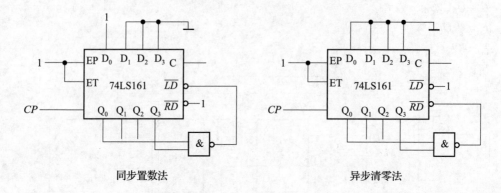

同步置数法　　　　　　　　　　　异步清零法

7. 解：

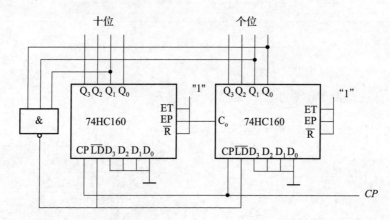

8. 解：六十进制

9. 解：输出方程：$C = Q_1^n \cdot Q_2^n \cdot Q_3^n$

$$J_1 = K_1 = 1$$

驱动方程：$J_2 = K_2 = Q_1^n$

$$J_3 = K_3 = Q_2^n$$

$$Q_1^{n+1} = \overline{Q_1^n}$$

状态方程：$Q_2^{n+1} = Q_1^n \oplus Q_2^n$

$$Q_3^{n+1} = Q_1^n Q_2^n \oplus Q_3^n$$

功能：同步三位二进制计数器

CP	Q_3	Q_2	Q_1
0	0	0	0
1	0	0	1
2	0	1	0
3	0	1	1
4	1	0	0
5	1	0	1
6	1	1	0
7	1	1	1
8	0	0	0

10. 解：

（1）电路按下列状态变换（$Q_0 Q_1 Q_2 Q_3$）：

$0000 \to 0001 \to 0011 \to 0110 \to 1101 \to 1010 \to 0100 \to 1000 \to 0000$

（2）使 74LS194 工作在左移状态（$S_A = 1$，$S_B = 0$）

若考虑自启动，$D_{SL} = \overline{Q}_0\,\overline{Q}_1\,\overline{Q}_2 + \overline{Q}_0 Q_2\,\overline{Q}_3$（结果不唯一），电路图如图题解 12.9 所示。

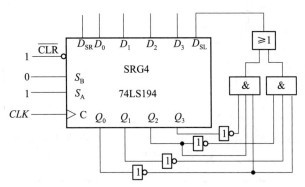

11. 解：九进制计数器，分频比为 1 : 9；

六十三进制计数器，分频比为 1 : 63。

12. 解：（1）驱动方程：
$$J_0 = 1 \qquad J_1 = Q_0 Q_2' \qquad J_2 = Q_1 Q_0$$
$$K_0 = 1 \qquad K_1 = Q_0 \qquad K_2 = Q_0$$

输出方程：$Y = Q_0 Q_2$

状态方程：$Q_0^* = \cdot Q_0'$

$Q_1^* = Q_0 Q_1' \cdot Q_2' + Q_0' \cdot Q_1$

$Q_2^* = Q_0 Q_1 Q_2' + Q_0' Q_2$

（2）状态转换图：　　　　　转换表：

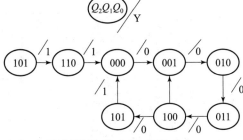

CP	Q_2	Q_1	Q_0	Y
0	0	0	0	0
1	0	0	1	0
2	0	1	0	0
3	0	1	1	0
4	1	0	0	0
5	1	0	1	1
6	0	0	0	0
0	1	1	0	1
1	1	1	1	1
2	0	0	0	0

（3）六进制计数器，能自启动

13. 解：（1）
$$J_1 = \overline{\overline{Q}_3 Q_2} \qquad K_1 = \overline{\overline{Q}_3\,\overline{Q}_2}$$

驱动方程
$$J_2 = \overline{Q}_3 Q_1 \qquad K_2 = Q_3$$

$$J_3 = Q_2\overline{Q}_1 \qquad K_3 = \overline{Q}_2$$

$$Q_1^{n+1} = \overline{Q_3}Q_2\overline{Q_1} + \overline{Q_3}\,\overline{Q_2}Q_1$$

状态方程　　$Q_2^{n+1} = \overline{Q_3}\,\overline{Q_2}Q_1 + \overline{Q_3}Q_2$

$$Q_3^{n+1} = \overline{Q_3}Q_2\overline{Q_1} + Q_3\overline{Q_2}$$

输出方程　　$Y = Q_3 Q_1$

（2）状态图如图所示。六进制计数器。

（3）能自启动。

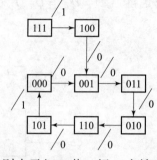

14. 解：因为输出为八个状态循环，所以用 74LS161 的低三位作为八进制计数器。若以 R、Y、G 分别表示红、黄、绿三个输出，则可得计数器输出状态 Q_2、Q_1、Q_0 与 R、Y、G 关系的真值表：

$Q_2 Q_1 Q_0$	$R\ Y\ G$	$Q_2 Q_1 Q_0$	$R\ Y\ G$
0 0 0	0 0 0	1 0 0	1 1 1
0 0 1	1 0 0	1 0 1	0 0 1
0 1 0	0 1 0	1 1 0	0 1 0
0 1 1	0 0 1	1 1 1	1 0 0

选两片双 4 选 1 数据选择器 74LS153 作通用函数发生器使用，产生 R、Y、G。

由真值表写出 R、Y、G 的逻辑式，并化成与数据选择器的输出逻辑式相对应的形式

$$R = Q_2(\overline{\overline{Q_1}\,\overline{Q_0}}) + \overline{Q_2}(\overline{Q_1}Q_0) + 0 \cdot (Q_1\overline{Q_0}) + Q_2(Q_1 Q_0)$$

$$Y = Q_2(\overline{Q_1}\,\overline{Q_0}) + 0 \cdot (\overline{Q_1}Q_0) + 1 \cdot (Q_1\overline{Q_0}) + 0 \cdot (Q_1 Q_0)$$

$$G = Q_2(\overline{Q_1}\,\overline{Q_0}) + Q_2(\overline{Q_1}Q_0) + 0 \cdot (Q_1\overline{Q_0}) + \overline{Q_2}(Q_1 Q_0)$$

电路图如图

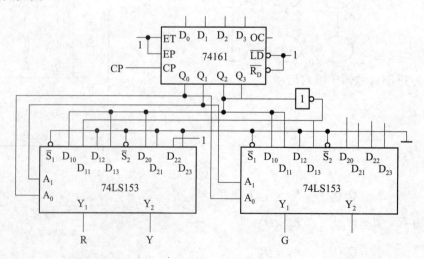

15. 解：

（1）根据表画出 $Q_4^{n+1}Q_3^{n+1}Q_2^{n+1}Q_1^{n+1}$ 的卡诺图如下所示。

（2）用卡诺图化简，求状态方程。

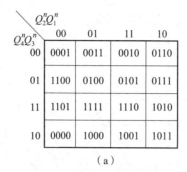

（a）

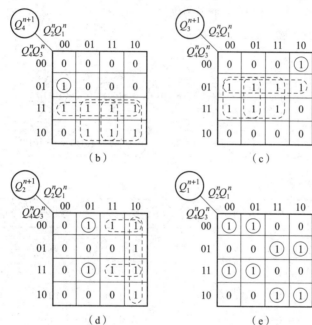

（b）　　　　　（c）

（d）　　　　　（e）

$$Q_4^{n+1} = Q_3^n \overline{Q}_2^n \overline{Q}_1^n \overline{Q}_4^n + Q_4^n Q_3^n + Q_4^n Q_1^n + Q_4^n Q_2^n = Q_3^n \overline{Q}_2^n \overline{Q}_1^n \overline{Q}_4^n + \overline{\overline{Q}_3^n \overline{Q}_2^n \overline{Q}_1^n} Q_4^n$$

与特性方程 $Q_4^{n+1} = J_4 \overline{Q}_4^n + \overline{K}_4 Q_4^n$ 比较，可知

驱动方程　　　　　　　$J_4 = Q_3 \overline{Q}_2 \overline{Q}_1$，　　　$K_4 = \overline{Q_3 \overline{Q}_2 \overline{Q}_1}$

$$Q_3^{n+1} = \overline{Q}_4^n Q_2^n \overline{Q}_1^n \overline{Q}_3^n + \overline{Q}_4^n Q_3^n + Q_3^n \overline{Q}_2^n + Q_3^n \overline{Q}_1^n = \overline{Q}_4^n Q_2^n \overline{Q}_1^n \overline{Q}_3^n + \overline{\overline{Q}_4^n Q_2^n \overline{Q}_1^n} Q_3^n$$

与特性方程 $Q_3^{n+1} = J_3 \overline{Q}_3^n + \overline{K}_3 Q_3^n$ 比较，可知

驱动方程　　　　　　　$J_3 = \overline{Q}_4 Q_2 \overline{Q}_1$，　　　$K_3 = Q_4 Q_2 \overline{Q}_1$

$$Q_2^{n+1} = \overline{Q}_1^n Q_2^n + \overline{Q}_4^n \overline{Q}_3^n Q_2^n + Q_4^n Q_3^n Q_2^n + \overline{Q}_4^n \overline{Q}_3^n Q_1^n \overline{Q}_2^n + Q_4^n Q_3^n Q_1^n \overline{Q}_2^n$$

$$= \overline{(Q_4^n \oplus Q_3^n)} Q_1^n \overline{Q}_2^n + \overline{\overline{(Q_4^n \oplus Q_3^n)} Q_1^n} Q_2^n$$

与特性方程 $Q_2^{n+1} = J_2 \overline{Q}_2^n + \overline{K}_2 Q_2^n$ 比较，可知

驱动方程 $J_2 = \overline{(Q_4 \oplus Q_3)} Q_1$，　$K_2 = (Q_4 \oplus Q_3) Q_1$

$$Q_1^{n+1} = (\overline{Q_4^n}\overline{Q_3^n}\overline{Q_2^n} + Q_4^n Q_3^n \overline{Q_2^n} + \overline{Q_4^n}Q_3^n Q_2^n + Q_4^n \overline{Q_3^n}Q_2^n)\overline{Q_1^n}$$
$$+ (\overline{Q_4^n}\overline{Q_3^n}\overline{Q_2^n} + Q_4^n Q_3^n \overline{Q_2^n} + \overline{Q_4^n}Q_3^n Q_2^n + \overline{Q_4^n}Q_3^n Q_2^n)Q_1^n$$
$$= \overline{(Q_4^n \oplus Q_3^n \oplus Q_2^n)}\,\overline{Q_1^n} + \overline{(Q_4^n \oplus Q_3^n \oplus Q_2^n)}Q_1^n$$

与特性方程 $Q_1^{n+1} = J_1\overline{Q_1^n} + \overline{K}_1 Q_1^n$ 比较，可知

驱动方程 $J_1 = \overline{Q_4 \oplus Q_3 \oplus Q_2}$，$K_1 = \overline{J}_1$

由表 12 – 15 知，输出方程 $C = Q_4\overline{Q}_3\overline{Q}_2\overline{Q}_1$

根据驱动方程和输出方程可画出逻辑电路图。（图略）

16. 解法一：方程代入法

（1）确定触发器个数。需用 4 个 D 触发器。

（2）设十一进制计数器的状态转换图。

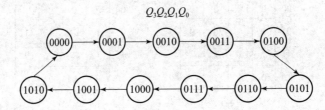

$Q_3Q_2Q_1Q_0$

（3）列状态转换表为

计数顺序	$Q_3Q_2Q_1Q_0$	计数顺序	$Q_3Q_2Q_1Q_0$	计数顺序	$Q_3Q_2Q_1Q_0$
0	0 0 0 0	4	0 1 0 0	8	1 0 0 0
1	0 0 0 1	5	0 1 0 1	9	1 0 0 1
2	0 0 1 0	6	0 1 1 0	10	1 0 1 0
3	0 0 1 1	7	0 1 1 1	11	0 0 0 0

（4）画出各触发器的次态卡诺图。

（5）由卡诺图化简得到各触发器的状态方程及驱动方程。

$Q_3^n Q_2^n$ \ $Q_1^n Q_0^n$	00	01	11	10
00	0001	0010	0100	0011
01	0101	0110	1000	0111
11	×	×	×	×
10	1001	1010	×	0000

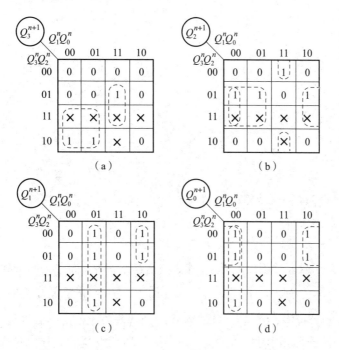

（a）   （b）

（c）   （d）

$$Q_3^{n+1} = Q_2^n Q_1^n Q_0^n + Q_3^n \overline{Q_1^n} = D_3, \qquad Q_2^{n+1} = \overline{Q_2^n} Q_1^n Q_0^n + Q_2^n \overline{Q_1^n} + Q_2^n Q_0^n = D_2$$

$$Q_1^{n+1} = \overline{Q_1^n} Q_0^n + \overline{Q_3^n} Q_1^n \overline{Q_0^n} = D_1, \qquad Q_0^{n+1} = \overline{Q_1^n} \, \overline{Q_0^n} + \overline{Q_3^n} \, \overline{Q_0^n} = D_0$$

（6）检查电路能否自启动。由状态方程可得完整状态转换表，因此知电路能够自启动。

CP	$Q_3 Q_2 Q_1 Q_0$	CP	$Q_3 Q_2 Q_1 Q_0$	CP	$Q_3 Q_2 Q_1 Q_0$
0	0 0 0 0	7	0 1 1 1	1	1 1 0 1
1	0 0 0 1	8	1 0 0 0	2	1 1 1 0
2	0 0 1 0	9	1 0 0 1	3	0 1 0 0
3	0 0 1 1	10	1 0 1 0	0	1 0 1 1
4	0 1 0 0	11	1 0 1 1	1	0 1 0 0
5	0 1 0 1	12	0 0 0 0	0	1 1 1 1
6	0 1 1 0	0	1 1 0 0	1	1 0 0 0

完整状态转换图如下

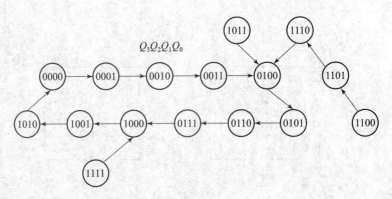

（7）由驱动方程可画出逻辑电路图（略）。

解法二：用 D 触发器设计异步十一进制计数器

首先要设计出二进制计数器，然后用复位法构成十一进制电路。设计异步二进制计数器可用观察法得到其逻辑关系，由于 D 触发器的 $Q^{n+1}=D$，而二进制计数 $Q^{n+1}=\overline{Q}^n$，所以各触发器的驱动方程应为 $D=\overline{Q}^n$。又由于是做加法，设 D 触发器为上升沿触发，所以低位的 $\overline{Q}$ 端应作为高位的时钟 CP，这样，4 个 D 触发器构成 4 位二进制计数，在 CP 信号作用下，从 0000 开始，当计到 1011 时，经与非门送到各触发器的直接复位端，就构成了异步十一进制计数器。

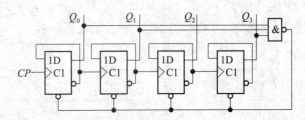

17. 解：为避免与线圈 C 混淆，设正反转控制输入端为 M，求解 A^{n+1}、B^{n+1}、C^{n+1}，用 D 触发器及与或非门实现之。

根据状态转换图画出电路次态卡诺图。

$\begin{matrix}A^{n+1}\\B^{n+1}\\C^{n+1}\end{matrix}$ $\diagdown$ B^nC^n				
MA^n	00	01	11	10
00	×	011	010	110
01	101	001	×	100
11	110	100	×	010
10	×	101	001	011

（a）

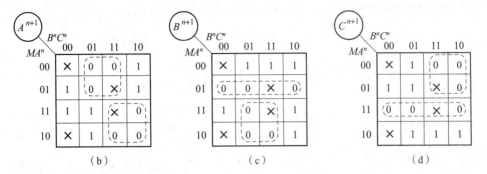

（b）   （c）   （d）

将卡诺图中的 "0" 合并，然后求反，得

$$A^{n+1} = \overline{\overline{M}B^n + \overline{M}\,\overline{C^n}} = D_A$$

$$B^{n+1} = \overline{\overline{M}C^n + \overline{M}\,\overline{A^n}} = D_B$$

$$C^{n+1} = \overline{\overline{M}A^n + \overline{M}\,\overline{B^n}} = D_C$$

实现电路如下

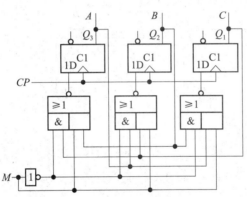

18. 解：可以用十进制计数器和 8 选 1 数据选择器组成这个序列信号发生器电路。若将十进制计数器 74LS160 的输出状态 $Q_3Q_2Q_1Q_0$ 作为 8 选 1 数据选择器的输入，则可得到数据选择器的输出 Z 与输入 $Q_3Q_2Q_1Q_0$ 之间关系的真值表。

Q_3	Q_2	Q_1	Q_0	Z
0	0	0	0	0
0	0	0	1	0
0	0	1	0	1
0	0	1	1	0
0	1	0	0	1
0	1	0	1	1
0	1	1	0	0
0	1	1	1	1
1	0	0	0	1
1	0	0	1	1

若取用 8 选 1 数据选择器 74LS251 则它的输出逻辑式可写为

$$Y = D_0(\overline{A}_2\overline{A}_1\overline{A}_0) + D_1(\overline{A}_2\overline{A}_1A_0) + D_2(\overline{A}_2A_1\overline{A}_0) + D_3(\overline{A}_2A_1A_0) +$$
$$D_4(A_2\overline{A}_1\overline{A}_0) + D_5(A_2\overline{A}_1A_0) + D_6(A_2A_1\overline{A}_0) + D_7(A_2A_1A_0)$$

由真值表写出 Z 的逻辑式，并化成与上式对应的形式，则得到

$$Z = Q_3(\overline{Q}_2\overline{Q}_1\overline{Q}_0) + Q_3(\overline{Q}_2\overline{Q}_1Q_0) + \overline{Q}_3(\overline{Q}_2Q_1\overline{Q}_0) + 0 \cdot (\overline{Q}_2Q_1Q_0) +$$
$$\overline{Q}_3(Q_2\overline{Q}_1\overline{Q}_0) + \overline{Q}_3(Q_2\overline{Q}_1Q_0) + 0 \cdot (Q_2Q_1\overline{Q}_0) + \overline{Q}_3(Q_2Q_1Q_0)$$

令 $A_2 = Q_2$，$A_1 = Q_1$，$A_0 = Q_0$，$D_0 = D_1 = Q_3$，$D_2 = D_4 = D_5 = D_7 = \overline{Q}_3$，$D_3 = D_6 = 0$，则数据选择器的输出 Y 即所求之 Z。所得到的电路如下

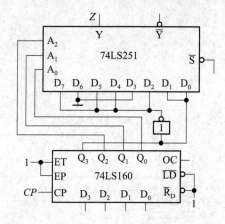

19. 解：

用置数法将 74LS161 接成十二进制计数器（计数从 0000 ~ 1011 循环），并且把它的 Q_3、Q_2、Q_1、Q_0 对应接至 74LS154 的 A_3、A_2、A_1、A_0，则 74LS154 的 $\overline{Y}_0 \sim \overline{Y}_{11}$ 可顺序产生低电平。$\overline{Y}_0 \sim \overline{Y}_{11}$ 为拍脉冲发生器的输出端。

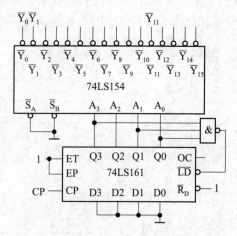

20. 解：$Y = Q_2Q_3$

$$Q_1^{n+1} = D_1 = Q_2\overline{Q}_3 + \overline{Q}_2Q_3 + \overline{Q}_2\overline{Q}_3 = \overline{Q}_2 + \overline{Q}_3$$
$$Q_2^{n+1} = D_2 = Q_1, \qquad Q_3^{n+1} = D_3 = Q_2$$

状态转换图如下，这是一个五进制计数器，能够自启动。

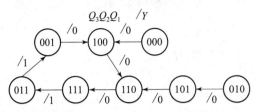

21. 解：可用 CP_0 作为 $\overline{LD}$ 信号。因为在 CP 上升沿使 $Q_3Q_2Q_1Q_0 = 0000$ 以后，在这个 CP 的低电平期间，CP_0 将给出一个负脉冲。

但由于 74LS190 的 $\overline{LD}$ 信号是异步置数信号，所以 0000 状态在计数过程中是作为暂态出现的。如果为提高置数的可靠性，并产生足够宽度的进位输出脉冲，可以增设由 G_1、G_2 组成的触发器，由 $\overline{Q}$ 端给出与 CP 脉冲的低电平等宽的 $\overline{LD} = 0$ 信号，并可由 $\overline{Q}$ 端给出进位输出脉冲。

由图 (a) 中 74LS190 减法计数器的状态转换图可知，若 $\overline{LD}$ 时置入 $Q_3Q_2Q_1Q_0 = 0100$，则得到四进制减法计数器，输出进位信号与 CP 频率之比为 $1/4$。又由 74LS147 的功能表（见上题）可知，为使 74LS147 的输出反相后为 0100，$\overline{I}_4$ 需接入低电平信号，故 $\overline{I}_4$ 应接输入信号 C。依次类推即可得到下表：

接低电平的输入端	$\overline{I}_2(A)$	$\overline{I}_3(B)$	$\overline{I}_4(C)$	$\overline{I}_5(D)$	$\overline{I}_6(E)$	$\overline{I}_7(F)$	$\overline{I}_8(G)$	$\overline{I}_9(H)$
分频比 (f_Y/f_{CP})	1/2	1/3	1/4	1/5	1/6	1/7	1/8	1/9

于是得到电路图。

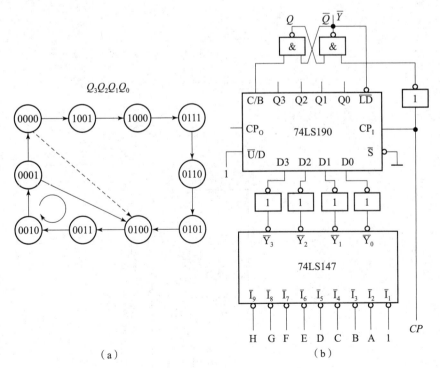

（a）　　　　　　　　（b）

第十三章　脉冲波形的产生和整形电路

一、填空题

1. 宽度，脉冲周期　　　2. 微分电路，积分电路

3. 暂态，上升，时间常数，长

4. 2，低阈值触发端，高阈值触发端　回差　滞回特性

5. 10 mV，15 ms　　　6. 暂稳态时间常数　　　7. 0，1　　　8. 1　0　2

9. 3 个 5 kΩ 的电阻组成的分压器　2　高、截止、低、导通、保持状态

10. 低，高。

二、选择题

1. A　2. A　3. C　4. B　5. B　6. B　7. C　8. B　9. B　10. D

11. C　12. D　13. D　14. B　15. B　16. A　17. D　18. D　19. B　20. C

三、综合题

1. $V_{T+} = \dfrac{2}{3}V_{CC}$，$V_{T-} = \dfrac{1}{3}V_{CC}$，$\Delta U_T = \dfrac{1}{3}V_{CC}$，波形如下

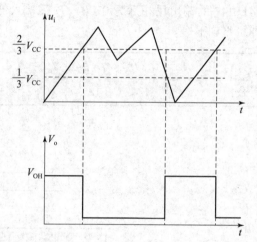

2. ① $T = T_1 + T_2 = (R_1 + 2R_2)C\ln 2$

②电路图如下图所示

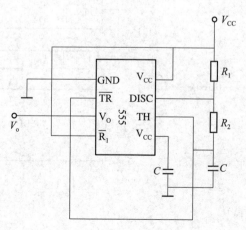

3.

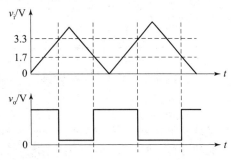

4. v_o 的波形如图所示

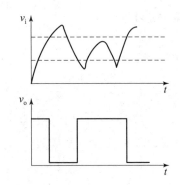

5. 解：该电路为一个单稳态触发电路，延时时间 $t = 1.1RC = 33$ s 有：

$1.1 \times R \times 100 \times 10^{-6} = 33$ 计算得：$R = 300 \times 10^3$ Ω

答：电阻 R 的阻值应该选 300 kΩ。

6. 解：（1）该电路为一个单稳态触发电路，延时脉冲宽度

$t = 1.1RC = 1.1 \times (2 \times 100 \times 10^3) \times 1 \times 10^{-6} = 0.22(\text{s})$

（2）当 S 断开时，放电端 7 脚没有接入，电容充电后不能放电而一直保持高电平，3 脚一直位高电平，因而不能重复触发。

（3）当 S 闭合后，电路构成多谐振荡器。

7. 分析：该电路为多谐振荡器，由于二极管 VD 的单向导电性，充放电支路不同 充电回路是 V_{CC}—R_1—VD—C—GND；充电时间等于高电平维持时间 t_1。放电回路是 C 正极—R_2—7 脚—GND—C 负极；放电时间等于低电平维持时间 t_2。

解：该电路为多谐振荡器

（1）脉冲周期 $T = t_1 + t_2 = 0.7 \times R_1C + 0.7 \times R_2C = 0.7(R_1 + R_2)C = 0.7 \times (50 \times 10^3) \times 0.1 \times 10^{-6}$

脉冲频率 $f = 1/T = 1/(0.7 \times 50 \times 10^3 \times 0.1 \times 10^{-6}) = 2\,850(\text{Hz})$

（2）脉冲占空比 $D = t_1/T = t_1/(t_1 + t_2) = 0.7 \times R_1C/(0.7 \times R_1C + 0.7 \times R_2C) = R_1/(R_1 + R_1)$

计算得：$D = 1/5 = 0.2$

8. 当水位比较高的时候，两个电极通过水把电容 C 短路，振荡电路停振；当水位低的时候，两极断开，振荡电路起振，报警器发声。

9. （1）单稳态

（2）20 ms

10.

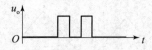

第十四章　数模/模数转换

一、填空题

1. 输入的数字、与数字量成正比的输出模、输入的模拟、与其成正比的输出数字

2. 分辨率、绝对精度、非线性度、建立时间；相对精度、分辨率、转换速度

3. 参考电压，译码电路、电子开关、运算放大器

4. 最小输出模拟量、最小输入模拟量

5. 正比、之差

6. 采样、采样、保持、量化、编码

7. 双积分、逐次逼近

8. A/D、D/A

9. 逐次逼近、转换速度

10. CMOS、8、逐次比较、CMOS、8。

二、选择题

1. A　2. C　3. B　4. A　5. C　6. A　7. A　8. C　9. A　10. B

三、综合题

1. 解：$U_o = -\dfrac{U_R}{2^n}D = -\dfrac{10}{2^{10}}(1 \times 2^9 + 1 \times 2^7 + 1 \times 2^6 + 1 \times 2^4 + 1 \times 2^2 + 1 \times 2^0)$

$$= -\dfrac{10 \times 725}{1\ 024} \approx -7.08（\mathrm{V}）$$

2. 解：（1）图示电路 $d_3 \sim d_0$ 的状态为 1001，因此有：

$I_3 = \dfrac{U_R}{R/2^3} = \dfrac{-10 \times 8}{8} = -10$（mA），$I_o = \dfrac{U_R}{R} = \dfrac{-10}{8} = -1.25$（mA），

$\sum I = -11.25$（mA）

$U_o = -IR_F = 11.25 \times 1 = 11.25$（V）

（2）若要使输出电压等于 1.25 V，则 $I = I_o = -1.25$ mA，即输入的四位二进制数 $D = 0001$。

3. 解：因为 $\dfrac{U_{LSB}}{U_{FSR}} = \dfrac{40}{280} = \dfrac{1}{2^n - 1}$

所以 $2^n = 8$　$n = 3$

4. 解：因为 $\dfrac{U_{LSB}}{U_{FSR}} = \dfrac{0.005}{10} = \dfrac{1}{2^n - 1}$

所以 $2^n = 2001$　$n \approx 11$

该电路输入二进制数字量的位数 n 应是 11。

5. 解：若采用内部反馈电阻，当 DAC0832 的数字输入量为 7FH 时，因为 7FH 的数值为 127，所以模拟输出电压值为

$$U_o = -IR_f = -\frac{V_{REF}}{2^8}D = -\frac{5}{256} \times 127 \approx -2.48 \text{ （V）}$$

当 DAC0832 的数字输入量为 81H 时，因为 81H 的数值为 129，所以模拟输出电压值为

$$U_o = -IR_f = -\frac{V_{REF}}{2^8}D = -\frac{5}{256} \times 129 \approx -2.52 \text{ （V）}$$

当 DAC0832 的数字输入量为 F3H 时，因为 F3H 的数值为 243，所以模拟输出电压值为

$$U_o = -IR_f = -\frac{V_{REF}}{2^8}D = -\frac{5}{256} \times 243 \approx -4.75 \text{ （V）}$$

6. 解：（1）最小输出电压增量为 0.02 V，即 $U_{omin} = 0.02$ V，

当输入二进制码 01001101 时输出电压 $= 0.02 \times 77 = 1.54$ （V）

（2）分辨率用百分数表示为

$$\frac{U_{omin}}{U_{omax}} \times 100\% = \frac{0.02}{0.02 \times 255} \times 100\% \approx 0.39\%$$

（3）不能

7. 解：

因为 $R_F = \frac{R}{2}$ 所以 $u_o = -\frac{U_R}{2^n}D = -\frac{5}{2^4}(1 \times 2^3 + 1 \times 2^0) = -\frac{45}{16} = -2.81$ （V）

8. 表 14.1

D_3	D_2	D_1	D_0	V_o/V
0	0	0	1	-0.625
0	0	1	1	-1.875
0	1	0	0	-2.5
0	1	0	1	-3.125
0	1	1	0	-3.75
0	1	1	1	-4.375
1	0	0	0	-5

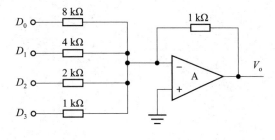